私の両親、チャックとサリー・カーペンターへ

カフェインの真実　目次

序文　苦くて白い粉　7

I　**伝統的なカフェイン**

第1章　カフェイン文化発祥の地　23
第2章　中国茶　39
第3章　山地のコーヒー農園　51
第4章　うまいコーヒーを創り出す　81
第5章　カフェインは依存性薬物か？　95

II　**新世代のカフェイン**

第6章　コカ・コーラはレッドブルの先駆けだった　123
第7章　高温カフェイン注意！　139
第8章　中国製の白い粉　153
第9章　スタッカーからサンキストまで　169

Ⅲ　カフェインが身体や脳へ及ぼす影響

第10章　アスリート好みの薬物　187
第11章　兵士のためのカフェイン　213
第12章　不眠症、不安、パニック　231
第13章　治療用のカフェイン　249

Ⅳ　カフェインの規制

第14章　野獣を解き放つ　269
第15章　ラベル表示の裏で　293
第16章　決着　317

謝辞　339
訳者あとがき　343
註　364

・本文では、左記の計量単位は記号で表記されています。
リットル（ℓ）、ミリリットル（mℓ）、マイクロリットル（μℓ）、キログラム（kg）、
グラム（g）、ミリグラム（mg）、マイクログラム（μg）
・本文中の〔 〕内は訳者による注です。

序文　苦くて白い粉

私の目の前の机の上に、ジップロックに真空パックされた白い粉が置いてある。袋はコンパクトディスクほどの大きさで、100g入りだ。中身は、低緯度地方の中くらいの標高の場所に生えている植物の葉と種子から抽出されたアルカロイド（植物塩基）だ。

　この白い粉は、化学の世界では微小な結晶構造をもつメチル化キサンチンと呼ばれている化合物だが、生物の世界ではとても役に立つ物質なので、植物が昆虫から身を守るために四大陸で別々にこの分子を生み出してきた。

　この物質は薬物であり、今この瞬間にも、かく言う私自身の血管中を巡っている。私はこの25年ほど、ほぼ毎日その影響を受けているが、アメリカ人はほとんどがこの薬物を毎日摂っているので、私のような人は他にも大勢いる。この薬物はよく効く上に、構造が単純なので、植物から採れなかったとしても、神経科学者が創り出していただろう。

言うまでもないが、これはカフェインという苦くて白い粉のことである。コーヒーや茶はもちろんのこと、清涼飲料（ソフトドリンク）、エナジードリンク、エナジーショットと言われる飲料の主成分だ。その効き目は誰でも手軽に実感できて、適度に摂れば、気分を爽快にしてくれる。しかし、カフェインは薬物であり、その効力はこれまでずっと過小評価されてきた。大方の清涼飲料には小さじ64分の1杯ほどのカフェインが入っている。それだけでなんとなく気分が高揚するが、習慣的にカフェインを摂取している人が効き目を感じる量は、350㎖のコーヒーに含まれている小さじ16分の1ほどの量だ。小さじ4分の1ほどの量を摂ると、心拍数の増大や発汗、強い不安など、不快な症状が現れる。大さじ1杯のカフェインを摂取すると、死に至る。

3年前にカフェインのことを調べてみようと思ったときは、優れものだと考えていた。やる気や集中力を高め、生産性も上げる手軽な手段であるばかりでなく、身体に悪いわけはないし（悪いものならば、すでに科学的に明らかになっているはずだ）、業界の規模も相当大きいに違いないと確信していた。しかし、グアテマラ中部のコーヒー農園や中国にある世界最大の合成カフェイン工場、ニュージャージー州のエナジーショット製造工場などを訪れてみて、自分がカフェインをいかに見くびっていたか、思い知らされた。

カフェインが人体や脳に及ぼす影響だけでなく、カフェイン産業の範囲や規模、さらに、身勝手に振る舞う業界を取り締まろうとする規制当局が数々の難題に直面していることも、私は過小評価していたのである。

カフェインの長所と欠点は？

ストレスを受けたときや疲労したとき、体調を崩したときにカフェインを摂ると、カフェインを常用しているといないとにかかわらず、とりわけ頭がすっきりする。カフェインという言葉が人口に膾炙するずっと前から、カフェインは精神活性物質として知られていた。感覚を鋭敏にするだけでなく、気分も高揚させる。カフェインが精神に及ぼす影響を総説した文献には、このように書かれている。

「カフェインを少量摂取すると、被験者がポジティブな自覚効果を感じるという証拠は十分にある。（……）被験者の報告によれば、気分が溌剌（はつらつ）となる、想像力や自信が高まる、能率や頭の回転がよくなる、集中力が高まり、仕事をこなせるようになるだけではなく、人と付き合いたい気持ちにもなるというのである[1]」

運動選手がカフェインを摂ると、摂らない場合より力が出たり、速く走れたりするようになる。米海軍特殊部隊（ＳＥＡＬｓ）の新兵は「ヘル・ウィーク（地獄の1週間）」と呼ばれる入隊テスト期間に心身の耐久力を徹底的に試されるが、カフェインを摂取すると、この類を見ないほど過酷なテストでよい成績をおさめることができるのだ。さらに、カフェインは二日酔いにも効く。

カフェインには、力が出る、敏捷さが増す、頭の回転が速くなる、頭が冴えるなどの効用があるが、いいこと尽くめではない。カフェインを摂ると、強い不安感やパニック発作のような不快な心理的反応が起きる人もいるのだ。カフェインの影響を受けやすい遺伝的変異をもつ人にこうした反応がよく見られる。カフェインは無害だと信じている人がいたら、カフェイン断ちを数日間してみるといい。カフェインの離脱症状（禁断症状）は実に不快なもので、頭痛や筋肉痛、疲労感、無気力、うつ状態などを伴うことが多い。それを解消するために、さらにカフェインの摂取量が増えて、睡眠不足に陥る人がアメリカでは多数いる。悪循環だ。

コカインは慣れていない人が摂取すると、わずか1gほどでも命にかかわる。しかし、カフェインはそこまで強くはなく、一度にコーヒーなら50杯、紅茶なら200杯ほど飲まなければ、致死量に達しない。だが粉末ならば、効率よく大量に摂取できる。英国の例だが、2010年4月9日に、マイケル・ベッドフォードという人物が近所で開かれたパーティーに出かけ、インターネットで手に入れたカフェイン粉末を小さじ2杯分ほど口に含んでエナジードリンクで飲み下した[2]。すると、ろれつが回らなくなり、嘔吐して倒れ込み、死亡した。ベッドフォードが摂ったカフェインの量は5gを超えていただろう。検死の結果、死因は「心毒性作用」であると報告された。

カフェインをなぞなぞにすれば、「薬物屈指の優れものだが、強い薬の例に漏れず、重大な結果をもたらすこともあるものは何でしょう?」となるだろう。

カフェインが含まれている製品は?

したがって、カフェインが精神運動性に及ぼす影響を私が過小評価していたのは間違いないが、それよりもさらにカフェイン産業の範囲と規模を見誤っていた。カフェインは依存性薬物であるにもかかわらず、ほとんど規制されていないので、含まれていそうだと予想がつくもの(コーヒーや紅茶、エナジードリンク、コーラ、チョコレート)だけでなく、含まれているとは思いもしないもの(ビタミン錠剤や鎮痛剤、炭酸飲料)にまで入っているのだ。

コカ・コーラ社のような大手企業が何十年にもわたって規制当局の取り組みをうまく避け続け、消費者の購買行動を強化するためにカフェインを密かに利用していることがわかった。「コカ・コーラ」「モンスターエナジー」「ファイブアワー・エナジー」といった清涼飲料のメーカー、さらにはスターバックスさえもカフェインの影響力を組織的にずっと軽視してきたので、消費者はカフェインの作用について十分な知識をもっていないこともわかった。

わが家の棚の上にはカフェイン産業の巨大さがわかる。さまざまな製品がずらりと並んでいるが、こうした品々を眺めるだけでカフェインを含むさまざまな製品がわかる。「ジタービーンズ」という多量のカフェインが入ったキャンディや「Ampエナジーガム」に、「シックスアワー・パワーエナジーショット」「レッドブル」「ロックスター2Xエナジー」「メガモンスター」などのエナジードリンク、「マウンテンデュー」と「コカ・コーラ」のボトルもあるし、数十年間に初めてカフェインをきちんと断とうとしたときに飲んだ「ダイエットコーク」や「ダイエットペプシ」などの缶もある。栽培元のチアパスで買い求めた焙煎（ロースト）して挽いたカカオ豆のパック、リプトン社のアイスティーのボトル、紅茶とマテ茶（葉にカフェインを豊富に含むイェルバ・マテという南米産の常緑樹の茶）をブレンドした「モーニングサンダー」のティーバッグが数袋、ヴァーモント州グリーンマウンテンにある個人経営のグルメティー店で詰めてもらった特製紅茶が1箱、そこから数百メートルのところにある大工場で生産されたシングルサーブ（1杯用）のKカップ、日本で大人気の缶コーヒーが1本、陸軍研究所で見つけた多量のカフェイン入りの軍用チューインガムが数パック、北京の世界最大の茶市場で買ってきた中国語表示のスターバックスのインスタントコーヒーと鉄観音茶の葉が百数十g。ジップロックに入れてあるのは、生のコーラ・ナッツ（コラノキの実。アフリカの男たちがカフェインを摂るために噛む）と、重量あたりのカフェイン含有量が最大のガラナ（南米産つる植物）の実だ。アスリート用に作られたエナジージェルもある。ハワイで開催されたアイアンマン・トライアスロン大会で手に入れたグミタイプのカフェイン入りエナジーバー「クリフショット・ブロック」とアルミパッケージ入りの「GUジェル」だ。

ニュージャージーの工場で瓶詰めされたばかりのエナジーショット、カフェイン入りジェルやチューインガム、「ジャバ・モンスター」や「ロックスター・ローステッド」というコーヒー味のエナジードリンクなど、ここに並んでいるパッケージの大半が空であることは特筆に値するだろう。実は、私は大のカフェイン好きで、カフェインに目がないのだ。

これまでに何回か危険信号が灯ったときがあった。真空抽出してコールドプレスした「ブラックブラッド・オブ・ジ・アース（大地の黒い血）」という濃縮コーヒーを注文したときに、カフェイン調査がとんでもない方向に向かっていると気づくべきだった。カフェインの含有量がストレートコーヒーの40倍という謳い文句のついたコーヒーが届いたとき、試験管に入った注文の品を見て、「こいつは優れものかもしれない」としか思わなかった。このときの試験管も私の収集物の棚の上に並んでいる（飲み方の指示に従って少量ずつ薄めて飲む分には、味はよかった）。

それから、今はミルク入りコーヒーをメイソンジャーの瓶で飲んでいる。つい先週、地元のウォルド郡で焙煎されたコロンビア産の豆を今朝の5時に手挽きのコーヒーミルで挽いて、フィルターに入れ、お湯を注いで濾した。最初の1杯を飲み干すときのうきうきした気持ちは誰でもよく知っているだろう。

カフェイン中毒になっている人は、自分が一番関心をもっているのは好みのカフェイン摂取手段なのだと考えがちである。私の場合はコーヒーだが、人によって好みが違い、「ダイエットペプシが大好き」と言う人もいれば、「スターバックスのカプチーノでなくちゃ」と言う人もいる。だが、ほとんどの人が認めたがらないものの、求めているものは要はこの苦くて白い粉なのだ。まあ、不思議はない。薬物中毒だとか、病みつきになっていることを認めたい人はいないだろう。しかし、くどいようだが、広く使われていて、問題がないように見えても、カフェインは薬物であり、想像以上に強い効き目があるのだ。

どれくらいの量で効果が現れるのか？

カフェインはコーヒーや紅茶、コーラ、エナジードリンクに気まぐれに入れてあるのではなく、なくてはならない成分なのだ。わずか32㎎でも、カフェインには注意力や反射能力を大幅に向上させる効能があることが数十年も前からわかっていた。[3] ちなみに、この量は350㎖のコカ・コーラやペプシに含まれている量よりも少なく、多くの人はこの半分でも効果が現れるだろう。

気分や注意力、活力を確実に高める分量の薬物が含まれているなら、その製品の大きな魅力はその薬効にあると考えてよい（その反対に、気分を爽快にする薬効が製品の魅力とは関係ないと反論するのはきわめて難しいだろう）。

コーヒー、コーラ、エナジードリンクはどれもエキスまで煎じ詰めれば、その正体がわかる。カフェインを人体に送り込むための便利で、汚名を着せられる心配のない手段なのだ。一日の終わりにカフェインを摂取する手段（カフェイン入り製品）である。

ここで、汚名のことに一言触れておくことにする。たとえば、職場で同僚が「ああ、疲れた。コーヒーでも飲んでくるわ」と言ったとしても、社会の常識を逸脱した言動ではないだろう。自分にも持ってきてほしいと頼むかもしれない。しかし、コーヒーを飲みに行くのではなく、白い粉の入ったセロファンの袋を取り出して、大さじ16分の1ほどの量を測り、それを舐めるか、コップ1杯の水に溶かして飲むのを見たら、薄気味悪くなるのではないか。ウィリアム・バロウズの小説に出てきそうな場面だ。たとえ話ではあるが、私たちがカフェインに対して抱いている相反する感情を如実に表しているのではないだろうか。

コカ・コーラやスターバックス、ファイブアワー・エナジーにとっては、私たちが後者の行為を奇妙だと思うのは幸いなことだ。カフェインの入った製品に市民権を与え、価値を付け加えることで、これらは莫大な収益を上げているからである。

カフェイン摂取量を定義する

厳密な用語がないので不明確さが付きまとうこともあって、カフェインを論じるのには難しい問題がある。カフェイン常用癖について質問されると、1日に飲むコーヒーのカップの数で答えることが多いが、コーヒーカップは尺度としてきわめて不適切なのだ。カフェイン摂取の研究でよく使われる150㎖のカップ1杯のコーヒーに含まれるカフェインの量は60㎎に満たないが、450㎖だとカフェイン量は3倍になる。しかし、どちらもカップ1杯には違いない。[4] ロシアの女帝エカテリーナ二世は1日にコーヒー豆を450g挽いて、5杯に分けて飲んだそうだ。[5] エカテリーナ帝の例のように特別に濃いコーヒーの場合もあるので、1日にコーヒーを3杯飲むと言っても、それだけではカフェインの摂取量を定量化できないのだ。

カフェイン摂取量を容易に定量化するために、私は「標準カフェイン量（SCAD）」という尺度を考案した。これは便利な単位で、1SCADはカフェイン75㎎に相当する。エスプレッソ1杯、コーヒー150㎖、250㎖のレッドブル1缶、350㎖のコカ・コーラやペプシなら2缶、500㎖のマウンテンデュー1本、600㎖のダイエットコーク1本分に相当する。ダイエットコークの方がふつうのコーク（コカ・コーラ）よりもカフェイン濃度は高い。

測定法を標準化すると、カフェイン摂取について理解しやすくなるので、一番よい効果が得られるようにカフェインを使えるようになる。たとえば、私は毎日4〜5SCADのカフェインを摂取している。2SCADしか摂らない日はだるいが、7SCAD摂った日は落ち着かない感じがする。そこで、カフェインの含有量をmgで表すときには、実用的なSCADの値も併記することにした。読者の理解の助けになれば幸いである。

また、毎日欠かさずカフェインを摂ることを言い表すとき、「常用癖」「身体的依存」「中毒」と人によって呼び方が異なるかもしれないが、私はカフェインの影響や習慣を記述するために、「中毒」とか「中毒になる」という語を意図して使っている。こうした用語には明らかに感情的な意味が込められているので、ここで明確にしておくが、「中毒」という言葉は一般の人が使う意味で使っている。つまり、習慣的にカフェインを摂っている人がやめられないとか、摂らないと不快になるという意味だ。したがって、たとえば二日酔いで仕事をサボるとか、薬物ほしさに薬局に強盗に入るとか、麻薬を手に入れるために、町のいかがわしい場所にたむろするとかいった、薬物中毒と結びついた反社会的な行為は意味に込めていない。

コーヒーと清涼飲料

私のように長いことカフェインに注目していると、世の中のすべてをカフェインの観点から見るようになってくる。居心地がよくないものだ。粉末状のカフェインの取材でヒューストンへ出かけた折に、コーヒーから抽出された粗カフェイン（未精製のカフェイン）を1袋手に入れたのだが、それ以来、粉末カフェインを使った製品が巷に溢れていることに気づくようになった。ぶらりと歩いていると、アストロズのミニッツメイド・スタジアムの脇に、「ビッグレッド&サンドロップ」という地元のカフェイン入り清涼飲料の巨大な看板がそびえていた。ミニッツメイドは現在はコカ・コーラの子会社になっているが、当時はカフェイン入りのジュース飲料を製造していた。コーヒーを飲もうとして自然食品店に立ち寄ったところ、近くのテーブルに座っていた男性が600㎖入りのダイエットコークをガブ飲みしていた。ウォーカー街をそぞろ歩いていると、ファイブアワー・エナジーのロゴが描かれた日産キューブがブルネットの魅力的な女の子を2人乗せて、歩道側のレーンをゆっくりと走ってきた。2人はスラム街でカモを引っかけようとしているヤクの売人のように、無料のサンプルを道行く人々に手渡していた。そのときにもらったサンプルボトルも他の空容器と一緒に棚の上に並んでいる。

繁華街へ向かう途中で、奇妙に思える情景を目にした。歩道の脇でコカ・コーラのトラックが荷下ろしをしている。手に持っている粗カフェインと、トラックに積まれた完成品が対照的だと思いながら、立ち止まって写真を撮った。荷下ろしを終えたトラックは発車すると、古い小型トラックのすぐ前にいきなり割り込んだので、小型トラックの運転手は急ブレーキをかけざるを得なくなり、クラクションを鳴らした。それはコーヒー配達のトラックだった。この光景はアメリカにおけるこの70年間のカフェイン事情を見事に象徴しているように思えた。

アメリカで過去70年間に起きたカフェインをめぐる二大事件は、コーヒーの消費量の激減と清涼飲料の消費量の急増である。[6] アメリカ人が好む飲料として、１９７５年に清涼飲料がコーヒーを追い抜き、その後も追随を許していない。ちなみに、上位10種の清涼飲料のうち、８種にカフェインが入っている。この清涼飲料ブームを率いてきたのはアトランタを本拠地とするコカ・コーラ社で、世界一有名なブランドに成長した。これまでに生産されたコカ・コーラをすべて２５０㎖入りボトルに詰めて縦に積み上げると、月と地球を２０００回以上往復できる距離になる。[7] コカ・コーラ社の飲料は世界中で1秒間に2万本近く飲まれている。１日では17億本になる。

　コカ・コーラが成功したのはカフェインのおかげだ。初期のコカ・コーラには、２５０㎖の製品にカフェインが80㎎入っていた。現在のレッドブル２５０㎖缶の含有量と同じだ。しかも、刺激剤として市場に出されていた。１９０９年に連邦政府は台頭してきたカフェイン産業を規制しようとして失敗したのだが、驚くべきことに今日に至るまで規制の網が掛けられていない。

　その結果、私が過小評価していたさらなる問題が生じたのである。カフェインに対する規制が混乱し、その扱いをめぐって米国食品医薬品局（ＦＤＡ）が迷走している。カフェインを食品として扱うときと薬品として扱うときの区別ができておらず、ＦＤＡはカフェインの規制に対して二面性のある態度で接してきた。薬局で購入する場合には規制しているが、飲料に配合されている場合や栄養補助食品と表示されている場合はおおむね無視してきたのだ。

　私の机の上には純粋なカフェインが１００ｇ入ったジップロックが置いてある。インターネットで購入したものだ。手の中にすっぽり入るくらいの大きさだが、10人分の致死量になる。しかし、購入時に年齢や使用目的について何も問われなかった。確かに、袋のラベルには「大量に摂ると危険。使用法を誤ると死に至ることもある」という注意書きが記されているが、この注意書きは法律で定められたものではない。このカフェインは栄養補助食品と表示されていて、薬品ではないからだ。棚の上には、1錠に200㎎のカフェインが含まれている「ジェットアラート」錠が90錠入った瓶も並んでいる。この錠剤は眠気覚ましの「ノードーズ」錠や「ヴィヴァリン」錠と同じように市販薬としてFDAの規制対象になっているので、ラベルには次のような注意書きが記されている。「カフェインを過剰に摂取すると、神経過敏、イライラ、不眠や、時には心拍数の上昇を招くことがあるので、この薬を服用するときは、他のカフェインを含む薬や食品、飲料の使用を控えて下さい」

しかし、チューイングガムやジェルストリップ（シートタイプのグミ）、ブレスミントの「ティックタック」のような小型容器に入った手ごろな粉末カフェインなど、エナジードリンクと似た効果がある液状でない新世代のエナジー製品には、さすがにFDAも注意を払ったようだ。本書の執筆を終えようとしていた2013年5月に、FDAはカフェインの入った新世代の製品について、カフェイン使用の調査を行なうと発表した。

FDAの職員は間違いなく、弁当を持って一日籠る羽目になるだろう。市場に出回ってしまってから規制するよりは市場に出させない方が楽に決まっているので、FDAも巻き返しをはかっている。今となっては、カフェインを規制するのは並大抵のことではないだろう。カフェインはアメリカで最も人気があり、規制が一番ゆるい薬物なだけでなく、ジョージア州の小企業の製品を世界一有名なブランドに育て上げるのに貢献した食品添加物でもある。カフェインが精神に及ぼす影響力とアメリカ文化において果たしている大きな役割はもっと尊重されてしかるべきだし、消費者の健康を守るために、カフェインに関する適切な情報の提供と規制の強化が行なわれてしかるべきだと思う。

カフェインの調査を続けるうちに、思いもしなかった場所に赴くことにもなった。そうした場所のひとつが蒸し暑いメキシコの沿岸地域で、カフェイン文化はこの地で数千年前に誕生したのである。

本書はこのカフェイン文化発祥の地から始まる。

I

伝統的なカフェイン

第1章　カフェイン文化発祥の地

イサパ遺跡のピラミッドはチアパス州のタパチュラから20キロほどの距離にあった。石垣に囲まれたずんぐりした土の塚で、思っていたほど見ごたえのあるものではなかった。その脇にはメキシコシティーに通じる幹線道路が走り、ディーゼルバスが排気ガスをまき散らしながら、道端のプラスチックゴミを巻き上げて通り過ぎていく。車の客を当て込んだレストランが数軒見受けられたが、どの店も閑古鳥が鳴いているようだった。ピラミッドの管理人を兼ねた地元の一家が自宅の玄関前でコカ・コーラや絵はがきの販売や、わずかばかりの入場料の徴収を行なっていた。近所の家からは雄鶏の鳴く声が聞こえ、未舗装の土の道には豚がうろついていた。夕方になると、周囲の森は鳥のさえずりで満ち溢れた。

この太平洋沿岸の低地はソコヌスコ地方と呼ばれ、雨が多く、蒸し暑い。このソコヌスコ地方こそがチョコレート文化発祥の地なのだ。森の中には2ヘクタール程度の小さな開墾地があり、そこには高木の日陰にカカオの木がたくさん生えている。３０００年来変わらない風景だ。

この地にピラミッドを築いたのはオルメカ人のあとにやってきた人々で、マヤ族が登場する前のことだ。この人々は独特の文化を発展させたので、その地にちなんでイサパ文化と呼ばれている。遺跡の中央に見られるような古代の球技場や広場の他に、カカオ栽培の伝統を残した。この地では今日に至るまでカカオの木を栽培している。この木の実からチョコレートが作られるのだ。

近くにあるパソ・デ・ラ・アマダ遺跡からは、３５００年以上前に作られたチョコレートの痕跡が出土している。[1] 人類がチョコレートを利用したことを示す最古の記録で、なかなか興味深いものだが、それだけに留まらない。カフェインの利用を裏付ける最古の証拠でもある。今のところ、もっと古くからカフェインを利用してきた地域は知られていない。

チョコレートとは現代の贅沢品であり、みずからチョコ中毒を名乗る人の嗜好品と思いたくなるかもしれないが、[2] どんなにチョコに目がない現代人でも、イサパやマヤ、アステカの人々には遠く及ばない。こうした古代の民は実にチョコレートを好んでいた。時には人身御供を伴うこともある儀式でチョコレートを使っていた。チョコレートに唐辛子を加え、恐ろしい形相をした顔が描かれた特別な容器に入れると、高く掲げ、下に置いたカップに泡立つようにチョコレートを注いで飲んだ。[3] カカオの実は貨幣としても使われ、アステカ族は兵士にカカオの貨幣を配給していた。

大航海時代にチョコレートがヨーロッパの宮廷で人気を博するようになったが、ソコヌスコ産のチョコレートはトスカナ大公国の大公コジモ三世のようなチョコレート好きの王侯の間で、特に珍重された。スペインとイタリアにチョコレートが伝えられてまもない１５９０年に、イエズス会の修道士がスペイン人、特に女性はチョコレートに目がないと書き残している。後に、コーヒーとチョコレートを好んだ放蕩者のサド侯爵がチョコレートには催淫作用があるという噂を広めるのに一役買ったが、立証されてはいない。

スウェーデンの植物学者で、二名法を確立したカール・リンネによる命名もチョコレートの評判を高めるのに一役買った。リンネはチョコレートがとれる木（カカオ）を「テオブロマ・カカオ」と名づけたのだ。「カカオ」はこの木の名を表すマヤ語で、「テオブロマ」は「神々の食物」を意味するギリシャ語である。ちなみに、カフェインによく似たアルカロイドの「テオブロミン」はこの木にちなんで名づけられたものだ。チョコレートにはカフェインよりもずっと多くのテオブロミンが含まれているが、刺激効果はきわめて少ない。

チョコレートに含まれるカフェイン

確かにチョコレートは美味しいが、「神々の食物」と言えるほどだろうか？　人間を生贄（いけにえ）にささげる際に飲むほどの飲み物だろうか？　金の代わりに貨幣の役目が果たせるほど貴重なものだろうか？　このように人々の心を惹きつけてきたチョコレートの魅力は、カフェインの効果を抜きにしては考えられない。

今日では、チョコレートは主要なカフェイン源とはみなされていないが、イサパ族やコーヒーが伝えられる以前のスペイン人にとっては、カフェイン源として大きな魅力をもっていただろう。

古代のカカオ飲料に含まれていたカフェインの量は知る由もないが、現代のチョコレートからある程度は推測することができる。カカオの含有率が82％のシャーフェンバーガーの「エキストラ・ダークチョコレート」の場合、43ｇのチョコレートバー（ハーシーの標準的なチョコバーと同じ大きさ）

に42㎎のカフェインが入っている[4]。これは、チョコレート1gにつき、およそ1㎎のカフェインが含まれている勘定になる。イサパ族がカカオを75g使って、チョコレート飲料を作ったとすると、1SCADほどのカフェインが摂れただろう。これは、レッドブル1本かエスプレッソ1杯に相当する。カフェインを毎日摂る習慣のない人にはこたえる分量だ。

チョコレートが主要なカフェイン源と考えられないようになったのは、大量に添加物が用いられて薄められているからでもある。ハーシーのミルクチョコレートバー（43g）に含まれるカフェインの量はわずか9㎎だ。市場にチョコレートを大量販売しているメーカーの例に漏れず、ハーシー社も「ミルクチョコレートは10％以上のカカオマスを含むこと」と定めている米国食品医薬品局（FDA）の規定をすれすれでかわしている[5]（専門用語の説明をしておこう。カカオマスとはカカオ豆のみから製造される純粋なもの、ココアは豆を乾燥させて加工処理を施し、脂肪質のココアバターを取り除いたもの、チョコレートは私たちが一般に摂取する製品で、ミルクがほとんど入っていないダークチョコレートから、たくさん入っているミルクチョコレートまでさまざまな種類がある）。

チョコレートが平民にとっては高嶺の花だったイサパの時代に、支配階級が冷たく甘味のない泡立ったカカオドリンクを飲み干したがった理由は、カカオ豆からできた飲料に限らず、コーヒーや茶などのカフェイン飲料を飲んだときに覚える感覚を考えてみれば、理解できるのではないか。

カフェイン飲料が胃に入ってから、あの穏やかな快感が脳に到達するまでにどのくらいかかるか、ストップウォッチで測ってみるとよい。カフェインは体内できわめて流動性が高いので、20分ほどで届くのだ。分子量が小さいので、血液脳関門を容易に通り抜け、シナプスに満ちた脳内に入り込み、アデノシンと呼ばれる神経伝達物質の吸収を妨げる。アデノシンは眠気を脳に伝える役目を担っているのだが、カフェインに邪魔されて役目を果たせなくなるのだ。カフェインはアデノシンを押しのけて、自分がそこに居座るという単純な手を使って、アメリカ人のお気に入りの薬物になっている。

しかし、影響を受けるのは脳だけではない。カフェインは相反するものも含めて、人体の生理機能に重大な影響を及ぼす。たとえば、中枢神経系を刺激する。その結果、注意力が増し、反応時間が短くなり、集中力が高まる。血圧もわずかに上昇し、心拍数が増すかもしれない（習慣的に摂取している人は、逆に心拍数が減少することもある）。注意力は増しているのだが、脳の中では血流は減少する（カフェイン断ちをすると、これと反対の現象、つまり、毛細血管が拡張して血流が増すことによって、カフェイン中毒者が恐れる激しい頭痛が起きる）。

カフェインがこうしたアデノシン受容体と結合すると、物事はバラ色に見え、どんな仕事もこなせそうに思える。息づかいは穏やかに深くなる。つまり、この上なく爽快な気分になるのだ。そして、あの霊薬をもう1杯飲んでみたくなる。

しかし、心身の機能を最大限に発揮させる「スウィートスポット」の幅は広くないので、往々にしてそこを通り過ぎてしまうことがある。スコット・キルゴアというカフェイン研究者は、カフェインはアデノシンの妨害をするだけではなく、心身にさまざまな影響も及ぼすと話してくれた。「カフェインをたくさん摂ると、心臓の鼓動に乱れが生じることがあります。たとえば、頻脈、つまり心拍数が増すようになることもあれば、心臓の鼓動が激しくなったり、速くなったりしたような感じを覚えることもあります。こうした症状が出るのはカフェインを摂りすぎているからだと考えられるので、摂取量を減らした方がよいでしょうね」とキルゴアは述べた。

また、カフェインを摂りすぎると、不機嫌になることもあるそうだ。「イライラするようになることもありますよ。イライラした態度で人に対応しがちになります」とキルゴアは続けた。しかし、困ったことに、イライラはカフェインの離脱症状でも起きるのだ。

しかし、今日では、チョコレートを食べてカフェインの摂りすぎになることはほとんどない。チョコレートに含まれるカフェインの量がきわめて少なくなった上に、カフェインの入った他の製品を愛用する人の方がずっと多いからだ。最近の調査によると、アメリカ人が1日に消費するカフェイン量のうち、チョコレートはわずか2・3㎎（全カフェイン摂取量の1％）を占めるにすぎない[6]。

昔ながらのチョコレート飲料

イサパの時代には、手に入るカフェインはカカオだけだった。気温が高く、雨の多いこの地方はカカオの栽培に打ってつけだった。カカオの需要はきわめて大きかったので、イサパに繁栄をもたらしたのはカカオだったと考えられている。現在のイサパに見られるカカオ農園は、従来の西洋的感覚からすると農場とはいいがたい。農園の木立の樹冠部にはアボカドやマメイ（アカテツ科の熱帯植物）などの背の高い果樹があり、林床に近い木陰にはカカオが栽培されている。ここでは、生態系を崩さずに管理しながら、さまざまな樹木を組み合わせて栽培する森林農業（アグロフォレストリー）が行なわれている。これは古代の農業形態で、現在はほとんど行なわれていない。

よく晴れたすがすがしい朝、タパチュラでCASFA（コーヒーやカカオの有機栽培農業協同組合）のルビエル・ベラスケス・トレドに会い、現地のカカオ農園を案内してもらった。

ホテルで焼きたてロールパンに地産のマンゴー、パパイヤ、パイナップル、バナナといったフルーツサラダとカフェコンレチェ（ミルクコーヒー）で軽い朝食を済ませてきたのだが、途中でベラスケスは、腹ごしらえを兼ねて地元のカカオ文化を味わっておこうと言った。

ベラスケスはポンコツのフォードのピックアップトラックを道路脇の売店に停めた。売店には壁はなく、屋根はトタン葺きだが、床は清潔なコンクリートだった。店先では2人の女性がカカオをベースにしたポソールという飲料を売っていた。

ポソールは粗挽きのトウモロコシを発酵させたものをカカオに混ぜた伝統的な飲料だ。2人はトウモロコシとカカオを野球ボールより少し小さめな団子状にまとめると、コップに入れて水を注ぎ、幅広の木さじで勢いよくかき混ぜた。さらに、とろりとした甘蔗糖（サトウキビからとった砂糖）をひしゃく1杯加え、最後に氷を入れた。

とろみのある食感と色はチョコレートミルクシェイクを彷彿させるが、カカオの舌触りが滑らかだった。ベラスケスによれば、この飲料は栄養価が高く、労働者に人気があるそうだ。カフェインの高揚効果とともに、トウモロコシとカカオの栄養も得られるので、夕飯まで何も食べなくて済むからだ。これで値段は8ペソ（約60セント）なのだ。

この地方で飲まれているカカオとトウモロコシを使った飲料はこれだけではない。当地を訪れる前に、ソコヌスコのカカオ文化に詳しいカリフォルニア州立大学人類学科のジャニーン・ガスコ博士に基礎知識を授けてもらったのだが、その際に、タスカラーテも試してみるとよいと言われていた[7]。少し探してみたところ、タパチュラのソカロ（中央広場）からほど遠くないカフェのメニューにあるのに気がついた。カカオに煎りトウモロコシを混ぜ、地元で獲れるアチョーテという着色料で赤く色づけし、冷やして出される飲料で、実にうまい。タスカラーテはザラザラした食感とトルティーヤのような風味がある。そういうと、トルティーヤのチップスをミルクチョコレートに浸したような印象をもつかもしれないが、味はまったく違う。カカオとトウモロコシがまろやかに混ざり合い、豊かな風味を醸し出している。

スペインの征服者がもたらした砂糖を除けば、ポソールもタスカラーテもイサパ族やマヤ族、アステカ族が泡立てて愛飲していたチョコレート飲料にそっくりだ。

伝統的なチョコレート作り

ポソールを味わった売店をあとにすると、農場の間を通る土の道をガタピシいいながらプラン・デ・アヤラという町の近くまで行った。途中の村ではどこでも、わら葺きの小屋、ニワトリ、ラバ、ほこりの舞う道端で食べ物を探して嗅ぎ回る痩せこけた犬を見かけた。

ベラスケスは車を停めると、伝統的なカカオの木立を指さした。葉が青々と茂り、エキゾチックな鳥の声に満ち、じめじめした下生えの陰には見慣れぬ爬虫類が潜んでいそうな、誰もが思い浮かべるような熱帯の森だった。シーダーやオーク、アボカド、マンゴーの木がそびえ立ち、その木陰にカカオの木が生えていた。

カカオは小さな木だが、ラグビーボールのような青い実が幹にじかに実っているので、誰の目にもすぐに見分けがつく。童話作家のドクター・スースが描いた絵に出てきそうな木だ。

さまざまな種類の木が生え、作物ができる層が何層にもなる森の中でカカオを栽培するのが昔からの伝統的な農法だとベラスケスが説明してくれた。それぞれの層で、果実やチョコレート、薪などの換金作物や食用作物が穫れるのだそうだ。しかし、ベラスケスに促されて道の反対側を見ると、木がすっかり伐採されて、大規模な畑が広がり、裸地の土の上にはサトウキビの新芽が出始めていた。去年までは、そこもカカオ農園だったそうだ。車に戻り、ベラスケスは案内を続けてくれたが、行く先々で、かつてはカカオ農園の木立だったところが、アブラヤシやサトウキビだけでなく、大豆のような穀物やパパイヤなどの果物を栽培するために開墾されてしまっているのを目にした。こうした畑ではたいてい外国の大資本により、アグリビジネスとして単作栽培が大規模に行なわれている。一度伐採してしまうと、地面がまったく裸地になってしまい、年に2500ミリ以上もの雨量があるこの地方でも、灌漑しないと作物は育たない。

チアパス州のカカオ見学で最終目的地であるチョコラーテス・フィノス・サンホセという個人経営のこぢんまりしたチョコレート工場に着いたのは、ちょうどシエスタ（昼寝）の時間だった。

ベラスケスは車を脇に寄せて停めたが、人の気配がなかった。彼が家に入っていったので、私はわら葺きの小屋の陰で待っていたが、多少風が通り、日中の暑さをしのぐことができた。遠くで雄鶏の鳴く声が聞こえ、シチメンチョウもコッコッと鳴いていた。道端には犬が大義そうに横になり、3メートルほど先のハンモックでは、カーキ色のズボンをベルト替わりの縄で縛っている男が1人、上半身裸で昼寝をしていた。足元にはサンダルが脱ぎ捨ててあった。近所の家からはメキシコの感傷的なバラードの歌声に合わせる管楽器の調べがかすかに流れてきた。

ベラスケスはベルナルディナ・クルスという小柄な女性経営者を連れて戻ってきた。クルスは疲れているように見えた。前の晩にチョコレートを作ったばかりだったからだ。チョコレートは摂氏32度前後で融けるので、日中の暑さがおさまる真夜中近くになるまで、製造に取りかかれないのだ。実は、この融解温度がチョコレートの根強い人気の秘密でもある。室温では固形だが、舌に載せたとたんにとろけるからだ。

クルスがチョコレート工場へ案内してくれた。工場の中は濃厚なチョコレートの香りが漂い、唾液が出てきてしまった。このときになって初めて、7時間以上前にポソールを飲んだあと、何も食べていないのに、まったく空腹感を覚えていないことに気づいた。

一方の部屋に樽型のロースターが、もう一方の部屋に製粉機と精製機があるだけの小さな工場で、できあがったチョコレートはクルスが手作業で型に流し込むのだそうだ。家内工業の規模にすぎない。チョコレートの生産量は、チョコバー24個入りケースを1日に20個、年に4トンほどである。一部はイタリアやドイツへ輸出されるが、グアダラハラなど国内でも販売されている。テーブルの脇には、観音開きのガラス扉がついた冷蔵庫があった。よくコンビニなどで見かける清涼飲料用の冷蔵ショーケースを小さくしたようなものだ。クルスはそこからカカオニブとチョコレートの見本を取り出すと、私に手渡してくれた。

カカオニブは焙煎したカカオ豆を砕いたもので、粗挽きのコーヒー豆よりも少し大きい粒だ。煎ったカカオは長持ちするので、素材として輸出されることも多い。これが実にうまい。ココアバターがまだ搾り出されていないので、カリッとした食感の小さな粒は豊かなナッツの風味がする（ココアバターはカカオ豆の一番貴重な部分で、搾り取られたバターは化粧品や医薬品に使われる）。

有機栽培された豆を使った煎りたてのカカオニブは、一日中食べていても飽きない。チョコレートが進化したおかげで、カフェインをたっぷり含んだナッツ風味豊かなカカオニブがかえって馴染みのないものになってしまい、今日ではそれと似て非なるミルクチョコレートしか知られていないのは残念なことだ。

カカオの故郷

ソコヌスコ地方はチョコレート文化発祥の地であるだけでなく、カカオの故郷でもあるという説が長いこと唱えられていた。しかし、米国農務省の研究者が、カカオが最初に栽培されたのはアマゾン川の上流域であるという遺伝的な証拠を示した[8]。その研究では、さらにカカオは遺伝的に10個の集団に分類することができ、カカオが最初に栽培された狭い地域にそのすべてが生えているということまで突き止めた。カカオは現在のペルー北部とコロンビア南部で栽培され始め、おそらく甘みのある果実がビール作りに使われたのだろうと推測している（豆そのものが栽培の目的ではなかったようだ）。その後、数千年前にソコヌスコ地方に持ち込まれたが、カカオからチョコレートを最初に作ったのはソコヌスコであることは明らかなようだ。

この分子系統学的研究に助成金を出したのはアメリカの大手食品会社マースだったが、科学界は国際的なチョコレート業界に批判的である。現在、世界で生産されているカカオの大部分が西アフリカ産で占められている。その生産高は2011年には473万トンに及び、急速に伸びている。世界のカカオの生産量は1960年の3倍を超え、アフリカがその大部分を担っている[9]。アフリカでは、南北アメリカ大陸で生産される6倍のカカオが生産されている[10]。コートジボワールだけでも3倍になる（しかし、アフリカのカカオ産業は児童労働に依存している部分があり、そうした現状の改善にもっと積極的に取り組むことをハーシーやネスレといった大企業に求める声が上がっている[11]）。

カカオに壊滅的な被害を及ぼすモニリオプトラ・ロレリ（霜白鞘病菌）とモニリオプトラ・ペルニキオサ（てんぐ巣病菌）という菌類によって、最近、ブラジルのカカオ産業は大打撃を受けた。霜白鞘病はチアパスまで到達し、イサパ周辺の伝統的なカカオ農園を脅かしている。こうした菌はまだアフリカには到達していないものの、アフリカの他の植物を宿主にしていた病原体がカカオにも感染するようになったので、逆に新世界の作物に深刻な被害をもたらす日が来るかもしれない。

見直されつつある伝統的な栽培法

ベラスケスにカカオ農園を案内してもらった日の夜、私はタパチュラ国際見本市でぶらぶらしていた。手に入れた地元産のチョコレート1ポンドはナップザックに詰め込んだし、コーヒー・グラニタをすすりながら、ようやく新聞を読む時間ができた。一面トップは環境に優しい事業に対するチアパス州知事の支援策に関する記事だった。カカオの話かと思うかもしれないが、違うのだ。バイオディーゼル用のヤシ油を輸出するために、アフリカ産のアブラヤシを植林してヤシ油を生産する話だった。皮肉なことに、先進国のエコ意識の高い消費者の需要を賄うために、チアパスでは行政に後押しされたアブラヤシにカカオ農園が駆逐されようとしているのだ。

カカオの林を保全すれば環境上の恩恵が得られるとして、持続可能な景観の保全に取り組んでいる自然保全活動家の関心を引いている。エドワード・ミラードはロンドンで「レインフォレスト・アライアンス（熱帯雨林同盟）」の仕事に携わっているが、電話インタビューにこぎつけたときは、会合でコスタリカに行っていた。レインフォレスト・アライアンスがカカオに関心をもっているのは、カカオの栽培地が7万平方キロ近くに及び、その保全が生物多様性にとって重要だからだと話した。ここ20年ほど、アフリカのコートジボワールなどでは環境を犠牲にしてカカオを増産する動きがあったが、最近は伝統的な栽培法に戻る傾向が見られ、歓迎しているとミラードは語った。

ミラードによれば、カカオのような重要な換金作物を他の作物と組み合わせて同じ森の下層で栽培することができれば、作物全体が気候を健全に保ち、土壌を調整管理し、堆肥の原料を提供してくれるので、非常に実効性のある農法だという。レインフォレスト・アライアンスはこうした農法を支援するために、持続可能な農業基準を満たす農園で収穫されたチョコレートに認証を与えている。

シングルオリジンのチョコレート

チアパスを立つ前に、もう一度タパチュラの農協を訪れ、専務理事のホルヘ・アギラー・レイナに面会した。レイナのオフィスは迷路のように並んだ部屋の奥にあり、中庭に面していた。オフィスまで地面の上を板が渡してあった。会議室に使われている壁のない茅葺き屋根の建物には長机がひとつあり、その上の方にはカカオの生産地を記した大きな地図、ベニヤ板にピンで留めたカカオの味の検査結果報告書と聖母マリアの絵が掛けられてあった。

レイナはソコヌスコ産以外にも、カカオの含有量が多いチョコレートをアメリカ人に買ってほしいと言っていた。ソコヌスコ産のチョコレートには、アメリカ人に人気のあるミルクチョコレートよりずっと多い30〜70%のカカオが含まれている。大手企業の製品にはココアバターの代わりに、PGPRというヒマシ油をベースにした乳化剤が入れてあるが、こうした「混ぜ物文化」は消費者だけでなく、カカオ農家にとっても百害あって一利なしだとレイナは指摘した。

レイナの懸念は的を射ている。チョコレート文化の発祥の地である中米の太平洋岸でも、売れ筋はハーシーの製品なのだ。

オフィスを出ようとしたとき、レイナの机の隅にポリ袋が2つ置いてあるのに気がついた。ひとつにはコーヒーの生豆と、もうひとつには未焙煎の乾燥カカオ豆が入っていた。こんなふうにそのまま食べられるのですかと、つい尋ねた。レイナは「もちろんだよ」と言うと、カカオの豆をひとつ口に放り込み、その袋を私に渡してくれた。私は豆をひとつ手に取って、噛んでみた。苦みの中にナッツの風味が広がって、美味しかった。

ソコヌスコのチョコレートは最古のカフェイン伝統を誇るものだが、それに留まらず、紅茶やコーヒーからカフェイン粉末に至るさまざまなカフェイン製品に見られるトレンドを如実に表している。最近のカフェイン製品は、2つの路線に分かれている。ひとつは、匠のお目に適ったシングルオリジン(単一産地)のカカオから作られたこだわりのグルメ製品で、食通や環境保護意識の高い消費者に注目されている。もうひとつは、大量生産された大衆消費者向けの製品で、売り上げは右肩上がりである。前者の製品も急速に伸びてはいるが、主流は後者であることは言うまでもない。

匠が手がけたシングルオリジンのチョコレートが評判を取るにつれて、アメリカのチョコレートメーカーの間でソコヌスコへの関心が高まっている。ミズーリ州の「アスキノジー・チョコレート」はマサチューセッツ州の「タザ・チョコレート」と同様に、純粋なソコヌスコ産のカカオだけを使用したチョコバーの限定品を製造している。カカオ分の多いダークチョコレートは量販のミルクチョコレートよりもずっとカフェイン含有量が多いだけでなく、健康によい抗酸化作用のあるフラボノールを大量に含んでいる。

ローフード(美容健康食としての生の食材)にこだわる人がカカオ豆にも関心を示し、スーパー食品と呼んだことで、そういう評判が立ち始めて、だいぶ知られるようになってきた。1800年代の初めに新大陸をくまなく旅したドイツ人探検家のアレクサンダー・フォン・フンボルトは見聞録を数多く残したが、その中にカカオに関する記述も出てくる。「カカオ豆は自然の驚異だ。重要な栄養がこんなに小さな空間にギッシリと詰め込まれているものは他に類を見ない」とはけだし名言である。

アメリカでグルメ向きのビターチョコレートの人気が高まると、ハーシー社も利益に与(あずか)った。西海岸のチョコレートメーカー2社（シャーフェンバーガーとダゴバ）を買収して工場を閉鎖し、中西部に生産ラインを集約させたのだ（そこで製造されるチョコバーにはハーシーの名は登場しないだけでなく、素朴な自家製の風情が感じられ、大手の製品のようには思えない）。ここの製品はお馴染みのハーシーのチョコバーとは違い、カフェインが多く含まれている。

チョコレートに含まれているカフェインは軽く見られてしまうことが多いが、チョコレートは代謝作用によって変化する物質として昔から人気があった。ジョエル・グレン・ブレナーはハーシーとマースの二大チョコレートメーカーについて記した著書の中でこう述べている。「私たちはいまだにチョコレートを薬物のように思っている。やみつきになるし、罪作りで、意地悪いくらいに豊かな味わいがある。欲望を抑えきれずに食べすぎて、離脱症状に苦しむのだ。チョコレートを一口食べれば、うつ状態から解放されるし、不安が鎮まる。元気づけのための間食としてはうってつけだ[12]」

この記述は私がメキシコの売店で飲んだポソールにも当てはまる。チョコレートの愛好者は「チョコレート中毒」という言葉が流行るずっと前から、今日のコーヒー好きにむしろ馴染み深い表現で、常用癖や刺激性のことを語っていた。

1600年代にメキシコやグアテマラを旅したトマス・ゲイジという大胆な宣教師崩れが『新世界の旅』という著書の中にチョコレートの作り方を詳しく書き記しているが、著者自身のチョコレートの利用法に関する記述も興味深い[13]。「包み隠さず話すと、12年間ずっと飲んでいた。まず朝1杯、昼食の前の9～10時頃に1杯、食後1時間以内に1杯、午後4～5時頃にもう1杯、そして、夜遅くまで勉強するときは、7時か8時頃に1杯飲む。そうすると、真夜中まで起きていられる」

ゲイジがチョコレートのことを書き記したのは、カフェインという言葉が使われるようになるより1世紀以上も前のことだが、覚醒作用があることを知っていたのは明らかだ。一方、太平洋を何千キロも隔てた中国では、ゲイジの時代のはるか前にカフェインの作用が知られていた。

第2章 中国茶

リン・リンミンは小柄で控えめな女性で、人懐こい笑顔でテーブルの前にある木製の椅子を勧めてくれた。テーブルの上には茶道具が所狭しと並んでいた。

リンは籐編みの茶筒から木の茶則（茶さじ）で茶を少し取り出した。2006年雲南省産の茶葉を熟成させたプーアル茶だった。目の前には「茶盤」と呼ばれる黒い木彫の盆があり、その奥側の端には柔和に微笑む仏顔のヒキガエルのようにみえる茶玩（茶用の小像）が置いてあった。リンの茶玩は龍神の子を表しているそうだ。

リンは後ろの低い棚に置かれた電気ポットで湯を沸かすと、茶壺（急須）に湯を注いだのはもちろんだが、作法に則って茶葉がいっぱい入っている茶杯という小さな容器と、茶盤に載せた茶玩やピーナッツにも湯を捧げた。茶の湯の儀式が終わると、私と通訳のアイーダ・レンと「北京青年報」の編集者で、茶に造詣が深いシエ・ヤンチェンの茶杯に茶を注いでくれた。

茶の文化は数千年にわたってアジアで発達してきたので、茶芸の作法は非常に古い伝統に培われている。ソコヌスコ地方が記録に残る最古のカフェイン使用の地だと言えるとしたら、中国は民間伝承に残る最古のカフェイン使用の地になるだろう。5000年前に喫茶の習慣が始まったと伝えられているからだ。

言い伝えによると、神農という古代中国の伝説的皇帝が木の下で湯が沸くのを待っているときに、茶の葉が風に吹かれて湯の中に入ってしまった[1]。神農が葉の入った湯をそのまま飲むと、元気が湧いてくる感じがした。この出来事がきっかけとなり、茶の文化が生まれたのだそうだ。この話で興味を引くのは、神農が茶の可能性に着目したのは、風味や鎮静作用ではなくて、カフェイン効果のためだったことだ（ちなみに、神農は薬草に精通した本草家で、麻黄、高麗人参、大麻も発見したと言われている[2]）。

リンが店を出している北京市の南西地区を歩いてみれば、その間の数十世紀に茶の文化がいかに発展を遂げたか、実感できるだろう。

リンの店があるのは「茶街」とも呼ばれている馬連道（マーリエンダオ）通りだ。ここは世界最大の茶葉市場で、数ブロックの中に3000軒を超える茶店が軒を連ねている。出店の前を通りかかると、店主が試飲を勧めてくる。しかし、店に足を踏み入れたら、ちょっと1杯では済まない。本物のお茶を体験することになる。ティーバッグに生ぬるい湯を注いで飲むのとは訳が違うのだ。

かすかに燻製のような風味がする芳醇なプーアル茶をすすっていると、「北京青年報」のシエが、中国の茶は人気のあるカフェイン飲料であるだけでなく、社会生活で重要な役割も果たしていると説明してくれた。茶の楽しみ方は基本的に3つあるのだそうだ。友人が訪ねてきたら、たいていお茶を出してもてなす。また、アメリカ人がコーヒーを飲みに行くように、友人と一緒にお茶を飲みに行くこともある。極めつきは、伝統音楽や芸術、演劇、禅哲学などに則った高度に儀式化された出し物を提供する茶芸館だ。

リンはさらに湯を茶葉に注ぐと、お代わりを注いでくれた。お礼に、私たちは人差し指と中指でそっとテーブルを2回叩いた（これは「指叩頭の礼」として知られる作法で、曲げた指はひざまずいてお礼をする動作を表す）。

シエは、プーアル茶は胃腸によく、特に女性の身体によいのだと話してくれた。「女性は冷え性の人が多く、プーアル茶を飲むと体が暖まる」からだ。中国では新年にご馳走をたらふく食べるときや、火鍋という辛くて脂っこい鍋料理を食べるときに、毒素を排出するためにプーアル茶を飲む。また、血圧を下げる働きがあるので、年寄りにもよい。中国人は伝統的に健康に気を遣うので、季節に合わせて飲むお茶の種類も変えるそうだ。たとえば、春にはウイルスなどを撃退して病から身体を守る薬草茶、夏には身体を冷ます緑茶、秋と冬には身体を温める黒茶を飲む。

しかし、私はお茶に含まれているカフェインについて思いを巡らせていた。その効果は何十年も前から知られていたからだ。アルバート・G・ニコルズは1931年に著した小論で、「お茶が飲料として好まれている理由は、中枢神経系、特に精神機能に関連する部位にカフェインが影響を及ぼすからだと思われる。カシュニーという薬理学の権威によると、『疲労感や眠気が消え去り、頭が冴えて、頭の回転も速くなる』というが、行軍する兵士の事例で何度も示されてきたように、持久力も高まる」と述べている。

そこで、私はシエとリンにカフェインについて尋ねてみた。シエは「私たちがお茶を飲むのは眠気覚ましのためだけではありません」と答えたが、リンは北京の若い専門家から刺激剤として一番よいのはどのお茶かと最近尋ねられたと言っていた。

茶に含まれるカフェイン量

カフェインの問題を追いかけているブルース・ゴールドバーガーというアメリカ人がいる。米国のケーブルテレビ局HBO制作の連続ドラマ『ザ・ワイヤー』に登場するような人物だ。ゴールドバーガーは法中毒学（法医学毒物学）者で、かつてはボルティモアで研究に従事しており、薬物で命を落とした人の血中からその薬物を特定してほしいという依頼をよく受けていた。ゴールドバーガーはフロリダのゲインズヴィルにあるオフィスで私の電話インタビューに応じて、その仕事についてこんなふうに説明してくれた。「私の仕事はほとんど死亡原因の法医学的な検査だ。つまり、人が薬物で死亡するのはどうしてか？　という疑問を明らかにすることと、検死官が死因を特定し、証明するのを補佐することだ」

しかし、ゴールドバーガーは分析能力を活かして、「私たちが飲料から摂取するカフェイン量」という一般の関心を引く問題にも取り組んでいる。きっかけは友人との会話だったそうだ。「その友人はボルティモアの喫茶店でダブルとかトリプルショットという濃いカフェラテを出していたのだが、お客は日に3～4回はコーヒーを飲みに来たのだそうだ。その話を聞いて、ふと、このお客たちはどのくらいのカフェインを摂っているのだろうかと思ったのさ」

ゴールドバーガーはまずコーヒーに含まれているカフェインの量を計ると、続いて他のカフェインの入った飲料や食品を次々と調査し、カフェイン効果の謎を解いていった。

2008年に行なった茶の調査で、茶に含まれるカフェインの量は、茶葉を湯に浸している時間に比例して増えることが明らかになった。[3] たとえば、リプトンのティーバッグを1分間浸したときのカフェイン量はわずか17mgだが、3分間浸すと38mg、5分間では47mgになる。紅茶はたいてい3分間ほど浸すので、カフェイン量は25〜50mg(約2分の1SCAD)になる。緑茶の方が紅茶よりもカフェインが少ないと一般に思われているが、意外なことに、ゴールドバーガーの調査でそうではないことが判明した。「タゾ」ブランドの「チャイナ・グリーンティップス」はトワイニングの「アールグレイ」や「イングリッシュブレックファスト」よりもカフェイン量が多かった。

ゴールドバーガーらは調査報告書に、紅茶1杯に含まれるカフェイン量を重量(mg)で表示していたのはリプトン社だけだったと記している。「リプトン社は、通常の紅茶とデカフェ紅茶(カフェインを取り除いた紅茶)1杯に含まれるカフェイン量をそれぞれ55mg、5mgと表示しており、この値は私たちの調査結果と一致していた。製品にカフェインの含有量を明記しておくことは、カフェイン摂取量を制限したいと思っている消費者にとって重要である」と、ゴールドバーガーらは報告書の中で述べている。

ゴールドバーガーは調査を進めるうちに、カフェインについて無知な人が多いことに気がついた。その一因には、カフェインの含有量が表示されていないことがあると思われる。

「人が摂るカフェイン量の問題についてここ10年くらい調べてきたが、それに照らしてみると、皆のんきすぎるよ。飲料にカフェインが入っているのは知っているけれど、量はわからないでいるんだ。『ノードーズ』という眠気覚ましの錠剤が1錠につき200mgのカフェインを含むので、一番いい物差しになるだろう。『ノードーズは飲まない。あれは身体によくないからな』と言う人は多いが、そう言いながら、スターバックスのコーヒーは平気で1日に2杯も3杯も飲むんだ。カフェインを1g以上摂っていることになるのにね。皆、自分が摂っているカフェインの量がわかっていないし、測ることもできないでいるのさ」とゴールドバーガーは述べていた。

カフェインが誤解されているのは、このように摂取量がわからないからではないか。コーヒーには「神経に障る刺激」があるが、茶にはそうした刺激がなく、穏やかな気分になれるので、茶の方が好きだということを茶党の人から聞いたことがある。茶にはリラックス効果があるテアニンという化学物質が入っているからだろう。

確かにテアニンは精神機能に影響を及ぼすことが認められている。テアニンとカフェインを一緒に摂ると、カフェインだけの場合よりも気分がよくなり、注意力も高まるという研究結果も最近出されている。[4] テアニンだけでもたくさん摂れば、不安を感じやすい人でも注意力を向上させることができる。[5] そうなると、テアニンも不活性ではないということになるが、自然界ではテアニンは常にカフェインと一緒に存在しているのだ。

科学的にはまだ決着がついていないが、テアニンには鎮静作用があるという評判を利用して、日本の研究チームがカフェインの強い刺激を和らげる方法の特許を出願している。[6] お茶からテアニンを抽出し、それをコーヒーに混ぜて、カフェインの影響を受けやすい人でもひどい精神的高揚に見舞われずに、コーヒーの香りと風味を味わってもらおうというわけだ（しかし、そんな手間をかけるよりも、カフェインを取り除いてデカフェを作る方がはるかに効率的だろう）。

コーヒーは神経に障る刺激があり、茶は神経を落ち着かせるような刺激があるというように、刺激性に大きな違いが見られるのは、カフェイン含有量と密接な関係があるのではないかと私は思っている。180㎖のコーヒーにはカフェインが1SCAD以上含まれているが、同量の茶の優に2倍の含有量だ。コーヒーの方が一貫して刺激性が強いので、それを望んでいない人には神経に障る刺激と感じられるのはありえる話だ。

刺激の特性がどうあれ、アメリカ人のカフェイン摂取量に占める茶の割合は少ない。アメリカ人が1日に茶から摂取するカフェインの量は平均24㎎で、全カフェイン消費量の10分の1にすぎない[7]。清涼飲料からは茶のほぼ2倍、コーヒーからはその6倍に上るカフェインを摂取している。

茶の話になると、必ず話題に上るのがイギリス人の紅茶好きだ。アメリカ人がコーヒーを好んで紅茶を嫌うのは、独立戦争の契機になったボストン茶会事件（1773年）の名残で、愛国心に根ざしているという言い伝えがある[8]。うまくできた話だが、正しいとは言い切れない。アメリカ人がコーヒーを好むようになったのは、当時はコーヒーの方が手に入りやすかったからでもある。大半が近くのハイチで奴隷労働によって生産されていたので、英国の貿易商と競合せずにすんだのだ。

英国人はいまだに紅茶党だと誰もが考えているようだが、これも正しいとは言い切れない。英国人の紅茶の消費量はコーヒーよりも多いが、摂取するカフェインの量はコーヒーからの方が多いのだ。さらに驚くことに、今では英国人が1日に摂るカフェイン量は紅茶で36㎎だが、コーラやエナジードリンクでも34㎎とほぼ匹敵する量になっている[9]。

中国の多彩な茶

リンの店を出た後、私たちは通りの向かいにあるヤー・シァンの茶店に入った。その店で、ヤン・シュウハンが独特な花の香りがする鉄観音という烏龍茶を入れてくれた。

ハーブティーではない本物のお茶はすべて、チャノキという1種類の植物から作られたものだ。緑茶も紅茶も加工処理が異なるだけで、この木の葉から作られる。たとえば、緑茶は発酵させない葉を利用するが、紅茶は葉を発酵させて作り、烏龍茶は多少発酵させた葉で作る。

次に淹れてくれたのは、完全発酵させた葉を使った「金駿眉」というお茶で、サツマイモのような風変わりな強い香りがした。それから、「大紅袍」という2005年ものの焙煎した烏龍茶をいただいた。こうしたお茶は鮮度を保つために、毎年、お茶の葉を焙煎し直している。ヤンは烏龍茶を透明なガラスの容器に注ぐと光にかざして、中に漂っているやっと目に見えるくらいの羽のような粒子を示し、高品質の印だと説明してくれた。

ヤンはシエとさまざまな種類のお茶とその多彩な名称にまつわる謂われについて、早口な中国語で話し始めた。私たちがご馳走になった高級茶はアメリカで一般にバラ売りされているような茶葉やその砕片ではなく、乾燥して細長い粒状になっていた。お湯を注ぐと、その粒は広がって1枚の葉になった。茶について何冊も著書を著しているシエは、その中で述べたことを披露してくれた。「人生は茶葉に似ている。時とともに広がり、変貌する」

ペットボトルに入ったお茶も話題に上った。シエはペットボトルのお茶は買わないと言い、ヤンも同意していた。シエは「残り物の茶葉から作られているし、人工添加物が入っているから」と理由を説明した。甘味料やソルビン酸カリウムのような保存料などの添加物が使われているので、冷やした茶というよりも、気の抜けた清涼飲料に近い。

また、西欧の大手の茶メーカーは残り物の茶葉や粉末も使っているそうだ。確かにアメリカの大方の茶メーカーは完全な葉ではなく、中国やインドでは低級とみなされている茶葉の粉々になった破片を使っている。ティーバッグが主流なので、西欧のお茶メーカーにとっては、茶葉が破片になっていても何ら問題にならないのだ。必ずしも茶の香りが悪くなるわけでもない。

「ティーバッグは手軽で便利だけれど、真のお茶の愛好者はあまり感心していないわね。ファストフードのライフスタイルだわ。中国人は自然食品が好きなのよ」とシエが述べていた。

アメリカでの茶事情

後日、アメリカで茶の輸入業を営むユージーン・アミーチに話を聞いてみたところ、「こちらでは自販機に1ドルを入れ、出てきた缶の蓋を開けて、飲み終わればさっさと立ち去るが、あちらでは午後のひとときをお茶で楽しむのさ」と、東西のお茶文化の違いを一言で説明してくれた。

アミーチによれば、アメリカではティーバッグをカップに入れ、熱い湯を注ぐという一般的な紅茶の飲み方をする人は少数派なのだそうだ。アメリカで飲まれている紅茶の85％はアイスティーである。南部のレストランで出されるボトルやピッチャーに入った「スウィートティー」もそうだ（ティーバッグを利用することも多いが、そのティーバッグの大きさが半端じゃない。ノートパソコンが入るくらいの大きさで、一度に約15ℓの茶が作れるサイズだ）。

米国茶葉協会によると、茶の消費量は確実に伸びているそうだ。２０１１年にはアメリカの茶の輸入量はイギリスを上回ったが、その大部分はすぐに飲めるボトル飲料として消費されている（こうした「すぐに飲める（ready to drink）」飲料は、業界ではＲＴＤ飲料と呼ばれている）。

２００１年から２０１１年の間に、ＲＴＤボトルティーの売り上げは17倍に増え、２０１１年には35億ドルを超えるまでになった。

炭酸飲料が1998年をピークに徐々に売り上げを下げ始めていたところ、ボトルティーはそれを尻目に売り上げを伸ばし始めた。売り上げが伸びたのは、そちらの方が身体によいと考えた人が炭酸飲料からボトルティーに乗り換えたためではないかと思われるが、ボトルティーの中にはコークよりも糖分が多いものもあり、そのせいで茶の利点も水の泡になってしまうのではないか。いずれにしても、ボトルティーは瞬く間に世界的な炭酸飲料産業の一部になってしまった。

炭酸飲料の売り上げが頭打ちになった1998年に、セス・ゴールドマンはオネスト・ティー社を設立して、有機栽培によるボトルティーを売り出した。ゴールドマンはみずからをCEO（最高経営責任者）にひっかけて、TeaEO（茶の経営責任者）と名乗っている。会社は急成長を遂げたが、勢いのよさがコカ・コーラ社の目を引き、2011年に買収されてしまった。

2008年にはスターバックスがペプシコ社とユニリーバ社と提携して、ボトルティーを「タゾ」というブランドで売り出した。ちなみに、タゾは1999年にスターバックスが買収した会社である。ペプシコとユニリーバはペプシ・リプトン・ティー・パートナーシップというボトルティーを製造する合弁事業をすでに始めており、このブランドはボトルティー部門でトップの座を占めている。

こうした大衆消費者向けの茶製品が好調な売れ行きを見せている一方で、特製のグルメティーの売り上げも伸びている。一例を挙げると、高級茶を製造しているマサチューセッツ州のティーフォルテ社が2012年にサラ・リー社に買収された。プレスリリース（報道発表）によると、サラ・リー社はティーフォルテの製品を「豪華な最高級茶」とみなしていた。グルメティーにティーバッグはそぐわない感じがするかもしれないが、ティーフォルテによれば、それは「ティーバッグ」ではなく、「ピラミッド形のインフューザー」なのだそうだ。この会社は茶を「世界一の健康飲料」として売り出している。

　アメリカの茶市場に現在のような活気をもたらしたのは、ボトルティーやスウィートティー、グルメティーといった従来の紅茶にはなかった変種だ。紅茶はこうした新製品のおかげで、アメリカ人のカフェイン消費量に占める少なくも重要な割合を維持している。北京の茶市場の茶とはほど遠いように思えるが、それでも茶には変わりないし、カフェインも含まれている。実は、さほど遠く離れてはいないのだ。

　夕闇が迫る頃、帰宅ラッシュで混み合う馬連道通りをあとにしたが、そのときに通りに面した出店の前を通りかかった。驚いたことに、リプトンのボトルティー、瓶入りのコカ・コーラ、缶コーヒー、それにレッドブルまで売られていた。雑然とした店の奥にはテレビが置いてあり、レッドブルがスポンサーになったスカイダイビング・プロジェクトのパラシュート・スタントの最新映像を流していた。その映像は、私たちが通りかかったときにたまたま流れたのだろうか？　それともそのビデオをくり返し流していたのか？　確かめる暇がなかったのは残念だった。

第3章　山地のコーヒー農園

カリブ海の南端に位置するコロンビアの北部には、雄大なシエラネバダ・デ・サンタマルタ山脈がそびえ立っている。氷河を頂いた山頂は5800メートル近くに達するが、砂浜から約40キロしか離れていない。アールデコ調のホテルが立ち並ぶマイアミビーチの背後に北米最高峰のデナリ山（旧称マッキンリー山）がそびえているのを想像してみれば、ここの地形が比類のないものだということがわかるだろう。

この山脈の恩恵に浴している者は多い。この地域はマリファナやコカを育て、風変わりで色鮮やかな野生動物に住処を提供し、逃亡者をかくまっているのだ。雪原から海岸に至る途中には、高原や固有種の鳥やカエルが何十種類も生息している湿潤な雲霧林がある。ここの山奥にも先住民の居留地があり、タイロナ文化を築いた民族の末裔が質素な生活を営んでいる。

山あいの奥深くには4平方キロを越えるコカの栽培地があり、左翼ゲリラや凶悪な極右武装組織などの反目し合う無法者たちが密かにコカを栽培している。コカインの人気がこれほど高まる前は、この地域はサンタマルタゴールドと呼ばれる強いマリファナの有名な産地だった。しかし、ここで生産される薬物はコカインとマリファナだけではない。

ダビド・カスティージャは轍の掘れた土の道を見下ろす丘の中腹で、タコのできた掌に載せたひと握りの豆を見せてくれた。淡い黄色をした豆は小ぶりなピーナッツくらいの大きさだった。標高があまり高すぎないこのあたりは、適度な降水量と熱帯の強い日差しに恵まれているので、光沢のある葉をつけた低木にこの実がたわわに実るのだ。

コカの葉と同様に、この豆にも精神に作用するアルカロイド化合物が多く含まれている。炭素、水素、窒素、酸素からなるこの単純な化合物は、精製すれば簡単に苦く白い粉ができる。カスティージャが見せてくれたのはコーヒー豆で、この豆にはカフェインという世界で一番人気のある薬物が詰まっているのだ。

コーヒノキはカフェインが入っていなかったならば、いまだに北アフリカの低山に生えているただの低木にすぎなかっただろう。この地方には、この木の実をかじった山羊が突然に踊り出したという言い伝えが残っている。不思議に思った山羊飼いがその実を食べてみると、気分が高揚して歌を歌い、朗詠を始めたという。コーヒー豆は生のままでは渋くて苦いが、何百年にもわたり、生のままで、あるいは煮たり、獣脂と一緒に丸めたりして、原始的な精力剤として利用されてきた[1]。コーヒーは香りを楽しむためではなく、気分の高揚を得るために利用されていたのだ。確かに現代のコーヒーはとても美味しい。しかし、現在のような口当たりのよい風味豊かで芳しい香りのする飲み物になったのは、400年にわたって品種改良、栽培や収穫の仕方、焙煎や淹れ方に工夫を重ねてきた結果なのだ。

野生の豆はまずくて、とても食べられたものではない。カフェインが入っていなければ、コーヒーに関心を示す者はいなかっただろう。

コーヒーとカフェインの結びつきには歴史的な謂われがある。ドイツ人化学者のフリードリープ・ルンゲが友人のヨハン・ヴォルフガング・フォン・ゲーテに頼まれて初めてカフェインを精製したが、それはコーヒーから抽出されたのだ。英語のカフェインという語がドイツ語のコーヒーにあたる「Kaffee」に由来するのは、両者にこのような歴史的結びつきがあったからで、この結びつきは現在でも続いている。現在のアメリカ人はカフェインの消費量の3分の2をコーヒーから摂取している。その量は1日に100mgで、1SCADを少し上回る。しかし、毎日コーヒーを飲む人は、そうでない人よりもずっと多い300mg（4SCAD）を少し上回るカフェインを摂っているので、この統計値は歪められている。いずれにしても、アメリカ人にとってコーヒーは最大のカフェインの摂取源なので、多くの人がカフェインとコーヒーを同義語のように考えているのも無理はない。

コロンビア産のコーヒー

ダビド・カスティージャは自分のコーヒー農園を案内してくれた。光沢のある常緑の葉をつけた2～5メートルのコーヒーノキが数十本、幾分日差しが遮られた場所に生えていた。実が枝に並んで生っている木もあった。コーヒーノキの果実は熟すと、クランベリーと同じくらいの大きさの赤い実になり、中に入っている種子がコーヒー豆になる。

この農園で栽培されているコーヒーノキはエチオピア原産のアラビカ種（アラビアコーヒー）といい、現地の山地帯の生育条件のもとで進化を遂げた木である。つまり、発育に適した気温が限られていて、日照が豊富で豪雨もあるという絶妙な組み合わせが必要なのだ。アラビカ種はアメリカ人が好む口当たりと香りがよいコーヒーで、コーヒー通も推すグルメコーヒーだ。市場にはもうひとつ、ロブスタ種のコーヒーが広く流通しているが、ロブスタ種は丈夫で収穫量も多く、気温の高い低地の開けた場所でも育つ。ロブスタ種のコーヒー豆は「フォルジャーズ」のような市販のコーヒーにブレンドされていることが多いが、コロンビア産のコーヒーはほぼ全部がアラビカ種である。

農園をひと通り案内してもらったあと、私はカスティージャの小さな自宅に隣接したコンクリート敷きのパティオに数人の人たちと一緒に座った。このテラスでコーヒー豆を天日干しにするのだそうだ。

カスティージャは、コーヒー豆を調理用の薪ストーブで煎っては使い込んだ缶に入れておく。その缶から豆をひと掴みほど取り出すと、木のテーブルに据え付けてある大きな手回しのコーヒーミルに入れて細かな黒い粉に挽き、薪ストーブの上で煮立っているポットにじかに入れた。そして、欠けた陶器のカップに淹れたての強いコーヒーをなみなみと注いで、私に出してくれた。

ご馳走になったコーヒーは大したものではなかった。最高級の豆はたいてい輸出に回されてしまうのだ。コロンビアの田舎で出されるコーヒーの例に漏れず、そのコーヒーも真っ黒になるまで煎られた残り物の豆をほとんど粉になるまで挽き、ドロドロに煮立てて淹れられたものだった。スターバックスやスタンプタウンは言うまでもないが、ダンキンドーナツやセブンイレブンのコーヒーでもこのコーヒーよりはましだろう。

しかし、カスティージャに淹れてもらったコーヒーは格別で、思い出深いものだった。あたりの森は鳥のさえずりに満ち、テラスの脇に生えたツタの花には大きなハチドリが蜜を吸いに来ている。鳥の歌に耳を傾け、ハチドリを眺めながらコーヒーを飲む。マンゴーの木立越しに、カリブ海の方へなだらかに起伏する丘を眺めていると、丘の上空を帆翔するヒメコンドルの姿も目に入った。コーヒー農園でご馳走になる自家製コーヒーは比類がない。

そのとき、木立の向こうで何かが動いたようなかすかな気配を視野の隅で感じた。何かが道を通っているのだろうか？　遠くの方からかすかに金属音が聞こえるような気がする。私は耳をそば立てた。この地域は、以前にゲリラと武装組織との間で戦闘があったところなので、少し神経質になっていたのだ。

カチャカチャという金属音が大きくなり、道を移動する気配がはっきりと感じ取れるようになった。まもなく、ラバを連れた男がひとり丘を降りてきた。ラバの荷鞍には大きな麻袋が2つ積まれていた。男は傍らを通り過ぎるとき、親しげに手を振った。敵意はまったく感じられなかった。私はホッとした一方で、その男に見覚えがあるような気がした。

しばらく考えていると、その理由がわかった。コーヒー産業が停滞した20世紀の中頃に、コーヒーを窮地から救い出すために現れた「民衆の英雄」を彷彿させたのだ。そのヒーローは白い帽子を被り、颯爽と馬にまたがっていた。今、通り過ぎた男が連れていたのは馬ではなくラバで、またがってもいなかったが。もうおわかりかと思うが、そのヒーローとは、ドイル・デーン・バーンバックという広告会社が1960年にコロンビアコーヒー生産者連合会のために創り出した、ファン・バルデスというイメージキャラクターだ(2)。

当時、コーヒー市場は危機に直面しており、コロンビアのコーヒー生産者がマディソン街の広告制作会社と手を組んだのだった。現在、アメリカ人のグルメコーヒー好きは誰の目にも明らかなので

（街中の至るところにスターバックスのチェーン店があるのがいい例だ）、かつてコーヒー生産者が窮地に陥ったという話はにわかには信じられないかもしれないが、私たちの祖父母の時代にはコーヒーはもっと飲まれていて、その量たるや半端ではなかった。

アメリカでコーヒーの消費量が最大になったのは、第二次世界大戦の頃だった。当時、コーヒーは他の飲み物の追随を許さなかった。1人あたりの年間消費量は174ℓに達した。コーヒー豆に換算すると、9kgに近い。兵士はほうろう引きのブリキのマグカップでコーヒーをガブ飲みしていた。軍需工場で働いていた女性も「リベット打ちのロージー」（女工のシンボルとして当時よく描かれたカルチャーアイコン）のように、休憩時間にはコーヒーをよく飲んでいた。ラジオからは、インク・スポッツの『ジャバ・ジャイヴ』や、フランク・シナトラが「はるか南のブラジルじゃ、コーヒーが山ほど採れる。だからもっとコーヒーを飲んでほしいのさ。コーヒーが溢れる地ブラジル」と歌う『コーヒーソング』が流れていた。

南米のコーヒーをアメリカに売り込む利益団体「パンアメリカン・コーヒービューロー」は、コーヒーの人気に乗じて、1952年に「コーヒーブレイク」という言葉を生み出して、大々的に広告キャンペーンをくり広げた。マーク・ペンダーグラストは『コーヒーの歴史』（樋口幸子訳、河出書房新社）という著書で、「パンアメリカン・コーヒービューローは、戦時中に軍需工場で始まった習慣に名前と市民権を与えたのだ。労働者は休息時間にコーヒーを飲むことで、必要な息抜きとカフェインによる元気づけを得ていた」と述べている。まもなく、アメリカではほとんどの会社がコーヒーブレイクを取り入れるようになった。

しかし、1950年代の後半になると、コカ・コーラなどのカフェイン入り清涼飲料との競争に直面して、コーヒーの消費量は減少し始めた。当時、生産量は上昇の一途を辿っていたので、供給過剰になり価格が急落したのだ。コロンビアでは、コーヒーの価格は50％も下落した。

１９６３年の夏に「ナショナル・オブザーバー」紙の若い記者がコロンビアのカリから編集部宛てに送った手紙には、そのときの状況がこう記されていた。「世界市場におけるコロンビアコーヒーの価格について先に送った数値は正しいが、１ポンド（約４５４g）あたりの価格が１９５４年の90セントから１９６２年に39セントまで下落したことに比べれば、劇的でもなんでもない。前述したように、コロンビアは輸出総額の77％をコーヒーが、次いで石油が15％を占めている。したがって、輸出品目の多様化に取りかかるとしても、残りの８％の中で行なわなければならない。８％では大したことはできまい。なんとかしたいと思っている人の中にも、これ以上手の打ちようがないと絶望感を覚えている人がいる[3]」

アメリカ人がコロンビアなどにほとんど関心をもっていなかった時代に、南米を旅していたこのジャーナリストは、ハンター・S・トンプソンである。この人物は、他の産物の何にもまして、コーヒー産業のアキレス腱である供給の過剰と不足のサイクルを指摘していたのだ。

当時は、コロンビアがコーヒーの産地だと知っているアメリカ人消費者は20人にわずか１人だった。原産国は大した問題ではなかったのだ。焙煎業者も原産地を宣伝に利用するよりは、さまざまな種類のコーヒーをブレンドしやすくするために、原産地を伏せておく方を好んだ。

ファン・バルデスが新聞やテレビに登場し始めたのはちょうどこの頃だ。バルデスは、素朴だが誇り高きコーヒー栽培者の出で立ちで、丹精を込めて上質なコーヒーを栽培する姿を強調した。コーヒーの豆をひとつひとつ丹念に摘み取り、天日で干す様子を紹介した。ただのコーヒーとコロンビア産コーヒーの違いを力説することで、由緒ある原産地のコーヒー、シングルオリジンのコーヒーの価値をアメリカ人に認識させたのだ。ファン・バルデスは、煙草の「マールボロ・マン」と菓子生地の「ピルズベリー・ドウボーイ」に並ぶ有名なコマーシャルのキャラクターになった。

宣伝は功を奏して、コロンビア産のコーヒーは高値で取引されるようになり、好みのコーヒーの原産国だけでなく、地域や農園の名前さえも言い当てることができるスターバックス世代のコーヒー通を生み出す道を開いた。

バルデスはコロンビア産コーヒーをブランド化することで、売り上げを飛躍的に伸ばしたが、それだけに留まらなかった。「遠い国で働くまじめな農夫が、誇りをもって比類なきコーヒーを提供してくれる」という定番になったグルメコーヒーの売り込み口上も確立したのだ。グリーンマウンテン・コーヒー・ロースターやスターバックスの年報や雑誌の広告などでは、この口上にたいてい、節くれだった掌に載せられた赤いコーヒーの実を写した象徴的な写真がついている。その実からやがて消費者のもとへ届くコーヒーができるのだ。

写真の手は、つい先ほどコーヒーの実を摘み取って見せてくれたカスティージャの手に似ている。今、木のテーブルの上で私のコーヒーカップの脇にあるその手だ。ラバが道を通り過ぎていったとき、カスティージャは私のカップにコーヒーのお代わりを注いでくれた。ここ数日はかなりハードだったので青息吐息だったが、カフェインが血液脳関門を越えて神経に魔法をかけてくれたおかげで、元気が湧いてくるのが感じられた。すると、自信も回復して、探究心も旺盛になった。

コロンビアと世界のコーヒー事情

カスティージャの農園まではランドローバーに便乗して来たのだが、ちょうどコーヒー農園の視察に訪れていたタイ人の一行と一緒になった。案内役を務める地元のコーヒー協同組合の職員と、「ファミリアス・グァルダボスケス（森林保護家族）計画」を説明するためにメデジン市からやってきた理想に燃える若い政府職員が2人乗り合わせたので、車は定員オーバーになり、すし詰めだった。

パティオでは、政府職員がタイ人一行にグァルダボスケス計画について、「合法作物の栽培を奨励するために、コカインなどの違法作物を栽培しないことを誓約した農家には、コロンビア政府が月に100ドルという、棚ぼたの臨時収入ではない健全な報奨金を1年半支払う政策である」と説明していた。この政府計画に協力している農家は6万世帯を超え、違法な作物ではなく、コーヒーやカカオといった価値の高い作物を栽培している。コカインは年間の収益が何十億ドルにも上る産業なので、この程度では大海の一滴のように思えるかもしれないが、コーヒーも数百億ドルの利益をもたらす産業なのだ。

コーヒー産業の基盤を成しているのは、1ヘクタールあたり1000kg近くのコーヒーを生産しているカスティージャのような農園だが、世界のカフェイン産業を循環系にたとえると、こうした農園は毛細血管の血球にすぎない。コロンビアのコーヒー生産量は年に約45万トンに上り、合法的な産物としては石油と石炭に次いで、20億ドルを超える外貨を稼ぎ出している。

コロンビア産コーヒーは、知名度は高いが、世界のコーヒー生産量に占める割合は大きくない。[4] ちなみに、世界の年間生産量は850万トンを超え、ダンプカー100万台分に相当する。このダンプカーを縦に並べると、シアトルからボストンへ行き、ロサンゼルスに至る（つまり北米大陸を横に往復する）距離になる。年間の取引が700億ドルを超す産業だ。[5]

この巨大な産業は大多数のアメリカ人にとって、生活に欠かせないとは言わないまでも重要な役割を果たしている。2012年にアメリカが輸入したコーヒーは158万トンに及び、どの国よりも多い。アメリカ人は1日に平均3杯近くのコーヒーを飲んでいるので、1年間の消費量はオリンピック競技用のプール6000個分を超える。

アメリカでは成人の半分以上がコーヒーを毎日飲んでおり、いつコーヒーを抜いたか思い出せないことが多い。思い出せないのが変なのか、それを少しもおかしいと思わないのが変なのか、判断に迷うところだ。

バーで知り合いと飲んでいるとき、コーヒーの常用癖について尋ねてみたことがあるが、その女性は午前中に2杯飲むだけなので、コーヒー好きとは言えないと答えた。そこで、朝のコーヒーを抜いたのはいつが最後かと尋ねると、しばし考えていたが、ビールを一口飲むと、「35年くらい前かしら」と答えた。

コーヒーが好きなのはアメリカ人だけではなく、世界各地で思い思いの方法で飲まれている。特にコロンビアの田舎では、ティント（甘蔗糖を入れたブラックコーヒー）が社会の潤滑油として、なくてはならない存在になっている。旧友に出会ったら、最初に出る言葉は「トマモス・ウン・ティント（ティントでも飲もうよ）」だ。特にブラジルの都会の新興中産階級はカフェジーニョと呼ばれる小さなカップに入った強いコーヒーを好む。ラテンアメリカの一日は、カフェ・コン・レチェ（ミルクを同量入れたコーヒー）を大きなマグカップで飲むことから始まる。

イタリアでは、バールと呼ばれるコーヒースタンドのカウンターでエスプレッソが飲まれている。

テーブル席で座って飲むとチャージを取られるので、立ち飲みをするのだ。カウンターに片肘をついて、バリスタと外のにぎやかな通りをそれぞれ片目で見ながら、コーヒーのひとときを楽しむのである。ドイツ人も同様にシュテーカフェと呼ばれるコーヒースタンドでコーヒーを立ち飲みする習慣がある。一日に数回くり返される楽しい行事だ。ただし、テイクアウトの習慣はないので持ち帰り用を注文しないように。

スペインでは、小さなカップに入れた強いエスプレッソにミルクを半量から同量入れたコルタードと呼ばれるコーヒーが飲まれている。ちなみに、コルタードは「ミルクで割ったコーヒー」という意味だ。キューバにもコルタードを飲む習慣が根付いており、キューバからの難民がマイアミに持ち込み、コルタディートという名で飲まれている。旧市街では今でもコルタディートを飲むことができ、小さな発泡スチロールのカップで出される場合が多い。プエルトリコにもこの習慣が取り入れられ、ハトがたむろする公園でグアヤベラ（キューバシャツ）を着た貫禄のある老人たちがコルタードを飲みながら語らっている。

ヨーロッパの特に北欧では、強いコーヒーをたっぷり飲むのが好まれる。スウェーデンやノルウェー、フィンランド、スイスで消費される1人あたりのコーヒーの量はアメリカの2倍近くに上る。たとえば、スウェーデンでは年に1人あたり1460杯のコーヒーが飲まれている。ベストセラーになったスティーグ・ラーソンの『ドラゴン・タトゥーの女』に、コーヒーの話題が頻繁に出てくるのもうなずける。

アメリカでは日陰で育てた口当たりのよいアラビカ種のコーヒーが好まれるが、ベトナムでは、カフェインの含有量がその倍近いロブスタ種のコーヒーが好まれる。この2種類のコーヒーは近縁だが、ロブスタの方が苦味が強く、独特の風味があるので、飲むときにはコンデンスミルクを入れて苦味を和らげる。タイのコーヒーも同じだ。

中国では、コーヒーは（見つかればの話だが）水に溶かすコーヒー、つまりインスタントコーヒーのことを指す。ロブスタ種の豆が使われていることが多く、苦味を和らげるために粉末のクリーマーと砂糖をあらかじめ混ぜたスリー・イン・ワンのスティックの形で売られている。

日本ではコーヒー文化がしっかり根を下ろし、アジアでは例外的な存在である。日本では酸味が少ないアラビカ種、とりわけ口当たりのよいコロンビア産のコーヒーが好まれている。輸入されたアラビカ種の豆から大きなタンクで抽出されたコーヒーは、缶に詰められ、夏はアイスで、冬はホットで飲まれる。コカ・コーラ社が「ジョージア」というブランド名で販売している缶コーヒーは、年に10億ドル以上の売り上げがある。ネスカフェの「サンタマルタ・オレ」という缶コーヒーも人気のある商品だった。サンタマルタ地方から輸出されるコーヒーの半分は日本向けだ。日本人のコロンビア産コーヒー好きは相当なもので、シエラネバダ・デ・サンタマルタ山脈にあるカスティージャの農園の西側に有機栽培のコーヒー農園を数ヵ所所有している日本の会社もある。

私たちがコーヒーを飲んでいると、カスティージャがパティオの日向に立って詩を暗唱し始めた。農家をやめて、都会へ出て行った隣人に帰ってこいよと呼びかけている詩で、「農園には昔ながらの花が咲き誇り、鳥は朝早くから楽しげに歌っている」という出だしだった。カスティージャが朗読をしていると、絶妙なタイミングで荷を乗せたラバが2頭町を目指して通り過ぎ、控えめながらも劇的な効果をもたらした。

しばらくして私たちもランドローバーに乗り込むと、ラバの通ったでこぼこ道を下っていった。狭い海岸平野に続く道で、カスティージャのコーヒー豆はこの道を通ってカリブ海の縁に位置するサンタマルタの町まで運ばれるのだ。

町へ戻る途中で、かつてはコカを栽培していたが、今は合法作物の栽培を行なっている農家が経営するホテルに立ち寄った。経営者の1人であるファビオ・ラミレスはティントを出してくれたが、グリンゴ（アメリカ人）はコークの方が好きかなと言った。

コーヒーハウスからスターバックスへ

サンタマルタの町は雑然としており、喧噪に包まれている上にさまざまな臭いが漂っていた。翌日、街中をぶらついていると、木陰のある中庭で「ファン・バルデス・カフェ」を偶然見つけた。都会の喧噪の中に、涼しさと静けさを湛えたオアシスが突然出現したように思えた。ミディアムローストした上質の豆をドリップした格別美味しいコーヒーを味わうことができた。

ファン・バルデス・カフェはコロンビアコーヒー生産者連合会が経営している喫茶店で、アメリカでいえば、現代のエスプレッソ・バーのような存在だ。コロンビア人はアメリカ人にシングルオリジンのブランドコーヒーの価値を教え、アメリカ人はファン・バルデス・カフェのひな型になったシアトルスタイルのカフェバーを伝えたのだ。

しかし、コーヒー文化の国際的な交流は何世紀も昔に遡る。コーヒーハウスは最初メッカで産声を上げ、アラブ世界に広がった。1600年代までにイタリアに到達し、さらに西進を続けた。イギリスは後に紅茶に寝返るが、いち早くコーヒー文化を取り入れた。水夫や商人が足繁く通ったロンドンのコーヒーハウスが、後に保険組合であるロイズに発展した。アメリカの植民地にもコーヒー文化が根付き、ボストン茶会事件を計画した急進派は「グリーンドラゴン・タヴァーン（青竜亭）」という居酒屋兼コーヒーハウスで計画を練った。コーヒーは今でも革命の炎を煽るのかもしれない。ファン・バルデス・カフェでコーヒーを味わっているとき、隣のテーブルに巻き毛の長髪の若者が座ったのだが、そのお洒落な若者は、「アスタ・ラ・ビクトリア・シエンプレ（勝利するまではいつも）」と書かれたキューバの革命家チェ・ゲバラのTシャツを着ていたのだ。

ヨーロッパのコーヒーハウスは、異邦人たちがたむろするパリのカフェや戦後のイタリアのエスプレッソ・カフェへと変貌を遂げた。イタリア移民のジョヴァンニ・ジオッタはサンフランシスコのノースビーチに「カフェ・トリエステ」という名のエスプレッソ・カフェを開店して、店はビート詩人たちで賑わった。東海岸では、グリニッチ・ヴィレッジの雑然とした喫茶店にビート世代のヒッピーたちがたむろし、コーヒーハウスの変遷に文学の香りを添えた。

そして、カフェ文化が開花する下地が整った頃、スターバックスの創業者のハワード・シュルツが登場する。スターバックスの沿革には、「1983年に訪れたイタリアで出会ったコーヒーバールとコーヒーにすっかり心を奪われた。イタリアのコーヒーバール文化をシアトルへ持ち帰り、家庭と仕事場の間に第3の場所を創り出したいと思った」と記されている。

シュルツはカフェの魅力を理解していた。スターバックスのカフェはショッピングセンターの駐車場のアスファルトの海の中にポツンと浮かんでいても、ダンキンドーナツやマクドナルドとは違う趣きがあるのはそのためだ。大事なのは、内装には安っぽいビニールはできるだけ避け、落ち着いた照明を使い、ジャズ風の音楽を静かに流して、くつろげる座席をしつらえることと、挽きたての豆から淹れたコーヒーの香りを楽しめることなのだ。シュルツはイタリアで経験したカフェ文化を分析して洗練したのである。

コーヒーについて語るとき、カフェという文化は2番目に登場する話題だ。カフェはコーヒーを飲みながら、ひと息入れる静かな場所なのだ。

ファン・バルデス・カフェを出ると、2ブロックばかり歩いて海辺へ出た。サンタマルタ港を見渡すと、コンテナ埠頭で荷積みをしている大きな船が漁船の向こうに見えた。近くの農園からドールバナナを運んでいる船もいた。上質のサンタマルタ産のコーヒー豆も、60kg入りの麻袋が250袋入る6メートルのコンテナでこうした埠頭から船積みされていくのだ。

こうしたコンテナに積み込まれる麻袋には、コーヒー豆という形で活性物質が詰まっている。麻袋の中には1kgあたり16gのカフェインが入っているのだ。ということは、コロンビアからは毎年およそ7200トンもの魔法の薬物が、コーヒー豆の中に紛れ込んで輸出されていることになる。[6]

世界コーヒー会議

それからしばらくして、私は「2010年世界コーヒー会議」が開かれていたグアテマラシティーを訪れていた。5年ごとに開催される大きな会議で、世界中から1500人を超えるコーヒーの生産者や輸出企業、専門家が参加していた。巨大な展示会場の中では、四大陸から出品された世界屈指のコーヒーの香りが漂い、コーヒー好きにとっては夢のような場所だった。

展示会場の最上階では、ホールの入口近くの一等地で、真っ黄色でタイトなベルボトムのジャンプスーツに身を包んだスリムな黒髪の女性たちが、入場者に土産袋を手渡していた。袋の中には、メキシココーヒーやパンフレット、「カフェ・デ・メキシコ」のロゴが描かれた旅行用マグカップが入っていた。そのブースでは、4台のエスプレッソマシンがフル回転で大忙しだった。その近くのグアテマラ産コーヒーの輸出企業の展示コーナーでも、バリスタが来場者にエスプレッソをふるまい、黒山の人だかりができていた。

会場のもう一方の側では、リック・ラインハートがコーヒーを飲みながら、フランシスコ・セラシンというパナマのコーヒー生産者と話をしていた。ラインハートは口髭とジャズパッチ〔下唇下の短い髭〕を生やした陽気な人物で、米国スペシャルティコーヒー協会の専務理事だ。ラインハートは、馬の取引業者が種馬の血統を熟知しているように、セラシンの農園で栽培されているコーヒーについては品種だけではなく系統にも精通している。

コーヒー業者たちが会場のあちこちで情報や名刺の交換をしたり、旧交を温めたり、世界の僻地にあるコーヒー農園を訪ねる原産地詣での話をしたりしていた。会場に活気がみなぎっていたのは、カフェインの力だけが原因ではなかった。特に発展途上国で需要が急速に伸びていることも手伝って、コーヒーは供給過剰を脱し、価格が回復してきたからである。アメリカの都市では、かつてないほど質の高いグルメコーヒーが安く手に入るようになり、エスプレッソ、ラテ、マキアート、モカなどという、かつては通にしかわからなかった用語が今では主流になった。その会場はこうした状況を反映していた。グルメコーヒー革命で、1950年代以来減少を続けてきたアメリカのコーヒー消費量が、1995年以来20％ほど増加したのだ。

会議の参加国は46ヵ国を数えたが、中米におけるコーヒーの経済的重要性を示すように、グアテマラのアルバロ・コロン大統領はもとより、エルサルバドルのマウリシオ・フネス大統領、ホンジュラスのポルフィリオ・ロボ大統領も出席していた。ロボ大統領は話術に長けていて、快活な印象を与えるテレビ映りのよい笑顔を浮かべ、熱弁を振るうことができる人だ。前任者が軍事クーデターでパジャマ姿のまま拉致されて国外に追放されたあとに、大統領に就任したばかりだった。ロボ大統領の政権基盤が脆弱に見えるとしたら、コロン大統領の場合も同様である。コロン政権はコーヒー生産者の贈収賄が絡んだ奇怪なスキャンダルで9ヵ月前に覆されそうになったのだ。

会議にはデンバーで「カラディ・コーヒー・ロースターズ」のコーヒーコンサルタントをしているマーク・オーヴァリーのようなコーヒー通も来ていた。ある晩の夕食の席でオーヴァリーは、コーヒーの風味は濃度と味と香りという3つの要素の論理的な組み合わせの結果でできるので、誰にでも識別できると説明していた。濃度は口に入れたときのコーヒーのコク、つまり粘度だ。味には甘い、塩辛い、酸っぱい、苦いがある。そして、この3要素の中で最も複雑なのが香り（アロマ）で、何十通りもの組み合わせがある。

オーヴァリーはコーヒーの味と香りを説明するのに、今ではコーヒー業界で標準になっている「フレーバーホイール」を使っている。この輪状の図では、コーヒーの香りを焙煎の軽い浅煎り（フルーツやハーブ、花のような香り）から、中煎り（ナッツやキャラメル、チョコレートのような香り）や深煎り（スパイスや炭、松ヤニのような香り）までのスペクトルに分解して、焙煎の度合い別に分類している。もっと詳細に区別したい場合には、それぞれの香りをさらに二つのカテゴリーに分けることもできる。たとえば、「ナッツのような香り」はモルト風の香りとナッツ風の香りに分けられる。ナッツ風の香りはさらにアーモンドの香りかピーナッツの香りに分けられる。

私は酸味の少ないコーヒーによくある口当たりのよい中間的な風味が好きだ（万人向けの味なので、コーヒーをブレンドする業者にも好まれている）。しかし、こうしたフレーバー（風味）は、よくても味気ないとか、悪くするとつまらないと思う人も多い。コーヒー通を任じる人は、フルーツのような風味が鮮やかな酸味の強いコーヒーを好む傾向がある。

こうした複雑で風変わりな風味はどのようなコーヒーから生まれるのだろうか？　たいていは高地の肥沃な土地で手塩にかけて育てられたコーヒーから生まれる。たとえば、グアテマラの中部に位置するアンティグア盆地にあるサン・セバスティアン農園で育てられたコーヒーだ。アンティグア盆地は熱帯地方の高地にある火山性土壌の土地なので、コーヒーの生育にピッタリの条件を備えており、世界屈指のコーヒーができる。

グアテマラのコーヒー農園

アンティグアの街は長い歴史を誇り、コロニアル風の広場や歴史的建造物は手入れが行き届いていて、空気は新鮮だ。慢性的な交通渋滞とスモッグに暴力が蔓延するグアテマラシティーからわずか1時間の距離にあるのに、同じ国の都市とは思えないほどだ。アンティグアは、アカテナンゴ、アグア、フエゴという3つの火山に囲まれた風光明媚な町だ。

私はグアテマラシティーで開催されたコーヒー会議でサン・セバスティアン農園の4代目の農園主に会い、農園を訪問してもよいかと尋ねておいた。エストゥアルド・ファジャは人当たりのよい物静かな若者で、褪せたジーンズにピンク色のポロシャツを着ていた。私は予定よりも早く着いたのだが、グアテマラ人、パナマ人とコロンビア人のコーヒー生産者やセールスマンと一緒に昼食をとってはどうかと誘ってくれた。レストランは平屋建てで、片側に壁を隔てて厨房があり、もう片方には2段ばかり上ったところにバーがあった。レストランの両側には大きな窓があり、窓からはきれいに刈り込んだ手前の草地とその後ろに連なるコーヒーノキの木立、そして木立の背後にそびえる火山の雄姿が見渡せた。牛革の絨毯が敷かれたタイルの床には木製の長い食卓と素朴な革張りの椅子が置かれ、食卓には一輪のランが飾ってあった。梁はむき出しだったが、あたりにはしっとりとした気品が漂い、コロンビアのテレビドラマやラルフ・ローレンの広告に出てきそうなレストランだった。

昼食の席では、ブルボン、カトゥーラやティピカといったアラビカ種の一般的な品種の話に花が咲いた。食事のあとにはもちろん、サイドボードの上にあるドリップ式のコーヒーメーカーで淹れたコーヒーがアメリカのレストランでごく普通に出されるようにふるまわれたが、グアテマラ産コーヒーに特有の柑橘類のような酸味がかすかに感じられて、予想通り美味しかった。

昼食の後、私たちは花をつけているコーヒーノキを見に出かけた。4平方キロ以上ある農園の一隅で、ファジャは花が咲いているコーヒーの木立を見せてくれた。コーヒーの花は白くて、細長い星形をしており、北米で見かけるサービスベリー（ザイフリボク属）の花によく似ている。枝に沿って一列に花をつけ、満開になると、光沢のある深い緑色の葉に白い花が映えて、実に見事だ。言うまでもなく、アラビカ種の話である。

産地にこだわるのはコーヒー通気取りだけではない。近頃は、アメリカでは高級なレストランでなくても100％アラビカ種のコーヒーを出す店が多い。ダンキンドーナツは特に高級なカフェとは思われていないが、アラビカ豆だけを使っている。毎秒30杯の売り上げがあり、年間で合わせて15億杯以上売れている。また、マクドナルドのマックカフェコーヒーは「アラビカ豆のグルメブレンドを毎回新しく淹れている」。

こうした高級なコーヒーは褒めそやされている。大衆市場向けのコーヒーには、「力強い」「口当たりのよい」「豊かな」「高地栽培」といった言葉が使われているが、コーヒー通は「柑橘系のトップノート」や「チョコレートのような後味」などというもっと具体的な表現を使う。

ワイン通と同様に、コーヒー通も「テロワール（産地）」にこだわる。それは、産物の独特な特徴は特定の土地によってもたらされると考えられているからだ。たとえば、高級品市場向けの「スタンプタウン・コーヒー・ロースターズ」が販売しているコロンビア産コーヒーはこんなふうに記されている。「レイニアチェリーやクランベリー、レッドアップルのフルーティな風味と、クローバーハニーやセミスウィートチョコレートの風味のバランスがとれたさっぱりとした味わいが特徴」

このようなコーヒーが対象としているのは、風味にこだわり、そのための代価を惜しまない一部の消費者で、こういう人たちは言うまでもなく、宣伝文句の大仰さは苦にならない（そもそも、クランベリーやレッドアップルの風味とレイニアチェリーの風味を本当に識別できる人がいるのだろうか？もしかしたら、レイニアチェリーよりビングチェリーに似ているのではないだろうか？）

アラビカ種はとても繊細なので、気温や降水量が少し変わっただけでも、コーヒーの質や量、風味に大きな影響が出るというのは事実だ。ファジャによれば、この農園は特別な気象条件を備えているそうだ。日中の気温は摂氏26度ぐらいまで上がり、夜間は10度前後に下がる。この日較差がコーヒーに理想的な酸味と風味を生み出すのだ。これはファジャの手前味噌ではない。たとえば、カリフォルニアで有名なコーヒー店の「ピーツ・コーヒー&ティー」も、アンティグア盆地切っての農園と太鼓判を押し、控え目な表現で「ファジャのコーヒーはバランスがよく、洗練されていて、たまらなく複雑な風味があり、ビタースウィートチョコレートの風味が感じられる」と解説している。

農園を案内してもらったあと、訪問者名簿に記帳して、町へ戻った。帰路の途中、雲ひとつない青空にフエゴ火山が噴煙を上げているのが見え、コナコーヒーにまつわるマイケル・ノートンの逸話を思い出した。

偽コナコーヒー事件

特定のコーヒーにまつわる話が絡むと、コーヒーの風味の解説はいっそう複雑になる。コナコーヒーの逸話は、こうした話がコーヒーの売り上げにとっていかに重要かを如実に表している。ハワイ島で何世代にもわたって火山性土壌と温和な気温と熱帯の雨に育まれてきたコナコーヒーは、世界屈指のコーヒーという評判を築いた。国際コーヒー機関の前事務局長のネスター・オソリオは「ハワイでは世界屈指のコーヒーができる」と話していたが、異を唱えるコーヒー通はほとんどいないだろう。生産量が限られていることも手伝って、価格も世界で一、二を争っている。

1990年代の中頃、マイケル・ノートンというコーヒー商がコナコーヒーの可能性に目を付けた。ノートンはサンフランシスコ・ベイエリアのコーヒー業界の常連で、コーヒーの生豆をポンコツの小型トラックに積み、袋売りをしていたこともあった。コーヒーのことを知り尽くしていたノートンは、コーヒーで一旗揚げようと思い立った。

コナコーヒーのラベルを見ると、打ち寄せる波や太平洋から吹き寄せる海風、そびえ立つマウナロア火山が思い浮かぶが、それを取り去ればあとに残るのは平凡なコーヒーだということをノートンは見抜いていた。まずまずのコーヒーだが、騒ぎ立てるほどの逸品というわけではない。卸値が1ポンドあたり2ドルしない、並みのパナマ産のコーヒー程度だ。

ノートンはこうしたパナマ産のコーヒーをハワイへ輸入し、人を雇い、シフト制で倉庫の中で輸入したコーヒーを選別させた。[7] このこと自体は特に珍しいことではない。コナコーヒーはたいていブレンドされているので、コナコーヒーそのものの割合は10％程度にすぎない。ブレンドとして出荷している限り、法的にまったく問題はない。

しかし、ノートンはもうひと手間かけた。もうひとつ別のシフトで人を雇い、パナマ産のコーヒーを自分のコナ・カイ農園の袋に詰め替えさせたのだ。ハワイ産のコナコーヒーのラベルがついていれば、1ポンドにつき10ドル近くで売れる。

ノートンはわずか数年で1500万ドルを稼ぎ出し、笑いが止まらなかった。しかし、いつまでもそうは問屋が卸してくれなかった。従業員の中に不満をもつ者が現れ、告げ口をしたため、連邦政府が調査に乗り出したのだ。電話の盗聴やビデオの監視で集められた証拠と、ノートンに雇われてマリファナ45kg入りの包みをバンで輸送していた運転手の証言により、ノートンは詐欺行為のかどで懲役30ヵ月の判決を言い渡された。

ノートン事件で驚くべきことは、ピーツ・コーヒーやスターバックス、ネスレのバイヤーも含めて、コーヒー業界切ってのコーヒー通も偽コナコーヒーに騙されたという点である。しかし、この事件は単にコーヒーのバイヤーが騙されたという話に留まらず、コーヒーの味がわかるようになるのは経験を積む必要があるということを示していると、ラインハートは話してくれた。

コーヒーは経験に結びついた飲料なのだそうだ。「コーヒー業界の人間でもない限り、腰を据えてコーヒーの味を分析するように吟味したりはしないだろう。普通はただ飲むだけだ」とラインハートは言う。しかし、コーヒーの味は飲む場所や状況に大きく影響されるのだ。

ラインハートはコナコーヒーが好例だと言う。「ハワイで、朝目覚めて窓の外を見ると、晴れ渡った青空に太陽が燦々と輝き、温度計は心地よい摂氏22度を示している。青い海原と白い砂浜を眺めながら、ベッドの傍らにいる愛しい人と一緒にコーヒーを飲む。そのコーヒーは格別にうまい。コーヒーの質そのものとは関係なく、最高の1杯だ」

ラインハートの言う通りだ。コロンビアのカスティージャの農園で飲んだコーヒーは、現代のアメリカの基準ではうまいとは言えないが、思い出に残る1杯だった。しかし、まだ疑問は残る。うまいコーヒーの条件とは何か？

コーヒーの魅力が風味にあるとしたら、祖父母の時代には今の2倍もコーヒーが飲まれていたのはなぜだろうか？　当時のコーヒーは、消費者の手元に届くずっと前に豆を焙煎して挽かれていた。また、パーコレーターを使っていたので、抽出されすぎて苦くなっていた。今のコーヒー好きには、当時のコーヒーはコクも味もない安物のように思われるのに、今の2倍も飲まれていたのだ。

確かに、経験豊富で舌の肥えたコーヒー通は本当に風味がわかるだろうし、その域には達していなくても、美食家が料理を味わうようにコーヒーを味わい楽しむ人もいくらかはいるだろう。しかし、その他の人は何よりもまずくないかどうかが問題で、風味を味わうことには関心はないのではないか。つまり、美味しいに越したことはないが、並みのコーヒーしかなければそれでかまわないのだ。

「美味しいコーヒーを創るものは何か」ではなく、「ただのコーヒーを美味しくさせるものは何か」と問いかけ方を少し変えてみれば、答えは簡単に出る。それはカフェインだ。

しかし、カフェインのことは一般的にはほとんど知られていない。コーヒーの最も基本的な違い、つまり、大衆レストランのコーヒーに使われているロブスタ豆と瀟洒なカフェで使われているアラビカ豆の違いも知られているとは言いがたい。カフェインの含有量が多いのは価格の低いロブスタ種の方で、アラビカ種の2倍に上る（カフェイン含有量はアラビカ種よりロブスタ種の方が多いので、高級コーヒーの通念をひっくり返して、ロブスタコーヒーを「デスウィッシュコーヒー（死の願望コーヒー）」と名づけ、高価格で売り出したニューヨークの企業家もいる）。グルメコーヒーでは、風味の強い深煎りの方がまろやかな風味の浅煎りよりもカフェインの含有量が多いと一般に考えられているが、実際はそうではない。コーヒー豆に含まれているカフェインは、熱が加えられると昇華するので、焙煎時間の長い深煎りではカフェインが消失する量が多い。したがって、深煎りコーヒーの方がカフェインの含有量は少ないのだ。

焙煎の度合い（浅煎り／深煎り）と品質（グルメコーヒー／大衆向けコーヒー）を縦軸と横軸に配置して図に表してみればおわかりになると思うが、カフェインが一番少ない組み合わせは深煎りのグルメコーヒーである。ほとんどの人がそれとは逆の、浅煎りの大衆向けコーヒーだと思っていたのではないか。したがって、カフェインの刺激を求めている人には、「フォルジャーズ」の浅煎りブレンドコーヒーがお勧めだ。

こういうと、コーヒーの他の側面にこれほど注意を払うのが奇妙に思える。誤解しないでほしいのだが、奇妙といっても不気味なのではなく、不思議な気がするだけなのだ。たとえば、ファン・バルデスがこだわる産地やハワード・シュルツが提唱した「第3の場」としてのカフェ、複雑な風味などに私たちは注意を払うが、こうした側面は実のところ、体裁を繕うものでしかないからだ。私たちが惹きつけられているのは、元気づけてくれたり、社交的にしてくれたり、幸せな気分にしてくれたりする薬物であるにもかかわらず、コーヒーのこうした側面を強調することによって、その事実が覆い隠されてしまうのだ。

コーヒーに含まれるカフェイン量

コーヒーについて語るときに話題に上らないのがカフェインだが、実際には話題に事欠かない。第2章で紹介した法中毒学者のブルース・ゴールドバーガーは、コーヒーの調査を進めるうちに驚くべき発見をした。さまざまなコーヒー飲料を購入して、カフェインの含有量を分析し、2003年に調査結果を発表したのだが、カフェインの濃度はバラツキがきわめて大きいことがわかったのだ。

グルメコーヒーには1オンス（約30㎖）あたり平均12㎎のカフェインが入っていることがわかった[8]。150㎖カップのコーヒーには60㎎入っていることになるが、この含有量は、1996年にコカ・コーラ社の研究者2人が論文で発表してよく引用される標準値よりもおよそ30％も低い（その論文によると、焙煎して挽いた150㎖カップ1杯のコーヒーには、標準的に85㎎のカフェインが含まれるのだという）。しかし、ゴールドバーガーが指摘したように、カフェインの含有量は少ないかもしれないが、コーヒーが出されるカップはもっと大きいことが多い。最近では150㎖カップは希で、小サイズでもたいていその倍はある。

また、コーヒーのブランドによっても、カフェインの含有量が異なっていることがわかった。たとえば、ダンキンドーナツの480㎖カップのコーヒーには、250㎖のレッドブル2本分弱にあたる143㎎（約2SCAD）のカフェインが入っていたが、スターバックスの同サイズのカップにはこの2倍のカフェインが含まれていた。一方、エスプレッソはバラツキが少なく、40㎖カップ1杯あたりおよそ75㎎だった。

しかし、スターバックスの調査ではなんとも不思議な結果が出ている。ゴールドバーガーはゲインズヴィルにある一軒のスターバックスで、４８０㎖のコーヒーを6日続けて購入した。毎回、注文したのは「ブレックファーストブレンド」という商品で、ファジャのサン・セバスティアン農園のようなコーヒー農園から採れた中南米産をブレンドしたコーヒーだったが、カフェインの含有量が毎回大きく異なったのだ。少ないときは２６０㎎だったが、その2倍のときもあり、一度は５６４㎎という驚くべき値を示したこともあった。

カフェインの含有量にバラツキが見られるのにはいくつかの理由が考えられる。ひとつは、１杯のコーヒーを淹れるのに使われる豆の分量だ。挽いたコーヒー豆の分量が多ければ濃いコーヒーができるが、少なければ紅茶のような薄いコーヒーになる（ちなみに、この強さの違いは焙煎時間とは関係ない。浅煎りでも深煎りでも、水とコーヒーの粉の比率に応じて、薄いコーヒーから濃いコーヒーまで淹れることができる）。

また、同じ種のコーヒーノキでも個体差があるので、カフェインの含有量も異なる。生育状況や変種によっても、カフェイン量は劇的に異なることがある。

トマス・クロージアというスコットランドの研究者がゴールドバーガーの調査を追試したところ、カフェイン量がコーヒーによって大きく異なるという証拠がさらに示された[9]。２０１２年に発表された研究によると、クロージアらはグラスゴーのカフェでエスプレッソを20杯購入し、カフェイン量を調べた。カップのサイズは23㎖から68㎖まであり、１杯あたりのカフェイン含有量は51㎎から３００㎎以上までの幅があった。１オンスあたりに換算すると、56㎎から１９６㎎までとさまざまである。この調査では、スターバックスのエスプレッソは1杯分にあたる26㎖につき51㎎と、一番少なかった。

クロージアらの研究結果で驚くことは、「パティスリー・フランソワーズ」というベーカリーカフェの48mlカップのエスプレッソに322mg（4SCAD以上）ものカフェインが含まれていたことだが、この店の他にも200mgを超えるカフェインが入っていたエスプレッソを出していたカフェが3軒あった。クロージアはこう記している。「コーヒーに含まれていたカフェインの量には51mgから322mgまで6倍を超える開きがあった。カフェインの含有量が少ないコーヒーであれば、妊娠中の女性やカフェイン摂取を制限されている人でも、1日に4杯くらいは飲んでも摂取勧告量を大幅に超えることはないだろうが、含有量が多い場合は、たとえエスプレッソ1杯でも、1日に200mgという限度量を簡単に超えてしまう」

スターバックスは、自社の製品に含まれているカフェイン量が劇的に変動していることを意に介していないようだ。カフェインの含有量にこうした変動があることは十分に裏付けられているにもかかわらず、スターバックスのウェブサイトには、そのことにまったく触れず、1オンスあたり20mgのカフェインが含まれていると書かれているだけだからだ。

コーヒーを1杯飲んだときに、気分が高揚しながらも落ち着き、くつろぎながらも活力が湧いてくるといった絶妙なバランスの状態になるときがあれば、その一方で、眠気が覚めず瞼を開けるのがやっとなときもあるのはどうしてなのか？　また、いつもの店でいつもと同じブレンドの同サイズを飲んだはずなのに、神経過敏や不安、心臓の動悸を覚えて心地よくないことがあるのはなぜだろうか？　クロージアとゴールドバーガーの研究で、多くのコーヒー好きが抱いているこうした疑問が解けそうだ。コーヒーに含まれているカフェインの量は自然の生育条件や品種に加えて、淹れるときの濃度によって大きく変動するからなのだ。愛好者の多いもうひとつの薬物にアルコールがあるが、コーヒーの例をワインに当てはめて考えるとよくわかる。ワインのアルコール分は通常では13％だが、それよりも5倍もアルコール分が多く、ジンやラム、ウィスキーなどの蒸留酒並みにアルコール度数の高いワインがあるようなものだ。

エナジードリンクという脅威

グアテマラの会議では、気候変動や需要の変化によってコーヒーが直面している脅威に話題が集中していた。しかし、ニューヨーク在住のコンサルタントであるジュディ・ゲインズ＝チェースは、「エナジードリンクはカフェイン飲料の購買者を吸収しているだけでなく、コーヒー風味の奇妙なハイブリッド飲料に進化している」と述べて、もうひとつの脅威を指摘した。「ロックスター・ローステッド」や「ジャバ・モンスター」などの缶入り飲料は、インドネシアからアメリカに導入されたエナジードリンクという概念と、日本人が生み出した缶コーヒーを融合させたものだ。こうした缶飲料は、基本的にはコーヒーにカフェインを追加した飲み物だ。

ゲインズ＝チェースによると、こうしたハイブリッド飲料は規制上限量が曖昧で、消費者団体からは、エナジードリンクのカフェイン表示のあり方に対して規制強化を求める声があがっている。コーヒーはすでに、飲料と薬物の微妙な線上で綱渡りをしている状態だ。「表示問題を気にする必要がなくなるのは、非常に危険な状況だと思う」とゲインズ＝チェースは述べていた。

会議場の外には、「ペプシキック」というカフェインと高麗人参の入ったエナジードリンクの広告板が立っていた。眠そうな男性の耳元で、「デスピエルタ！（目を覚ませ！）」と叫んでいる雄鶏が描かれていたが、雄鶏の叫び声は会議に参加していた伝統的なコーヒー業界の人間に向けられていたようにも思えた。コーヒー産業は急速に変化しているので、伝統的なコーヒーポットが馬や馬車のように過去の遺物になるのも時間の問題だろうと思えるからだ。進歩の原動力になっているのは、アメリカ人のコーヒーの飲み方を一変させて、「シングルサーブ（1杯用）」という新機軸を打ち出したニューイングランドのとある会社だ。

第4章 うまいコーヒーを創り出す

ボブ・スティラーはヴァーモント州の田舎の生協で出会いそうな、浮世離れした印象の人物だ。ウールのセーターを愛用し、瞑想やヨガ、ディーパック・チョプラのニューエイジ哲学に傾倒しているので、当たらずといえども遠からずかもしれない。しかし、そのおっとりとした立ち振る舞いの裏には鋭い資本家の頭脳が隠れている。スティラーは秀でたビジネスの手腕を駆使して、2011年までに10億ドルに上る財産を築き上げた人物なのだ。現在はフロリダのパームビーチにある邸宅に住んで、45メートルのヨットを乗り回しているが、マンハッタンのコロンバス・サークルにあるマンションをアメフト選手のトム・ブレイディとスーパーモデルのジゼル・ブンチェン夫婦から1700万ドルで買い取り、フロリダとニューヨークの間を行き来する生活を送っている。ドーナツチェーンのクリスピー・クリーム社の最大の個人株主だったが、スティラーの名前が一番よく知られているのは株主としてではなく、世界屈指の斬新さと収益の高さを誇るコーヒー会社の創業者としてなのだ。

スティラーの人生を文字通り変えたのは1杯のコーヒーだった。1980年のことだ。37歳の青年実業家だったスティラーは最初の会社を売ったばかりで、懐に300万ドルが唸っていたが、暇を持て余していた。当時はシュガーブッシュ（ヴァーモントのスキーリゾート）のマンションに住んでいたのだが、近くのウェイツフィールドで格別にうまいコーヒーに出会った。コーヒーに感動したスティラーはその小さなコーヒー会社を買い取り、みすぼらしくも環境に優しい「ベン&ジェリーズ」〔環境重視のアイスクリーム会社〕風の経営に着手した。「グリーンマウンテン・コーヒー・ロースターズ」の誕生である。(1)

コーヒーに取り憑かれたスティラーは、自宅でポップコーン鍋とクッキー焼きの鉄板を使って少しずつコーヒーを焙煎した。アラビカ豆だけを使用したのは言うまでもない。1980年の当時は、アメリカ人の多くはスティラーのように、パーコレーターで煮詰まったコーヒーやインスタントコーヒーを飲んでいたので、淹れたての美味しいアラビカコーヒーを味わったことがなかった。こうして、スティラーはグルメコーヒーブームの先駆けになったのだ。

コーヒー産業にグルメコーヒーの焙煎業者が参入するのにピッタリの時期だった。当時の市販コーヒーはロブスタ豆がブレンドされていたので、深煎りすると特に味が悪くなることもあって、ごく浅く焙煎されていた。このような浅煎りのコーヒーを背景にして、ピーツ・コーヒーやスターバックスなどの深煎りコーヒーは瞬く間に人気を博するようになった。「コーヒーを深煎りして、皆が好むチョコレート風味やキャラメルのような甘みを出し、濃く淹れるだけ」だから、製法は簡単だとリック・ラインハートは話した。

グルメコーヒーに対する需要は急速に伸び始めていた。スターバックスは、常に濃くて強い高級なコーヒーを飲ませるカフェのチェーン店を展開して、アメリカをグルメコーヒー革命の震源地にした。アメリカ人のコーヒー嗜好が変化すると、スティラーが始めた地元の小さな会社も変化の波に乗り、グリーンマウンテンのコーヒー豆の売り上げも右肩上がりに伸びていった。

しかし、1997年にはスティラーは問題にぶつかっていた。グリーンマウンテンの売り上げが伸び悩み始めたのである。グルメコーヒーブームの到来で、コーヒー産業は数十年続いた需要の低迷から抜け出したものの、アメリカ人のコーヒー嗜好がさほど急速には伸びていないことにスティラーは気がついたのだ。

スターバックスはアメリカの会社が得意とする商法、つまり、マクドナルド方式の利便性、標準化、サイズの特大化をカフェラテやカプチーノなどの商品に用いて、現代のコーヒー革命を牽引していた。しかし、スターバックスのモデルはグリーンマウンテンには役に立たなかった。1997年にはスターバックスは1400店舗を展開していたが、グリーンマウンテンの店舗は10軒ほどにすぎなかったので、赤字がかさみ、倒産の危機に瀕していた。グリーンマウンテンに残された道は、ニューイングランドでは人気があるが他では無名の堅実なニッチ市場のコーヒー会社に留まるか、斬新な販売戦略を練って、飽和状態にあるコーヒー市場で競合他社からシェアを奪い取るかの2つにひとつだった。

スティラーには、独自のアメリカらしいコーヒーの出し方を確立する必要があった。優れたビジネスセンスと市場に対する勘のおかげで、アメリカ人は淹れたての濃いコーヒーを日に何度も手っ取り早く飲みたがっているという単純な考えに思い至るが、このことがアメリカでも指折りの大富豪になる道を開いたのである。スティラーはお客が店に来てくれないのならば、こちらからどこにでもコーヒーを届けようと考えた。当時、コンビニのコーヒーといえば、だいぶ時間が経っていたり、煮詰まっていたり薄かったりするうまくなさそうなコーヒーを味気ないガラスのポットで注いで出すイメージだった。しかし、スティラーはそのコンビニに入り込むことを考えたのだ。まもなく、ニューイングランドにある何百軒ものエクソンモービルのコンビニでは、真空ポンプのコーヒーポットでグリーンマウンテンの高級コーヒーを一般大衆に販売し始めた。グリーンマウンテン・コーヒーのロゴが描かれた看板がコンビニの店先に設置され、グルメコーヒーはおしゃれなカフェに行かないと飲めないものと考えていた人は違和感を覚えはしたが、コンビニでの販売を歓迎した。

スティラーがすでにシングルサーブ（1回分の使い切りパッケージ）に精通していたことを念頭に置くと、グリーンマウンテンが編み出した次の斬新な商法を理解しやすくなる。1970年代の初め、スティラーと共同経営者は当時特有の問題に頭を悩ましていた。マリファナタバコを巻くためには、巻きタバコ用の紙では幅が狭すぎたのだ。スティラーたちもヤク中の例に漏れず、タバコ用の紙を2枚つなぎ合わせて、この問題を解決していたが、これがビジネスチャンスになることにも気づき、当時マリファナを吸ったことのある学生なら誰でも知っている「E－Zワイダー」というブランドの巻紙を販売する会社を立ち上げたのだ。斬新だったのは、太いマリファナタバコも巻きやすいように、巻紙のサイズを特大にしたことだ。1980年には9100万箱を売り上げ、20億本のマリファナタバコを巻くのに十分な枚数を出荷した。その後、2人は会社を売り払い、それぞれ310万ドルを手にして別れた。スティラーはこのようにしてグリーンマウンテンを始める資金を手に入れたのである。

コーヒーの消費者はシングルサーブのコーヒーを求めていることをいち早く見抜いたスティラーは、小さな個包装の経験と市場の隙間を嗅ぎつける鋭い勘を活かして、利便性を売る販売商法を一歩進めた。ポットの中で煮詰まってしまったまずいコーヒーは、世界中のオフィスの休憩室で、恐竜と同じ運命を辿っていた。そこに目を付けたスティラーは、キューリグのコーヒーマシンのことを知ると、キューリグ社を買い取り、シングルサーブ用の容器とともに売り込んだのだ。

シングルサーブのKカップ

スティラーが始めた自然志向の小さなコーヒー焙煎会社は、今ではバーリントンとモンピリアの間の山あいにあるウォーターベリーの町で押しも押されもせぬ大企業に成長した。その焙煎工場は大工場の例に漏れず、大型トレーラーや搬入口を備えているが、トレーラーは生物由来のバイオディーゼル燃料で走り、倉庫の屋根はソーラーパネルで覆われている。駐車場は樹木で囲まれ、工場のまわりは緑に覆われた山が地平線まで連なっている。コーヒーを焙煎する香りが漂い、食品加工工場というよりは大学のキャンパスにいるような心地よさを感じる。

ビジターセンターは鉄道の駅舎を改装した美しい建物で、そこで淹れたてのコーヒーを味わいながら、グリーンマウンテン社の環境保護の取り組みやコーヒー農家との連携を詳しく紹介した展示を見ることができる。ここにも、コーヒー豆をすくい取っている節くれだった手を写したお決まりの写真がたくさん展示してある。一見しただけでは、発展途上国の労働条件の改善と環境保護を目指す非営利団体の本部のように思えるかもしれない。

実際に作業が行なわれている現場では、土の臭いがする巨大な倉庫の中に60kg入り麻袋に詰められたコーヒーの生豆が何千と積み上げられている。麻袋に入っているコーヒーの生豆は海の向こうの産地で袋詰めされたもので、屈強な男たちが一列に並んで、両手に持ったフックを重い麻袋に突き刺し、荷台の上に勢いをつけて投げ上げるのだ。これはグリーンマウンテン社の作業工程の原始的な部分だ。

倉庫から隣の建物へ入ると、コーヒー豆を焙煎して、粉に挽き、包装していた。『オリヴァー・ツイスト』の世界から『マトリックス』の世界に踏み込んだように感じた。工場の心臓部は、Kカップを年間何十億個も生産している衛生的なピカピカの組み立てラインが並ぶ建物である。

Kカップの容器はコーヒー用のクリーム容器を大きくしたようなものだ。工場では特殊な機械で、プラスチックのカップにペーパーフィルターを裏打ちして、コーヒーの粉を詰め、酸化防止に窒素を封入すると、アルミ箔で密閉する。

グリーンマウンテンはKカップを生産することで、グルメコーヒー業界の常識を覆したが、その立役者が窒素なのだ。美味しいコーヒーを淹れるためにコーヒー通の誰もが認める重要な条件がある。それは焙煎したてのコーヒー豆を使うことと、淹れる直前に粉に挽くことだ。コーヒー豆は挽くとすぐに揮発性のオイルが飛んでしまい、そのあとに酸素が入り込むと、酸化されて風味が失われたり、苦味が強まったりするのだ（挽きたてのコーヒーのあの香ばしい匂いは、空気中に飛び出して漂うオイルの香りである）。

これは最近になってわかったことではなく、何世代も前から知られている常識だ。1896年の軍の報告書に、前線の兵士にうまいコーヒーを届ける難しさについて次のような記述が残っている[2]。

コーヒーの専門家の一致した意見によると、焙煎したコーヒーはひとたび挽いてしまうと、どのようにしても鮮度を保つことができない。密閉しても完全に保存することはできない。コーヒーは数ヵ月もすると「酸っぱく」なってしまうが、挽いたコーヒーは豆よりもさらに劣化が速いというのは、コーヒー会社も認めるところである。さらに、加工処理の過程でコーヒーを痛めずに空気を完全に抜き取ることはできない相談だが、空気を極力抜いて密閉したとしても、品質の低下を数ヵ月遅らせる程度だとも述べている。

グリーンマウンテン社はＫカップの中にある酸素を窒素で置き換えることで、酸化を防いでいる。粉に挽いたコーヒーが11ｇ入っているＫカップの容器が、思わず見とれるほど一糸乱れずに生産ラインを続々と流れてくる。アメリカ人好みのカフェイン飲料が手軽に飲めるシングルサーブ製品だ。ハイテクで生まれた一発屋の商品である。

キューリグコーヒーマシンは、Ｋカップのプラスチックの底とアルミ箔の蓋にピンで穴を開け、湯を通すことで、下に置かれたマグカップの中に直接コーヒーを淹れるようになっている。手軽に１人分のコーヒーを淹れることができる。グリーンマウンテン社は２０１０年だけで30億個のＫカップを売り上げた。

マサチューセッツ州にあるキューリグ社はグリーンマウンテンの子会社なので、グリーンマウンテンはキューリグコーヒーマシンを安い価格で販売できるのだが、その商法は、安い価格でプリンターを売って詰め替え用のインクで儲けているヒューレット・パッカード社や、安価なカミソリと高い替え刃を売っているジレット社と同じだ。キューリグのコーヒーマシンは初回のサービスとしてＫカップが12個ついて、１００ドル以下で販売されているが、それでも人件費の安い中国で製造されているので、２０１０年のコーヒーマシンの販売収益は2億ドルを上回っている。グリーンマウンテン社が環境志向の地方の一会社からウォール街の寵児になれたのは、Ｋカップという商品のおかげだ。株価は２００７年から２０１０年の3年間で4倍に跳ね上がった。１９９３年に株式を上場したときに、

1000ドル投資する先見の明があったら、2011年の秋までに2000万ドル儲けていただろう(3)(1993年には1000ドルも持っていなかったって? 100ドル投資しただけで、200万ドルの儲けになっただろう。今さら泣いても始まらない)。2006年から2011年の間に、ナスダックのグリーンマウンテン社の株価はアップルやグーグル、スターバックスよりも値上がりしたのだ。

2003年に登場したキューリグのコーヒーマシンが最初に根付いたのはオフィスだった。職場では淹れてもらったコーヒーが濃すぎるとか薄すぎるとか、またポットで何時間も温めたままのコーヒーは煮詰まって苦いなどの文句が絶えなかったが、キューリグマシンが設置されてからはそうした文句は出なくなった。飲みたいときに、好みのKカップをマシンにセットするだけでいい。Kカップはコーヒー市場を席巻した。

ヴァーモントで生まれた小さな会社はコーヒーをポッドという個包装容器に入れる市場で、世界的な大食品会社を相手に勝ち進んでいる。ネスレ社は「ドルチェ・グスト」と高級機種の「ネスプレッソ」というコーヒーマシンを販売して鎬(しのぎ)を削っている。また、マース社は「フラヴィア」、クラフト社は「タッシモ」、サラ・リー社は「センセオ」を出しているが、どれも自社のコーヒー容器専用のコーヒーマシンだ。

グリーンマウンテンは2010年までの7年半にわたり、四半期ごとに二桁の成長率を記録した。立役者は売り上げの86%を占めるKカップだ。2011年までには、ダンキンドーナツもグリーンマウンテンのKカップで自社のコーヒーの販売を始めた。さらに、ポール・ニューマンの娘のネル・ニューマンが設立したニューマンズ・オウン・オーガニック社もグリーンマウンテンと提携を結んでKカップの販売を始め、たちまち一番の売れ筋商品になった(オーガニック食品の普及・促進に努めているネル・ニューマンは熱心な環境保護主義者でもあるが、リサイクルやコンポストができない製品が自社の売れ筋になっているのは皮肉なことだ)。

また、コーヒー業界の大手、スターバックスもシングルサーブ市場に別の方向から参入してきた。スターバックスは2009年2月に1人用のスティックタイプのインスタントコーヒーを「ヴィア」という名で売り出し、その年の売り上げは5000万ドルに達した。しかし、スターバックスもKカップの魅力には勝てなかった。2011年3月にスターバックスが自社のコーヒーをKカップで販売することに合意したとグリーンマウンテン社が発表したとたんに、その株価は1日で42%も値上がりした。この株価の急上昇でスティラーの資産は13億ドルと推定され、2011年の「フォーブス」誌のアメリカ人長者番付に載ることになったが、スターバックスCEOのハワード・シュルツと同じ331位だったのは不思議な巡り合わせだ。

Kカップの値段はひとつ90セント前後だ。コーヒー1杯の値段としては妥当なところだと思われるが、1ポンドあたりに換算すると30ドルになる。グリーンマウンテンのコーヒーは、インテリジェンシア・コーヒーやスタンプタウン・コーヒーなどがコーヒー通を気取る人向けに販売している生産農園にこだわったコーヒー豆よりも高いのだ。もっと驚くべき点は、グリーンマウンテンはこのような高額な商品を、スーパーマーケットやサムズクラブ〔会員制スーパーマーケット〕などの大衆市場で販売していることだ。

天井知らずの需要を作り出す一方で、市場価格の錬金術を用いて、グリーンマウンテン・コーヒーの1ポンドあたりの価格を3倍近くにつり上げるというのは、スティラーの商才が遺憾なく発揮された斬新な商法だが、基本は美味しいカフェインの刺激を手軽に味わえるようにしたことだ。

おそらく面倒な株主訴訟があったせいだと思われるが、グリーンマウンテンはKカップの販売数を公表することをやめてしまった。しかし、2011年には60億個前後を売り上げたと考えられる。60億個といってもピンと来ないと思うのでわかりやすく言い換えると、2011年に生産されたKカップを赤道の上に一列に並べると、地球を6周して、幅が約30センチの帯状にプラスチックとアルミ箔とコーヒーでできた代物が並ぶのだ。

グリーンマウンテン・コーヒーの試練

しかし、スティラーがアメリカ人長者番付から消える日が、ヘミングウェイ風に言えば「徐々に、そして突然」やってきた。グリーンマウンテンの株価は2011年9月19日に111・62ドルを記録して、投資家はハイリターンな配当利回りに目をみはり、経済誌は「コーヒー高（ハイ）」などという語呂合わせ的な見出しで報じた。しかし、株価は過大評価されていたようだ。10月に著名なヘッジファンドのマネージャーであるデイヴィッド・アインホーンが投資家相手のカンファレンスで、グリーンマウンテンの経理には疑わしい点があると主張して、1時間にわたってグリーンマウンテンを批判すると、その翌日から株価が下がり始めたのだ[4]。11月に収益の減少が報告されると、株価はさらに下落して、50ドルを割ってしまった。まもなく、グリーンマウンテン社に投資していたルイジアナ州警察退職者年金基金が損失の賠償を求める訴訟を起こした[5]。

グリーンマウンテンが直面した次なる試練は、振られた投資家からではなく、競合他社からの反撃だった。2012年3月8日に、スターバックスが自社のポッド容器を開発していると発表すると、62・59ドルだったグリーンマウンテンの株価が10ドルも下落したのだ（ちょうど1年前に、スターバックスがKカップの販売を発表すると、グリーンマウンテンの株価が跳ね上がったのを思い出していただきたい）。投資家にはこれだけでも痛手だったが、さらに追い討ちを受けることになった。この発表の数日前に、スティラーが過去最大の6600万ドル相当の保有株を売り払ったことがわかったのだ。

スティラーのポートフォリオ（有価証券資産）の価値が急落し、経営者としての信用も失墜したが、そこへさらに悪いニュースが飛び込んできた。収益の減少が報告されると、5月3日にはグリーンマウンテン株は1日で半分の25・87ドルまで下落したのだ。このあたりから迷走が始まった。スティラーは持ち株を担保にして多額の借入をしていたが、株価の急落で心配になった債権者のドイツ銀行がマージンコール（追加保証金の請求）を行なった。スティラーは5月7日の月曜日にグリーンマウンテン株を500万株売って、1億2300万ドルを手に入れたが、株を売却した日は四半期の収益報告を行なう時期にあたり、内部関係者による取引はインサイダー取引として禁止されていたのである。グリーンマウンテン社の役員は緊急に電話会議を開き、火曜日までにはスティラーを代表取締役から解任するという議決を採択した。[6]

この決定はおっとりやの実業家スティラーにとっては、青天の霹靂だった。わずか9ヵ月の間に資産の4分の3をなくしただけでなく、自分で設立して30年の間経営してきた会社の社長の座も失ったのだ。

その後、グリーンマウンテンは会社を立て直し、業績は安定しているが、今でもスティラーの斬新な商法に負うところは大きい。幅広のマリファナタバコ巻紙のE－Zワイダーをかつて開発したとき、スティラーは便利な1回分用の商品を販売する商才を発揮したが、グリーンマウンテンでその商才はさらに冴え渡った。アメリカ人のほとんどが毎日飲用して、それなしでは済ませられないと思う薬物そのものを販売する方法を思いついたのだ。しかも、合法的なだけでなく、文化的にも受け入れられて手軽にぼろ儲けできる方法で販売した。こんなに儲かる商売はそうそうあるものではない。タバコの巻紙の比ではないのは明らかだ。

マリファナとコーヒーで大儲けをしたスティラーは、「ヴァーモントビジネスマガジン」誌のインタビューで、「マリファナもコーヒーも薬物だと思われていることぐらいわかっているが、私はどちらも製品だと考えている。最高の巻紙を作り出そうとしたように、コーヒーも最高品質のものを提供するように心がけている。巻紙は市場が限られていたけれど、コーヒーは市場がとても大きいので、いいね」と述べている。[7]

製品と呼ぼうが、薬物と呼ぼうが、これは現代の科学技術と世界経済の為せる業だ。アメリカではどこにいても、小さな容器をコーヒーマシンにセットして、ボタンを押しさえすれば、2SCADのカフェインが入った上質のコロンビアコーヒーを1杯淹れることができる。産地がカスティージャの農園のように数千キロも離れていても問題にはならない。カリブ海を渡ってミシシッピ川を遡り、倉庫に保管し、トラックでヴァーモントまで輸送されて、粉に挽いて包装され、さらに別の倉庫に保管し、サムズクラブのようなスーパーの店頭に並べられて、最後にお客のコーヒーカップにおさまる。この長い行程でコーヒーの風味もカフェインもほとんど失われることがない（もっとも、あとで知ったことだが、グリーンマウンテンが期待しているほどロスは少なくはないようだ）。

スティラーはカフェインを便利なシングルサーブ用に包装したことで、カフェインの詰まった美味しいコーヒーをかつてないほど手軽に味わえるようにした。Kカップを置いて、ボタンを押すだけだ。

そのくらいのことは、サルにもできるだろうし、ホントにやるかもしれない。

第5章　カフェインは依存性薬物か？

Kカップは大人気商品となったが、それが登場するずっと以前に、こうしたカフェイン入り製品が人気を博す理由を解明しようとしていた熱心な研究者がボルティモアにいた。ローランド・グリフィスは精力的に研究を行なっている薬物の専門家だ。ジョンズホプキンス・ベイビューメディカルセンターにある応接用オフィスの壁には、額装された絵が数枚掛かっていた。コカ・コーラのビンテージものの広告と、漫画の「トゥー・マッチ・コーヒー・マン」、「カフェイン・ドリーム」と名づけられた現代美術家ブルース・ナウマンのポスターだ。机の上方に設けてある本棚には、コーヒーとカフェインの本がずらりと並んでいた。しかし、グリフィスの研究の幅広さと厚みを端的に示しているのは、ひとつの壁面を占めているファイリングキャビネットだ。

3段のキャビネットが5つ並んでいた。15個ある引き出しのうち、10個には「カフェイン」、残りの5個には「シロシビン」と表示されていた（シロシビンはキノコから採れる幻覚性成分だ。この

「マジック・マッシュルーム」をうつ病の治療に用いるグリフィスの研究は、「ニューヨークタイムズ」紙に取り上げられたことがある）。

グリフィスは、「精神薬理学の研究者なので、薬物が気分に及ぼす影響に関心がある。これまで動物や人で向精神薬の研究を40年行なってきたが、カフェインはその中で最も興味深い物質だと思う。明らかに精神活性があるが、それにもかかわらず、世界中の文化で受け入れられているからだ」と話した。

グリフィスは細身で背が高く、白髪は短く刈り込まれていた。微笑むと、眼鏡の奥で目が輝き、気さくな感じがした。質問にはじっと耳を傾け、関心をもって聞いているという印象を受けた。返事をするときは、慎重に考えて正確を期した。グリフィスはカフェイン分子の構造式が描いてあるマグカップでカフェインフリーのダイエットコークを飲みながら、インタビューに答えてくれた。

薬物研究では、乱用すると問題を起こす薬物を対象とすることが多い。そこで、グリフィスは世界で一番広く消費されている向精神薬の研究に興味をもつようになったのだそうだ。どの文化でもカフェインは乱用薬物とは考えられていないが、実際には乱用薬物の条件をすべて備えている。「つまり、気分を変え、身体的依存を生み出し、使用を中止すると離脱症状（禁断症状）を引き起こし、依存状態になる人も出る」とグリフィスは説明してくれた。

カフェインは行動と乱用薬物の相互作用を理解するモデルになっただけでなく、コカインやヘロインなどの薬物研究に付きものの倫理的規制に煩わされずに研究を行なうことができた。

グリフィスはファイルの詰まった引き出しを数分あちこち探していたが、「ヒトにおけるコーヒーの飲用——濃度とカフェイン分量の操作実験」という論文を取り出すと、「これがカフェインの研究を始めたきっかけだよ。1日に消費するコーヒーの量を調べた最初の研究だ」と言った。つまり、四半世紀を超えるカフェイン研究の出発点なのだ[1]。

グリフィスらの初期の研究では、コーヒーをよく飲む9人の男性を被験者にした。その実験では、被験者が摂る薬物の量が被験者にも研究者にもわからないように工夫する二重盲検法という方法が使用された。コーヒーの濃さやカフェイン量は研究者が設定したものだが、被験者は「自由に」コーヒーを飲むことを許されていた。

最初は、ほぼ全員が似たような傾向、つまりコーヒー好きに共通する傾向を示したようだ。午前中は間隔をあけずに数杯のコーヒーを飲んだ。時間が経つにつれてコーヒーを飲む回数が減り、間隔が長くなった。濃いコーヒーを与えられたときには、飲む時間帯は終日にわたっていたが、消費量は減った。コーヒーの濃さは変えずに、カフェインの量だけを増やしたときにも、同じ結果が得られた。「一連の実験の結果は、コーヒーの飲用は薬物を持続的に整然と自己投与する行動様式であることを示しており、これは被験者内デザイン実験〔同じ被験者が複数回実験を受けてその結果を比較する〕に基づく分析に適している」とグリフィスは要約している。

難解な専門用語が並んでいるのは否めないが、要約の中の「薬物を持続的に整然と自己投与する行動様式」という表現は、大人のアメリカ人のほとんどが毎日行なっているコーヒーの飲用を簡潔に表している。

この研究でコーヒー飲用は自己投与行動であることがわかったが、この行動は馴染み深いものに思えたとグリフィスは言う。動物実験で見てきた行動に似ていたからだそうだ。

自己投与というのはきわめて基本的な概念だ。実験用のラットに点滴用のチューブを装着して、アヘンのような快楽をもたらす薬物の入った容器につなぐ。そして、ケージの中にレバーを取り付け、レバーを押し下げると薬物がチューブを通じて体内に入るようにしておく。レバーを押したネズミは薬物を自己投与したことになるので、実験をしている研究者は、ネズミがレバーを押す回数と間隔を測定する。「コーヒーを飲むことも薬物の自己投与行動とみなせるので、1日に飲む回数（カップの数）を同様に測定すればいい」とグリフィスは語った。この研究でわかったように、被験者は自分が望むカフェインの量を確実に摂取できるように、コーヒーを飲む回数と間隔を調整していたのだ。

本書で論じているのはアヘンではない。しかし、グリフィスの研究を念頭に置いてコーヒーの飲用を考えてみると、朝一番にコーヒーポットに手が伸びることや10時に休憩室に足が向くこと、あるいは昼休みに喫茶店に立ち寄ることが単なる偶然ではないとわかるのではないか。何億人もの人々が実験用のラットのように、意図的にくり返しコークの自販機やキューリグマシンのボタンを押して、カフェインを自己投与しているのだということが理解できるはずだ。

この先駆的な実験のあとにも、グリフィスは洗練された一連の実験を行ない、人とカフェインの相互作用を体系的に研究した。自己投与、強化、弁別、耐性、依存と離脱症状の研究を行なったのだ。ここで少々時間をとって、専門用語の説明をしよう。カフェインを頻繁に摂取している人の日常的な行動を記述するのに使われているからだ。

「強化」とは、その行動を再び行なう可能性を増加させるような誘因のことだ。たとえば、ペプシを飲んで気分がよくなったら、またペプシを飲むだろう。

被験者にコーラやコーヒー、カプセルといったカフェインを含む食品や飲料を数種類与え、その中から好きなものを選ばせる実験をある程度の期間行なえば、「強化」を検証できる。ただし、被験者には知らせずに、その中に一品だけプラセボ〔対照薬、ここではカフェインフリーの食品や飲料〕を入れておく。たとえば、被験者がカフェインを含まないオレンジ色のカプセルよりもカフェインが入った黄色いカプセルを好むようになったら、カフェインが「強化子」の機能を果たしていることになる。

自分の行動が薬物に起因することに気づいていない場合には、この用語が役に立つとグリフィスは述べている。コーヒーの常飲癖の裏にカフェインが潜んでいることに気づいていない人が以前は多かったが、今でもまだいるそうだ。「朝起きてすぐコーヒーを飲むのはコーヒーがうまいからだとか、新聞を読むときはいつもコーヒーを飲んでいるからだなどと考えて、カフェインの有無とは関係ないと思っている人もいる」とグリフィスは話していた。

「強化」は多幸感とは異なる。カフェインをたくさん摂ると、強い高揚感や時には多幸感を覚えるが、強化は意識下で生じる捉えどころのない漠然としたものだ。

「弁別」は化合物の存在を主観的に自覚する能力である。カフェイン入りのカプセルか、プラセボのカプセルを被験者に与え、カフェインの有無や分量を特定することができるかどうかを調べれば、「弁別」を検証することができる。

「耐性」は説明するまでもなく、誰でもわかるだろう。薬物にさらされる時間が長くなればなるほど、その薬物の影響を受けにくくなる身体の能力である。カフェインに対して、たいていの人はある程度の耐性を身につける。そのため、カフェインを毎日のように定常的に摂っていると、最初に飲んだコーヒーよりも刺激が薄れていくように感じる。カフェインを習慣的に摂っていると、カフェインのアデノシン受容体遮断作用を回避するために、アデノシン受容体が増加するからだ。この効果は「アップレギュレーション（上方修正）」と呼ばれている（カフェインを摂らないでいると、一般的には1

週間ほどでアデノシン受容体の数が元に戻る)。

最後は、「依存」と「離脱症状」だが、グリフィスの研究が個人的な様相を帯びてくるのはこのあたりだ。グリフィスがカフェインの研究を始めたとき、本人も重症のカフェインユーザーだった。「1日に500〜600mgくらい摂っていたと思うけど、もしかすると、もっと多かったかもしれない」という。7SCAD以上だ。レッドブルで7本、上質のコーヒー約1ℓ分になる。

カフェインの離脱症状の研究では、グリフィス自身も辛い思いをしたそうだ。6人の共同研究者とともに一連のカフェイン研究に取りかかったのだが[2]、「研究者自身も被験者という一風変わった研究だったよ」とグリフィスは当時を振り返った。グリフィスは毎日7〜8SCADのカフェインを摂っていたが、それをゼロにまで落とし、身体と精神に現れた影響を細大漏らさず記録することになったからだ。

きっぱりカフェイン断ちをしたのかと、グリフィスに尋ねてみた。「いや、とんでもない。これでも精神薬理学者だからね、そんなことしたらどうなるかぐらいは百も承知しているさ。少しずつ減らしていったのだ」という答えが返ってきた。

カフェインの影響を調べる

科学の名のもとにカフェイン断ちをしたのは、グリフィスと同僚の研究者が最初というわけではない。人におけるカフェインの研究を最初に行なったのは、英国の上流階級出身のウィリアム・ホールズ・リヴァーズ・リヴァーズという医師で、冒険好きな人類学者でもあった。1906年に行なった講演をもとにして著した『アルコールや薬物が疲労に及ぼす影響』で、カフェインに関する当時の最新研究を紹介するとともに、自身の研究を記している。[3]

「コーヒーや紅茶を嗜んではいたが、薬物研究の一環としてカフェインの影響に関する実験を始めたときに飲むのをやめた。コーヒーと紅茶をやめたせいで元気が出なくなり、実験の継続に支障が生じた。後に再びコーヒーと紅茶を断ってみたが、その結果、また元気が出なくなったので、少なくとも部分的にはコーヒーと紅茶をやめたことが原因であるのは疑う余地はない」と、リヴァーズはカフェインについての講演で述べている。

リヴァーズは実験を始める1年前にカフェインやアルコールを一切口にすることをやめたが、「このような思い切った手順を踏む必要があるので、この研究に取り組んでみたいと思う研究者はもう現れないのではないか」と、控えめな調子でさりげなく記している。

しかし、それから80年後に、グリフィスらはまさにこの研究に取り組みたくなったのだ。自分たち自身をモルモットにして一連の研究に着手したが、その過程でカフェインの摂取量を徐々に減らしていき、カフェイン入りのカプセルとプラセボを識別できるかどうかを弁別試験によって検証した（こうした検証はすべて二重盲検法を用いて行なわれた）。

予想通り、グリフィスらは誰もがプラセボと少なくとも100㎎のカフェインが入ったカプセルを確実に区別することができた。当然のように思えるかもしれないが、実際はそれほど単純ではなかった。一度に100㎎のカフェインを摂ったのならば、わかったとしても驚くほどのことではないが、1日に10回に分けて、10㎎入りのカプセルを摂取したのだ。

グリフィスらは、「100㎎のカフェインを摂った場合は、プラセボに比べて注意力、幸福感、社交性、やる気、集中力、活力、自信の評点が上がり、頭痛と眠気の評点が下がった。このカフェイン量は『幸福感』の尺度にもなった」と記している。

弁別実験の第2段階ではさらに驚くような結果が出た。きわめて少ないカフェイン量でも気づく被験者がいることがわかったのだ。７人の被験者は全員が１ＳＣＡＤ（75㎎）以下でも簡単に気づいたが、３人は56㎎のカフェインが識別できた（マウンテンデュー３５０㎖缶の含有量に相当）。３人は18㎎のカフェイン（コカ・コーラ1缶の半分の含有量）がわかった。そしてなんと１人はわずか10㎎のカフェインにも気づいたのだ（後に行なった研究では、わずか３・２㎎のカフェインを弁別できる被験者がいることがわかった。これはコーヒー一口分、コカ・コーラ1缶の10分の１に相当する量である）。

グリフィスらはこの実験のあとに、毎日１００㎎のカフェインを摂り、「身体的依存」の研究に移った。この研究では、「離脱症状」を解明するために2つの方法がとられた。まず、12日間続けてカフェインの代わりにプラセボのカプセルを摂取して、１日のカフェインの摂取量を１００㎎からゼロに減らしたのだ。ここでも二重盲検法を用いて、被験者にはいつカフェインが減らされているのかはわからないようにしてあった。

この段階では、７人の被験者のうち4人に「一定の離脱症状」が現れた。症状には頭痛、虚脱感、集中力の低下が含まれていた。「症状は1日目か2日目にピークを迎え、その後は徐々におさまり、1週間ほどで離脱症状が現れる前の状態に戻った」という。

次の段階では、１週間以上の間隔をおいたあとで、１日おきにカフェインとプラセボを交互に与えた。今度は「７人の被験者がそれぞれ統計的に有意な離脱症状を示した」。

この場合も、摂取を中止する以前に摂っていたカフェインの量は１日に１００㎎だったので、大した量ではない。コーヒー150〜240㎖、ダイエットコーク2缶、コカ・コーラ3缶、紅茶2〜3杯に含まれる量で、3分の4SCAD程度だ。しかし、たったこれだけの量でも病みつきになるのだ(もっと少なくてもそうなる可能性があるとグリフィスは話していたが、それを検証した研究はまだない)。

グリフィスらの論文にはこう記されている。

カフェインの離脱症状を記述した研究論文は他にもあるが、本研究で認められた離脱症状の発生率の高さ(100%)、離脱症状を引き起こす1日あたりのカフェイン摂取量の少なさ(焙煎コーヒー1杯か、カフェイン入り清涼飲料3缶に含まれる程度の量)、症状の幅の広さ(頭痛、疲労感、不快感、筋肉のこわばりや痛み、風邪を引いたときのような気分、吐き気や嘔吐、カフェイン欲求)はそうした論文では報告されていない。

この論文は物議を醸した。アメリカではほとんどの成人が毎日カフェインを摂り、その平均摂取量は100㎎を大幅に超えているので、カフェインの摂取を急にやめると、多くのアメリカ人がひどい不快感に見舞われる可能性が高いことを示していたからだ。離脱症状が現れる割合はどのくらいなのだろうか? 後に、グリフィスは2004年の総説論文(関係する研究を概観し、分析した論文)でこの問題に言及して、カフェインの摂取をやめると、被験者の半数が頭痛を、13%が「臨床的に有意な苦痛や機能障害」を訴えたと述べている。[4]

もっと広い目で見て、極端な状況を想定してみよう。たとえば、カフェインの流通機構が突然崩壊して、明日は誰もカフェインを摂ることができなくなったり、アメリカ禁煙の日（11月18日）に倣って、「禁カフェインの日」が制定されたりしたと考えてみよう。そうすると、毎日カフェインを摂っているアメリカ人は人口の80％前後に上るので、1億2500万人が頭痛を訴え、カリフォルニア州の人口にほぼ匹敵する3200万人の人がひどい肉体的苦痛や機能障害に見舞われることになるのだ。

一言でいうと、グリフィスの研究は、カフェインが魅力的であると同時に依存症をもたらす薬物というイメージを作り出した。「カフェインに関して『依存症』という言葉を使った当初は、業界がものすごい剣幕で食ってかかってきたよ。でも、カフェインが穏やかだが依存性のある薬物であることは明らかだ。誇張ではない」と、グリフィスは笑いながら語った。

しかし、カフェインに「依存性」というレッテルを貼ることに異議を唱える研究者もいる。「カフェイン依存症もコカイン依存症やヘロイン依存症、アルコール依存症、ニコチン依存症と同じ部類に属するという考えは、『依存症』という用語のイメージを汚すものだ。化学物質の乱用や『大好きな』活動に夢中になることをわざわざ『依存症』と呼ばなくても、この分野は十分不名誉を被っている」と、テキサス大学の薬理学・毒物学教授カールトン・エリクソンは記している。さらに教授は、離脱症状や耐性は依存症の決め手にはならないとも述べている。(5)

サリー・セイテル博士も疑いを差し挟んでいる研究者の1人だ。2006年に著した総説論文には「カフェインは依存症をもたらすか？」という表題がつけられている。それで、答えは？ ノーだ。コーヒー（カフェインではなく）の飲用には「弱い強化作用がある」と認めた上で、「コーヒーの強化作用はコーヒーに含まれているカフェイン自体ではなく、香ばしい香りや風味、コーヒーの飲用に伴うことが多い打ち解けた雰囲気がもたらしていると思われる」と述べている。このようなコーヒーの飲用に対して、セイテルは「コーヒーの飲用は、どうしても飲まずにはいられない病的な依存症というよりは、生活に深く根差した習慣に近い」と表現している。[6]

さらに、セイテルはいくつかのカフェインの研究方法も批判している。要するに、『依存症』という用語の常識的な意味は、頻繁な消費を抑えることができず、その結果、問題が生じることだが、カフェインの使用はこの用語の意味するところには当てはまらない」と述べている。

セイテルはアメリカン・エンタープライズ研究所（AEI）という保守的なシンクタンクの常勤研究員で、その研究は、清涼飲料産業を代表してカフェインの規制に長いこと反対してきた米国清涼飲料協会（ABA）の助成金で行なわれたものだ。それで、カフェインを依存性薬物だと認めたがらないのではないかと勘ぐる向きもあるだろう。しかし、たとえそのような理由があるとしても、セイテルの結論は説得力に欠ける。「頻繁な使用をやめたときに頭痛や虚脱感などの症状が現れることもあるかもしれないが、こうした症状はカフェインを摂取することで簡単に解消できる。また、1週間ほどかけて、カフェインの摂取量を徐々に減らしていけば、こうした症状は簡単に避けることができる」という但し書きがついているからだ。このような離脱症状の対処法を付け加えていることで、カフェインの依存性を疑問視するセイテルの主張は説得力を失い、些細な見解の相違にすぎないように見えてしまう。

グリフィスと共著者のローラ・ジュリアノは総説論文で、『精神疾患の診断・統計マニュアル』に記載されているカフェイン関連の障害にカフェインの離脱症状も加えるべきだと論じている。DSMと呼ばれることの方が多いこのマニュアルは、診断のための基準を示す分厚い書籍である。米国精神医学会が精神疾患を分類するために策定したもので、1953年の発行以来、定期的に改訂されている。

2000年に改定されたDSMでは、カフェイン誘発性障害が4種類掲載されている。「カフェイン中毒」と呼ばれている障害には、落ち着きのなさ、神経過敏、不眠、胃腸障害、散漫な思考や話し方、心拍数の増加といった症状が含まれる。「カフェイン誘発性不安障害」は、カフェインによって引き起こされた不安やパニック発作、強迫行動である。「カフェイン誘発性睡眠障害」は説明するまでもないだろう。さらに、DSMには「特定不能のカフェイン関連障害」も記載されている。

そして、ついにグリフィスの努力が実った。2013年に改訂されたDSM-5では大幅な見直しが行なわれ、「カフェイン離脱」が記載された。これでカフェインも、離脱症状が特有な徴候だとDSMが認めているコカインやニコチン、アヘンなどの薬物と同等に扱われることになった。カフェインの離脱症状と診断するには、カフェインの摂取中止や摂取量の減少に伴う頭痛、疲労感、イライラ、うつ状態、吐き気、筋肉痛などの症状が認められることが必要である。

グリフィスはDSMに記載されている診断基準に「カフェイン依存」も加えるように米国精神医学会に働きかけているが、過剰診断される心配があるので、カフェイン依存を基準に加えることの危険性も認めている。いかなる精神障害でも過剰診断されると、DSMの権威が損なわれるおそれがあるからだ。

カフェイン依存という診断が一貫してできるような状態が存在するものかどうかを確かめるために、グリフィスは持ち前の几帳面さで、カフェイン依存症の研究に取り組んだ。まず、「カフェインに心身のいずれかが依存している」と感じている人や「過去にカフェイン入りの飲食品を断とうとしたができなかった」人を求める広告を出した。

その結果、基準に合う被験者を94人集めることができた。被験者は病歴やカフェインの摂取方法について問診票に記入した。被験者が平均して1日に550㎎前後（7SCAD以上）のカフェインを摂っていたのは意外なことではなかったが、被験者の4分の1は1日の摂取量が289㎎以下だった。被験者はさまざまな食品からカフェインを摂取していたが、主なカフェインの摂取源は半数がコーヒー、3分の1が清涼飲料、20人に1人が紅茶だった。[7]

2012年に発表した論文で、グリフィスらはこのように記している。「被験者がカフェインの摂取をやめたいとか減らしたいと思った理由の筆頭は、健康への配慮だった。（……）興味をそそられたのは、好みのカフェイン飲料は砂糖の入った清涼飲料なので、カフェインの摂取量を減らせば体重も減らせると考えていたと述べた被験者がいたことである」

DSMの物質（薬物）乱用の診断基準を被験者に当てはめてみたところ、93％が基準を満たした。しかし、グリフィスはカフェイン使用障害と診断するためには、さらに3つの補助的基準を追加することが望ましいと主張しているそうだ。その3つとは、「カフェイン摂取量の削減や抑制に努めてはいるが成功していない」、「カフェインによって精神的あるいは身体的問題が持続的あるいは反復的に起こり、悪化している可能性があるのを知っていながらも、カフェインを摂り続けている」、そして「離脱症状を経験したか、あるいはそれを避けるために摂取を続けている」というものだ。

しかし、グリフィスによれば、こうした問題を抱えているという基準を満たしていれば診断がつくという簡単なものではないという。「臨床的に有意な障害や苦痛を引き起こす」カフェインの摂り方をしていることも必要なのだ。

話が専門的になってきたようだが、基本的な基準はきわめて単純なのだそうだ。「核心となる基準は、やめたいと思っているのにやめられないことと、心身のいずれかに問題が起きているのにやめられないことだ。この両方の基準を満たせば、依存症だと言えると思う。つまり、やめなければならない理由があり、やめたいと思っており、やめようとしたのにやめられないのであれば、それは依存症だ」とグリフィスは話した。また、カフェイン依存はもっとよく知られている他の依存症とまったく異なることを認め、「カフェインの特徴は、摂取量を増やすと最初は効果が現れるが、その後に急速に悪い影響が出てくることだ。摂取量を増やすと、不安やイライラ、胃のむかつきが起こる。ニコチンの場合と同じだ」と述べている。また、カフェインとニコチンには治療なしでも自然に治る性質が見られるが、ここがアヘンやアンフェタミンのような乱用の危険性が高い薬物と異なる点だ。グリフィスらが行なった初期の自己投与実験の結果を見ると、カフェイン摂取者は自分に合った摂取量と摂取パターンを見出し、それに固執する傾向があることがわかる。

グリフィスはDSM－5に「カフェイン使用障害」が記載されなかったのでがっかりしているが、今後の研究が待たれる課題としてリストアップされているので、次の改訂版では載るかもしれない。カフェイン離脱は旧版のこうした課題リストに載っていたからだ。

カフェインとドラッグ

カフェイン中毒と麻薬であるアヘンの中毒を一緒にする人はいないだろう。カフェイン中毒者は1杯のコーヒーを飲みたいがためにバカげた真似をするかもしれないが、薬欲しさに薬局や銀行を襲うようなことはしないだろう。とはいえ、カフェインと他の乱用薬物の間には意外なつながりがある。ヘロインの混ぜ物として、今でもカフェインが使われることが多いのだ。1972年の米国下院外交委員会報告書には、「ベトナムで入手できる『レッドロック』と呼ばれているヘロインを分析した結果、活性成分として、ヘロインが3～4％、ストリキニーネが3～4％、カフェインが32％含まれていた。『ジャンク（屑）』と呼ばれているヘロインに匹敵する純度の低さである」と記されている。

カフェインがヘロインの混ぜ物として使われる理由は、廉価で粉が白いからだけではないかもしれない。アフガニスタン麻薬取締警察によれば、「カフェインの混ざったヘロインの方が低い温度で気化するので、ヘロインの喫煙や吸引をする場合には、カフェインが混ざっている方が都合がいい」ということだ[8]。

カフェインは麻薬の混ぜ物として利用されていることがよく知られているので、アセトアミノフェン（鎮痛剤）とカフェインという合法的な薬物を所持していただけで、違法薬物取引で有罪になった英国人の2人組がいる。150kgのアセトアミノフェンとカフェインをフォルクスワーゲンの白いワゴン車に乗せて、ドーバー港からイギリスに運び込もうとしていたところ、ヘロインの混ぜ物に使用する目的だったことが立証されて、8年の実刑判決を受けた[9]。

米国麻薬取締局（DEA）が刊行している「マイクログラム・ブレティン」という公報には、カフェインが混入されたさまざまな薬物の押収記事が定期的に掲載されている。2003年にカリフォルニアで押収された「メドゥーサ」と呼ばれているエクスタシー（幻覚作用のある麻薬）の錠剤には、精神活性作用のあるMDMA（メチレンジオキシメタンフェタミン）はわずか4％しか含まれておらず、95％はカフェインだった。DEAが押収するコカインや偽物の「オキシコンチン」（麻薬性鎮痛薬）の錠剤にもカフェインが混ぜられていることがよくある。

自宅で化学実験をしているキッチンケミストが、カフェインの刺激を追い求めて、煙を吸うことができる「ブラックマジック」というカフェインの作り方をネット上に載せたこともある。「フリーベース」〔エーテルで処理して純度を高めたコカイン〕を加熱して蒸気を吸引するように、濃縮したコーヒーにアンモニアを入れてコンロの火に掛け、出てくるカフェインの蒸気を吸うのだ。[10] 濃いコーヒーを飲みながらマリファナを吸う麻薬常習者の間では、この組み合わせは「ヒッピー・スピードボール」と呼ばれている。本当のスピードボールはコカインとヘロインを混ぜた薬物だから、カフェインとマリファナの組み合わせは本来のスピードボールではないが、これは賢い選択とは言えないだろう。ラットの実験では、マリファナの主な活性成分であるTHCとカフェインを組み合わせると、マリファナだけの場合よりも記憶力が損なわれた。[11] この組み合わせの場合、茫然自失の状態に陥ることはありえるが、ジョン・ベルーシが本当のスピードボールをやって死亡したように、命を落とす危険性はないかもしれない。

さらに、たとえば鎮痛剤のスピードに似せたカフェイン錠剤など、「そっくりさん」の錠剤もたくさん出回っている。本物のスピードだと思ってうっかり購入してしまう客もいる。

カフェインは神経細胞に対する作用の仕方がコカインやヘロインのような依存性薬物とは異なる。特に、脳内のドーパミン濃度に及ぼす影響は少ないようだ。ドーパミンは快感をもたらす神経伝達物質で、依存性薬物の強化や自己投与と強く結びついている。依存性の高い薬物には、脳の中心にある側坐核という快楽中枢のドーパミン濃度を高める作用がある。[12]

しかし、カフェインにも多少ながら同じような作用がある。グリフィスとブリジット・ギャレットは1997年に発表した総説論文で、カフェインもドーパミンの活性を多少高めると述べている。[13] これは、ドーパミン受容体に隣接し、作用し合うアデノシン受容体に及ぼすカフェインの影響と関係があるらしい。カフェインはアデノシン受容体に結合してアデノシンを遮断することによって、ドーパミンの活性を高めるのだ。さらに、「より範囲は狭いが、人を対象にした研究で、カフェインにはコカインやアンフェタミンと似たような、自覚可能で弁別できる刺激や強化作用があることがわかった」と記している。

カフェインは依存症をもたらすばかりか、常用者の離脱症状を緩和するものでしかないと数十年前から主張している研究者もいる。つまり、ヘロイン依存症者が離脱症状を避けるために維持量を摂取し続けるのと同じことだというのだ。1930年に英国人薬物研究者のW・E・ディクソンという医師がこう記している。「カフェインが人の精神に及ぼす影響に関する知見は、カフェイン依存症者を被験者にした研究で得られたものがほとんどだ。当然のことながら、こうした人にとってカフェインはいいことずくめだろう[14]」

カフェインを常用しても何のメリットもなく、私たちはただカフェイン中毒の文化に染まっているだけで、摂取量を増やせば耐性が生じるという悪循環に陥っているのだと皮肉を言う研究者が今でもいる。

2005年に発表した総説論文で、ジャック・ジェームズという研究者は、「カフェインは行動や気分に対して覚醒効果を及ぼすと広く認められているが、適切に制御された研究の結果を見ると、それはカフェインの摂取を短期間やめると起こる離脱症状を逆転させて生じる状態と考えられる」と述べている[15]。

グリフィスはジェームズの見解は行きすぎだと考えており、こうした見方を否定する知見も蓄積されている。たとえば、ウェイクフォレスト大学医学部の2人の研究者は、通常のカフェインの摂取状態と離脱状態の間でカフェインの及ぼす影響を比較した研究結果を２００９年に発表している[16]。カフェインの影響は30時間のカフェイン断ちをした状態の方が大きかったが、いずれの状態でも注意力と記憶力は改善したことがわかった。この結果は、普段からカフェインを摂取している人が頭を使う作業をしなければならないときに、カフェインの摂取量を増やすという行為を裏付けている。

つまり、カフェインが役に立つことは明らかだが、常用者はせっかくの効果を十分に活かせないのだ。そうした効果の少なくとも一部は離脱症状を緩和するためだけに使われてしまうからだ。

カフェインが世界の消費を動かす

サリー・セイテルのように、コーヒーの飲用を含めたカフェイン摂取全般は、カフェインそのものが目的ではなく、風味や親睦のためといった二義的な理由で行なわれていると主張する人もいる。しかし、グリフィスはそうは思っていない。世界的に消費されるパターンを見ると、その原動力はカフェインなのだという。

「世界各地の文化にはそれぞれ独自のカフェインの摂取方法がある。たとえば、ナイジェリアではコーラ・ナッツを噛む。お茶を飲む国もあるし、南米ではガラナやマテ茶を飲む。カフェインは世界中で毎日飲まれており、文化によってカフェイン飲料の種類は異なるのに、習慣的に自己投与するというパターンは変わらないのだから、コーヒーや茶そのものを味わうために飲まれているのではない。各地の文化に共通するこうした習慣的な自己投与の行為を引き起こしているのはカフェインなのだ。私たちの研究も含めて、これまでに行なわれた研究の結果、カフェインを摂取するための手段は重要ではなく、コーヒーだろうが、清涼飲料だろうが、カプセルだろうが、同じ結果が得られることがわかっている。したがって、お目当てがカフェインであることは明らかだ」
世界中のあらゆる場所でさまざまな種類のカフェイン飲料が愛飲されているということは、私たちの求めているのはカフェインそのものだということを示唆している。この点を検証するために、条件づけによる風味選好の研究が行なわれている。
1996年に英国の研究チームが100㎎のカフェインの入ったカプセルとプラセボのカプセルを用意して、そのどちらかと一緒に「新奇な風味のフルーツジュース」を被験者に飲んでもらった。カフェインを常用している被験者は、カフェイン入りのカプセルと一緒にジュースを飲む方を好んだ。つまり、カフェイン入りカプセルとジュースの方を選んだのは、カフェイン好きのせいでカフェインを摂るように条件づけられていたからであって、ジュースの味が気に入ったからではない。「この結果は、カフェインに強化作用があることを裏付けている。おそらく、この強化作用がカフェイン飲料を好むようになる過程で重要な役割を演じているのだろう」と記されている。[17]
グリフィスが手がけた研究の中で大いに物議を醸したのは、1980年代の初めに清涼飲料業界と健康問題活動家の間に起きた論争に触発されて取り組んだものだった。カフェインは清涼飲料の風味を引き出すために添加しているのだと長いこと主張していた業界に、活動家がカフェインは精神活性のために使われていると反論したのだ。1981年にコカ・コーラ社の弁護士は米国食品医薬品局（FDA）に宛てた書簡で、「コカ・コーラ社は数十年にわたり、カフェインをコカ・コーラのフレーバー（食品香料）として使用してきた」と述べて、カフェインの規制強化案に異議を唱えた。[18] 国際食品情報協議会（IFIC）は2008年の報告書で、「カフェインは清涼飲料にフレーバーとして添加されている。酸味と甘味など他の成分の風味を緩和する苦味をもたらすからだ」と述べている。[19]

グリフィスらは、コーラ溶液にカフェインを添加したものと加えていないものを25人の被験者に試飲させて、味の違いを区別できるかどうか検証した。コカ・コーラに含まれているカフェインの濃度程度では、カフェインの味に気づいた被験者は2人だけだった[20]。

「ほとんどのコーラ飲料に含まれているカフェインの濃度では、コーラ飲料を常飲している被験者のたった8％しかカフェインの味に気づけなかったという結果は、カフェインはフレーバーとして不可欠だから添加しているという清涼飲料製造会社の主張とは食い違っている。カフェイン入り清涼飲料の高い消費率は、カフェインの微妙なフレーバーとしての効果よりも、中枢神経系に作用して気分を変え、身体的依存を引き起こす薬物効果による可能性の方が高いことを、一般大衆、医学界、規制機関が認識することは重要である」とグリフィスは記している。

コカ・コーラ社はカフェインの精神活性作用をいつも軽視していたわけではない。コーラはもともと刺激剤として売り出されていたのだ。しかし、後ほど取り上げるように、コカ・コーラ社は世間の注目を集めた訴訟のあと、1世紀以上もカフェインの刺激について語るのを避けてきた。さらに、大衆消費者向けの食品で果たしている依存性薬物の役割を軽視しているのは、清涼飲料業界に限ったことではない。

1世紀以上にわたり、全社一丸となって、消費者が中毒性が強く命にかかわる製品の虜になるよう企ててきた米国の大手企業もある。タバコ会社は喫煙者のタバコ依存が最大になるようにニコチン含有量を操作しておきながら、健康を損なう危険性は隠していた。このことが発覚した事件は、20世紀最大の公衆衛生スキャンダルに数えられる。

カフェインの問題が特に物議を醸すのはこの点だ。グリフィスは乱用薬物の理解を深める一助としてカフェインの研究を始めたのだが、研究を進めるうちに、コーラのカフェイン問題はタバコのニコチン問題と驚くほど似ていることに気づいた。

この二者を比べるのはこじつけすぎかと尋ねてみた。

「とんでもない」とグリフィス。

「それでは、同じことですか？」

「その通り。カフェインもニコチンも中枢神経系に作用する精神活性化合物で、身体的依存を引き起こし、それを強化する働きがある。コーラやタバコがやめられなくなるのは、両者がそれぞれ含まれているからだ」とグリフィスは説明してくれた。

いずれの場合も、常用癖の形成における薬物の役割について議論することが重要なのだとグリフィスは考えている。

「タバコを薬物の一種とみなす考え方は長いこと異端視されてきた。喫煙は、神経を鎮めたり、集中力を高めたりする社会的に認められた習慣的行動だった」とグリフィスは語る。

グリフィスによれば、喫煙によって健康が損なわれる危険性がかなり高いことが認められるようになって、議論の方向が変わってしまったのだという。ニコチン依存症そのもののせいではなく、それに伴って健康が損なわれる危険性があるので喫煙がやり玉に挙げられるようになってしまったのだ。

米国では、肥満率が高くなり喫煙率が下がるにつれて、国民の健康問題として肥満の方が大きく取り上げられるようになった。肥満と糖分の多い清涼飲料の関連は確認されている。[21] ２０１２年にハーバード大学の研究者が「ニューイングランド・ジャーナル・オブ・メディシン」誌でこのように報告している。「この30年間に、砂糖入り飲料の消費量が劇的に増加している。加糖飲料の消費と肥満の危険性の間に正の相関関係があることを裏付ける有力な証拠がある。米国では1970年代の後半以降、加糖飲料の摂取量と肥満人口の割合は2倍以上に増加した[22]」

こうした高い肥満率は医療費を圧迫し、その大半がメディケード（米国の低額所得者のための医療扶助制度）を通して税金で賄われている。2008年に米国で肥満治療に使われた医療費を1470億ドルとする推定もある[23]。

食品依存症と肥満の専門家であるケリー・ブラウネルは「イェール・エンヴァイロンメント360」誌のインタビューで、「カフェインは高カロリーの食品に入っていることが多いので、本当に問題を引き起こしているのは実はカフェインなのかもしれない。カフェイン入りの食品でカロリーを摂取していると、カフェインには弱いながら依存性があるので、その食品がもっと欲しくなり、重大な健康問題が生じるまで摂り続けることになってしまうのだ」と述べている[24]。

コカ・コーラ社は2013年1月に始めた広告キャンペーンで、暗にではあるが、肥満との関係を認めていた。コカ・コーラ社はキャンペーンについてのプレスリリースで、「今夜から、全米のケーブルテレビのニュースチャンネルで『カミング・トゥギャザー（一緒に取り組もう）』というタイトルの2分間のコマーシャルを流しますが、このCMでは、コカ・コーラ社の製品を含めてあらゆる食品や飲料に含まれるカロリーを考慮に入れて体重を管理するのを忘れないように、と勧めています」と述べたのだ。

ニコチンとカフェインを一緒くたにするのは極端にすぎると思えるかもしれないが、両者には興味深い類似点がある。タバコでも清涼飲料でも、健康問題を引き起こす一番の悪玉はニコチンやカフェインではなく、タール（やに）や砂糖なのだ。いずれの場合も、摂取手段（タバコと炭酸飲料）には依存性薬物（ニコチンとカフェイン）に、健康に悪い物質（タールと砂糖）がついているのだ。さらに、会社は製品に依存性があることを百も承知しながら、販売しているのである。

カフェインとニコチンの類似性を指摘したのはグリフィスが最初だったわけではない。タバコ産業の専門家はカフェインと比較することでニコチンの影響を矮小化するために、折に触れて類似点を指摘してきた。1990年代にケンタッキー大学のピーター・ロウウェルは、「ニコチンは薬物の中では中毒性が低く、（……）薬理活性の点では、標準的な依存性薬物よりはカフェインに似ていると思われる」と述べている。また、「R・J・レイノルズ」というタバコ会社のジョン・ロビンソンは、「ニコチンやカフェインのような薬物の生理的、薬理的、行動的影響は、ヘロインやコカインといった依存性の高い薬物とは根本的に異なっていると思う」と話している[25]。

使命感に燃えるFDA長官のデイヴィッド・ケスラーは、消費者のタバコへの依存性を高めるためにタバコに入れるニコチンの量を操作していたタバコ会社の問題を暴露した人物だが、1994年3月の議会の小委員会でこう述べている。「紙巻きタバコはブレンドされたタバコの葉を紙で巻いたものにすぎないと一般に考えられているが、そんな単純なものではない。今日の紙巻きタバコは、実のところ、正確に計算された分量のニコチン、つまり喫煙者の大多数に常用癖をつけ、タバコをやめられないようにするのに十二分なニコチンを供給するハイテク機構と言えるだろう[26]」

ここで、「紙巻きタバコ」を「清涼飲料」に、「ニコチン」を「カフェイン」に置き換えてみると、次のようになる。

清涼飲料はブレンドされた飲料を缶に詰めたものにすぎないと一般に考えられているが、そんな単純なものではない。今日の清涼飲料は、実のところ、正確に計算された分量のカフェイン、つまり、清涼飲料の飲用者の大多数に常用癖をつけ、清涼飲料をやめられないようにするのに十二分なカフェインを供給するハイテク機構と言えるだろう。

さらにケスラーは、「委員長殿、生理活性をもつ化合物の含有量を設定する手段がこのように高度化していることは、タバコの製法が医薬品のそれにどんどん似てきていることを示唆しているのです」と述べて、両者の類似性を指摘している。

この指摘も的を射ている。コカ・コーラなどの大手清涼飲料会社では、数十年前から製薬工場で生産されたカフェインを使っているのだ。それにもかかわらず、飲料業界はカフェインの精神活性作用を軽視している。

業界の出資で設立された国際食品情報協議会（ＩＦＩＣ）という非営利団体がウェブサイトに、ハーバート・マンシーというルイジアナ州の開業医が、カフェインの離脱症状を立証している研究を無責任にも一笑に付している動画を掲載している。離脱症状を訴えた人たちは「カフェインを摂る以前から、もともと無気力で頭痛持ち」だったのではないかと述べているのだ。

２０１１年の後半に米国清涼飲料協会という業界を代表する団体が、エナジードリンク産業を批判した報告書に対して、「報告書は薬物と指摘しているが、カフェインは薬物ではない」という大胆な主張を行なっている[27]。

１世紀にわたって蓄積されてきた科学的知見を無視した主張だが、それだけでなく、欺瞞的でもある。清涼飲料業界は誰よりもカフェインのことを理解しているはずだからだ。米国では清涼飲料の１人あたりの消費量は１９９８年に頭打ちになり、その後は減少の一途をたどってはいるが、それでもアメリカ人は世界に冠たる炭酸飲料好きだ。炭酸飲料の年間の売り上げは７７０億ドルに上るのである。売れ筋の上位を占める清涼飲料（コーク、ダイエットコーク、ペプシ、マウンテンデュー、ドクターペッパー）に共通しているものは炭酸水を除くと、ただひとつだけである。いずれの製品にも粉末カフェインが入っているのだ。

カフェインの魅力は絶大なので、アメリカの清涼飲料製造会社は自社の製品にこの依存性薬物の粉末を年間に4500トン以上混ぜている。これは1世紀を超える伝統でありながら、いまだにアメリカ商業の闇の中に隠されているのだ。

II 新世代のカフェイン

第6章　コカ・コーラはレッドブルの先駆けだった

現在のアメリカでは、どこのコンビニやスーパーでもエナジードリンクが店の一角を占めている。「モンスター」「レッドブル」「ロックスター」「Amp」「NOS」が売れ筋だが、こうした飲料は他にも「ギャズ」や「ハイドライブ」「ニューロソニック」など、枚挙に遑がない。

しかし、こうしたエナジードリンクが登場したのは比較的近年のことだ。レッドブルがアメリカに輸入されたのはつい1997年のことで、他の製品はまだ製造されていなかった。さまざまなカフェイン入り炭酸飲料の缶がずらりと店頭に並んでいるのを目にすれば、カフェイン摂取手段があっという間にこれほど様変わりしたのはなぜかと思うかもしれないが、どうしてこれだけ時間がかかったのかと疑問を抱く方が適切なのかもしれない。

エナジードリンクのことを理解するには1世紀以上遡る必要がある。1909年のアトランタに、銀行や綿花倉庫、莫大な不動産や鉄道株を所有していたエイサ・キャンドラーという人物がいた。地元の実力者だったキャンドラーは、それから8年後には、急成長を遂げるこの都市の市長の職に就くことになる。

アトランタで一番高い17階建てのビルもキャンドラーが所有していた。このキャンドラービルはピーチツリー通りに長い影を落としていた。キャンドラーはこのビルを建設したときに、土台にコカ・コーラの瓶を1本埋めさせた。キャンドラーはコカ・コーラの製法（フォーミュラ）の特許権を発明者から買い取ると、この目新しい商品を地元で売るだけの小さな会社を、20年で南部地方の大企業に育て上げた[1]。当時、コカ・コーラの売り上げは年間に380万ℓ（1600万本）を超えていた[2]。南部を制し、全米の飲料市場を手中におさめつつあったが、世界中に流通させることがキャンドラーの夢だった。エナジードリンクという名称を耳にするようになるずっと以前から、キャンドラーはカフェイン入りの甘い飲料を売って大金を稼いでいたのだ。

コカ・コーラは刺激剤として販売されていた。コカ・コーラという商品名は、初期の製法で調合されていた2種類の興奮剤に由来する。南米産のコカの葉と、カフェインを含むアフリカ原産のコーラ・ナッツだ。1909年の雑誌広告には、「疲れたかい？　中に入ってコカ・コーラを1杯飲みなよ。疲れがとれるよ」という文句とともに、不気味に大きな手がソーダファウンテン（軽食堂）の入口から招いている画が掲載されている。当時はコカ・コーラ1杯（約250㎖）には81㎎（1SCAD強）のカフェインが入っていたが、これはかなりの分量である。標準的なコーヒー1杯に含まれている量よりは少ないが、濃い紅茶の1杯よりは多い。現代のコカ・コーラの350㎖缶に含まれているカフェイン量の倍以上で、レッドブルの250㎖缶の含有量に相当する。

つまり、コカ・コーラはレッドブルの先駆けだったのだ。

しかし、1909年にキャンドラーの行く手に手ごわい相手が立ちふさがった。純正食品医薬品法を施行させる任務を負っていた米国農務省化学局（現FDA）の局長で、州際純正食品委員会の委員長も務めるハーヴィー・ワシントン・ワイリーである。

ワイリーは1902年に「毒物調査班」を設立したことで有名になった。保存料が人体に及ぼす影響を調べるために、健康な男性を12名募って、ホウ砂、ホルムアルデヒド、硝石を含む保存料が添加された食品を数年にわたって摂取させたのだ。ワイリーはマスコミから「ホウ砂親父」とか「化学十字軍」とかいうあだ名をつけられていた。「来週のメニューの防虫剤は、クリームソースかな、プレーンかな。なんとか飲み込めるかも、でもタダじゃすまないさ」という歌も流行った[3]。ワイリーは毒物調査班の知名度を利用して、1906年に純正食品医薬品法を成立させた。

キャンドラーは安穏としてはいられなくなった。ワイリーは保存料の危険性に警鐘を鳴らしたあと、今度はカフェインに目標を定め、カフェインは依存性のある毒物なので子供に販売すべきではないと述べたからだ。面白いのは、ワイリーが槍玉に挙げたのは、自分が毎日飲んでいたコーヒーではなく、コカ・コーラの主成分になっているカフェインだった。コカ・コーラには製品名にもなったコカもコーラも入っていない。入っているのはアヘンやマリファナと同じくらい依存性が高いと思われるカフェインだとワイリーは述べている。

両者の対決は1909年10月20日にテネシー州イーストリッジで起きた。ジョージア州から荷物を積んだトラックが到着するのを連邦政府の捜査官が待ち受けていたのだ。トラックが州境を越えると、その積荷は州際通商となり、連邦政府の管轄になる。捜査官が押収した積荷は、アトランタにあるコカ・コーラの本社工場からチャタヌーガの瓶詰め工場に運ぶ途中だったコーラシロップ（コーラの原液）40バレル（約4800ℓ）と20ケグ（約1200ℓ）である〔バレルは大樽、ケグは小樽のこと〕。連邦政府はカフェインという有害成分を飲料に混ぜることは純正食品医薬品法に抵触するとして、コカ・コーラ社を告発した。

「アトランタ・コンスティテューション」紙はこの事件を以下のように短く報じたが、この記事はじきに紙面を賑わすことになる報道の端緒となった。

10月23日テネシー州チャタヌーガ発。連邦地方検事のペンランドは、アトランタのコカ・コーラ社からチャタヌーガの瓶詰め工場へ運搬中のトラック1台分のコカ・コーラシロップを公訴する起訴状を提出した。起訴状によれば、コカ・コーラに健康を害する物質であるカフェインが含まれていることが公訴の事由である。さらに、連邦政府が主張するように、商標からして主要な活性物質はコカの葉であるはずなのに、当該の委託荷物に含まれているのはコカやコーラ・ナッツからではなく茶葉から抽出されたカフェインなので、この点で委託荷物は不当表示がなされているという。

米国政府とコカ・コーラ社のこの対決は、歴史に残る興味深い事件だっただけでなく、その後の1世紀にわたるカフェイン規制の方向を決めることになった。

この事件が裁判にかかるまでに2年の月日を要した。1911年3月になってようやく、「連邦政府対コカ・コーラ40バレルと20ケグ事件」、または単に「有名なコカ・コーラ裁判」として知られるようになった公判が開かれた。当日、ハーヴィー・ワシントン・ワイリーは裁判を傍聴するために、ワシントンDCにある自宅からチャタヌーガまで出かけていった。

当初からワイリーの旗色は悪かった。瀟洒なホテル・パッテンを予約しておいたのだが、チェックインしてみると、チャタヌーガのコカ・コーラの瓶詰め工場主であるJ・T・ラプトンが所有するホテルだとわかった。「私は、政府の専門家をすぐに集められるワシントンDCで公判を開くつもりでいたのだが、法務官のマッケイブが地元のチャタヌーガで開くように命じたのである。地元にはコカ・コーラ社の大きな瓶詰め工場があるので、当然のことながら身内意識が強いだろうと思われたが、実際に行ってみると、宿泊先のホテル自体がコカ・コーラ関係者の経営だった。弁護側にとって、アトランタを除けば、ここより望ましい場所は他になかっただろう」とワイリーは記している。(4)

政府側は1週間にわたって証人尋問を行ない、コカ・コーラ社に対して十分に反証を挙げることができたと感じて、3月21日に弁論を終えた。ワイリーは公判を最初から傍聴していたが、終始沈黙を守った。自分でカフェインの研究を行なったわけではなかったので、証言するのは適切ではないと思っていたからだ。しかし、あとでそのことを悔やむことになる。

ニュージャージー州のレイクウッドにあるシェーファー・アルカロイド・ワークス社のルイス・シェーファー博士が証言台に立ち、わが社では「商品№5」として知られているコカ・コーラの主成分を製造しているが、「コカインを取り除いた」コカの葉とコーラ・ナッツの粉末を使用していると証言した。他の証人は比較のために、アトランタで購入したコーヒーやチョコレートのカフェイン含有量について証言した。(5)

しかし、証言は裏付けに乏しいものや偏ったものが多かった。たとえば、チャタヌーガのB・H・ブラウン医師は、人体に及ぼすコカ・コーラの影響に関してコカ・コーラ社に有利な証言しているが、

「アトランタ・コンスティテューション」紙は「ブラウン医師は、平均年齢が24歳の男性を１００人検診した結果、コカ・コーラの飲用による影響が認められた者は1人もいなかったと証言したが、医師が診た男性はすべてコカ・コーラ社の関係者が選んだ人間である」と報じている[6]。

さらに、プロにあるまじき耳を疑いたくなるような証言もある。たとえば、コカ・コーラ社の専門家の1人であるR・C・ウィッタウス博士は証言台に立ち、カフェインは毒物ではないと述べている。しかし、ウィッタウスは自著でカフェインは毒物であると明言しているだけでなく、摂りすぎによる死亡例を13例挙げているのだ。検察側は博士にその著書を突きつけた。また、ホレイシオ・ウッドというフィラデルフィアの薬理学者も、カフェインは筋肉に悪影響を及ぼすと述べている自著と証言内容が矛盾すると検察側に指摘された（2人は、自著にある証言と異なる部分は他の文献からの引用なので、不正確である可能性があると強弁している[7]）。

このように、公判は感情や不確かな証拠、エセ科学に基づくものであったが、当時の大きな訴訟事件としては驚くには当たらない。驚くのはその後の展開だ。

コカ・コーラ社の秘密兵器

公判の3週目に入ると、コカ・コーラ社は勢いづき、弁護団は秘密兵器を取り出そうとしていた。会社の弁護団はその数ヵ月前に、カフェイン研究のほとんどが動物実験だったという弁護の弱点に気づいたのだ。コカ・コーラの飲用は精神薄弱をもたらすというワイリーの主張を覆すために、コカ・コーラ社は人を被験者にした研究を行なってくれる研究者を早急に探す必要に迫られた。

その数年前に、第5章に登場した研究者W・H・R・リヴァーズがカフェインの研究を行ない、カフェインは疲労の回復と作業能率の向上に資するという結論を出していた。しかし、被験者はリヴァーズ本人の他に1人しかいなかった。

コカ・コーラ社に研究を依頼された著名な心理学者は、大企業の意向に沿うことで名前に傷がつくことを恐れ、依頼を断っていたが、ハリー・リーヴァイ・ホリングワースという研究者が依頼に応じた。ホリングワースはコロンビア大学で博士号を取得したばかりで、バーナードカレッジで教鞭を執っていた。(8)

時間の余裕はなかった。ホリングワースは昼間は自分の仕事があったので、依頼された仕事を毎日こなしたのは妻のリータと雇われた大勢のアシスタントだった。ホリングワースらはマンハッタンでマンションを一室借りると、カフェインをまったく摂らない人、たまに摂る人、適度に摂る人、さらに常用している人を含んだ被験者を全部で16人集め、わずか40日間で一連の検証を手際よく行なった。カフェインカプセルとプラセボ、およびカフェインの入ったコカ・コーラシロップと入っていないシロップを用いて、認知力、知覚力、運動技能の評価を単盲検法と二重盲検法で行なったのだ。

ホリングワース夫妻はチャタヌーガで公判が始まると早急に研究結果をまとめ、3月27日にハリー・ホリングワースは自分が行なった包括的な研究の結果に自信をもって証言台に立った。翌日、「デイリータイムズ・オブ・チャタヌーガ」紙がこのように報じている。「ホリングズワース博士（原文ママ）の証言が午前中の審理の大部分を占めた。さまざまな図表や科学的な機器を提示して、カフェインは二次的なうつ状態を引き起こすことはないという主張を立証した。博士の証言は、本公判で行なわれた証言の中で抜きん出て一番興味深く、専門的だった。反対尋問はいずれの推論も崩すことはできなかった」

状況が好転しつつあったが、コカ・コーラ社の弁護団は陪審員の評決に賭けることはしたくなかった。ホリングワースの証言の1週間後、コカ・コーラの弁護団は、コカ・コーラに入っているカフェインはコカ・コーラの製法に本来含まれている成分なので、カフェインの入っていないコカ・コーラはコカ・コーラとは言えないと主張して、訴訟棄却の申し立てを行なった。

エドワード・サンフォード判事は棄却申し立てを認めた。判決文にはこう記されている。「コカ・コーラという製品に含まれているカフェインは、本来備わった不変で不可欠な成分の一部で、それなくしては、つまりカフェインを取り除くと、いわば不可欠な成分の一部を欠くことになり、最大の特徴とは言わないまでも、消費者がその飲用から得られる独特な効果が失われてしまうだろう」

注目に値するのは、判事がカフェインの刺激をコカ・コーラのおそらく最も特徴的な効果として強調したことだと思われる。しかし、この事件のあと、コカ・コーラ社はカフェイン量を変えて単なるフレーバー（食品香料）にしてしまった。

サンフォード判事はさらに踏み込んで、「カフェインの入っていないコカ・コーラは一般に知られている『コカ・コーラ』ではなくなり、大衆がコカ・コーラという名前の商品を買うときに求めている効果をもたらさなくなると思われる。もし『コカ・コーラ』という商品名でカフェインを含まないコカ・コーラが販売されたら、消費者は騙されたことになるだろう」と記し、カフェインを使用しないとコカ・コーラ社の製品は売れなくなることを示唆している。

コカ・コーラ社とホリングワースはこの戦いには勝ったが、これで決着がついたわけではない。

ワイリー、カフェイン規制を訴える

「純正食品医薬品法」は、法律としては明確な規定がないことと、わずか6ページしかない短さが欠陥として挙げられている。1912年に議会は、この法律の解釈と執行をしやすくするために、常用癖や心身に悪影響をもたらすと考えられる物質のリストにカフェインを追加する案も含め、修正事項を検討していた。

下院の州際・国際通商委員会で修正案に関する公聴会が開かれ、ワイリーはコカ・コーラに対する懸念を再び表明した（ワイリーはその公聴会には一市民として出席した。その1ヵ月前に、職務に対して物議を醸すような個人的問題が何度も続き、政治問題に発展して職を辞任していたのだ）。

公聴会でワイリーは、コカ・コーラの常用癖に懸念を抱いているケンタッキー州の医師から最近もらったという手紙を紹介した。O・C・ロバートソンというその医師はワイリーに宛てた書簡でこう述べている。「残念なことに、この製品には人々を虜にする魔力があります。私の医院では、コカ・コーラの常用者は慢性の胃腸障害を発症し、その全員が飲みすぎていることをごまかそうとするのです。まるで、モルヒネの中毒患者のようです」

しかし、エドワード・ハミルトン議員はすぐにワイリーの発言を遮ると、「ふつうのコップ1杯のコカ・コーラに含まれているカフェインの量は、ふつうのカップ1杯のコーヒーに含まれているカフェインを上回ることはないだろう。（……）コーヒーと同様に、（コカ・コーラも）その程度の量では習慣性の薬物とは言えないだろう。したがって、カフェインが習慣性の薬物とは考えられない」と述べた。

委員会の委員は、修正案でカフェインをリストに追加することは、カフェインを習慣性薬物と認めることになるのではないかと心配になった。そこで、ハミルトンはもっともな質問をした。「コーヒーはどうすればよいのだ？　コーヒーについて知識と呼べるほどの知識も持ち合わせていないが、コカ・コーラと同程度のカフェインが含まれているならば、コーヒーも人体に有害なのではないか？」

ワイリーはこう答えた。「どうやら、そうらしい。しかし、実際には、コーヒーは食事と一緒にとるので、それほど問題になることはないと思っている。一方、コカ・コーラは空きっ腹に入れることが多い薬物なのだ。カフェインは空きっ腹に効く。子供にコーヒーや紅茶を飲ませないようにしているのは周知のことだ。さらに、たいていの人は就寝前には強いコーヒーを飲まないようにしているだろう。少なくとも私はそうしている。寝床に入っても、いつまでも寝付けないからだ」

勢いづいたワイリーは、一気にまくし立てた。「わが国の国民はどうして、このような恐ろしい薬物にさらされねばならないのだろうか？　疲労を取り除いたために、疲れても疲労感を覚えなくなり、かえって体力を消耗してしまう羽目にどうして陥らなければならないのか？　疲労は危険が迫っているという自然の警告なのだ。鉄道の分岐ポイントの開放方向の赤信号をすべて取り去ってしまえば、鉄道がもっと安全になると思うかね？　赤信号は危険を知らせる信号なのだよ。疲労とは何か？　十分に頑張ったということを知らせる自然の合図なのだ。コカ・コーラを1杯飲むと、『疲労感が消える』のを実感する。しかし、疲労をどうやって取り除いているのか？　エネルギーや食物を供給することでか？　いや、そうじゃない。感覚を麻痺させることで、危険をわからなくさせているのだ。人は疲れたら休むべきであり、コカ・コーラを飲むのは間違っている」

コーヒーや紅茶に含まれているカフェインは添加されたものではなく、元から備わっている自然の成分なので、規制の対象にはならないとワイリーは主張した。ワイリーは真摯で、毅然とした態度を失わなかったが、ユーモアも忘れてはいなかった。コカ・コーラ1本もコーヒー1杯もカフェインの含有量は同じなのかと尋ねられると、ワイリーは「同じくらいだ。しかし、コーヒーにはバラツキがある。皆さん方が利用しているレストランの中には、大してカフェインの入っていないコーヒーを出している店があるかもしれないね（笑）」と答えた。

ハロルド・ハーシュというコカ・コーラ社の顧問弁護士は、40バレル事件の上訴によって裁判が継続している間は、この問題を議会が裁定するべきではないと述べた。また、コカ・コーラ側の見解を略説した際には、ワイリーはチャタヌーガの公判で機会があったにもかかわらず、証言をしなかったことに言及した。さらに、公判で提出された証拠によって、「カフェインは常用癖をもたらすものでも、心身に悪影響を及ぼすものでもないこと、コカ・コーラに対する誹謗は真実ではないこと、コカ・コーラはコーヒーや紅茶と同じ部類に属すること」が明らかになったと述べた。

カフェインはこうしてリストに付け加えられなかった。

コカ・コーラ裁判の幕切れ

ワイリーは政府の役職を辞したあと、首尾よく立ち直った。「グッドハウスキーピング」誌の実験研究所を運営する仕事に就き、後に、テストに合格した商品を承認する「グッドハウスキーピングマーク」を考え出すことになる。また、誌面を利用して声高にコカ・コーラ批判も続けた。

政府側は40バレル事件を上訴し、裁判はさらに5年続いた。1916年に事件は最高裁判所で審理され、地方裁判所に差し戻された。しかし結局、地裁では判決に至らなかった。その間に製法を変更したコカ・コーラ社は、元の訴訟は適用されないと主張したのだ。1917年に双方合意のもと、地裁は同意判決を下した。コカ・コーラ社は商標の不正表示やカフェイン混入の容疑を認めず、押収されたシロップを取り戻したが、裁判費用は支払わなければならなかった（8年前のシロップを取り戻してどうしたのかは想像もつかない）。

この公判の結果、コカ・コーラ社は、製法で使われるカフェイン量を減らした（その量は文書化されているわけではないようだ）。カフェイン濃度はそれ以来、変動はしているが、12オンス（約350㎖）につき34㎎のカフェインを使用する現在のコカ・コーラの製法が、1958年までには確立していたのは間違いない。この年に、コカ・コーラ社は米国食品医薬品局（FDA）に対して、現在の製法は「ずっと以前から使用しているもの」であると主張したからだ。(9)

この訴訟事件は、カフェインの摂りすぎになる量はどのくらいか？　カフェインが元から入っているコーヒーや紅茶と、人工的に添加された清涼飲料とでは違いがあるのか？　常用癖をもたらすのか？　未成年者に対する販売は禁止するべきか？　連邦政府はどのように規制するべきなのか？　といった問題を消費者に提起するに留まった。規制機関、研究者、消費者は、今日に至るまでこの問題を検討しているが、いまだに解決を見ていない。

この裁判のあと、1世紀にわたりカフェインをめぐって意見の対立が続くことになる。アメリカでコーラやコーヒー、紅茶、エナジードリンクが巷に溢れているのは消費者の過大な需要があるからだが、その一方で、カフェインは依存性薬物ではないかという疑念を払拭できないでいる人も多い。

認識の相違の問題なのだが、ここでもワイリーの事例が好例になる。1912年11月に、ワイリーはニューヨークのアスターホテルで全米コーヒー協会に講演を行なった。演題は「アメリカの国民的飲料としてのコーヒーの利点」ではあったが、改革運動家の化学者としては、主催者に対しても一言突っ込みをいれずにはいられなかった。「コーヒーの適度な飲用は健康を損なうものではないが、私のように適度に飲用していても、就寝前に、それも小さなカップで1杯余分に飲んだだけで、一晩眠れなくなることがある。皆さんは飲みすぎの危険性に対して消費者に注意を促す義務がある」とワイリーが述べていたと「ニューヨークタイムズ」紙は報じている。

しかし、ワイリーは「よくないことはわかっているけど、好きなのでね」と述べて、ふつうのアメリカ人並みにコーヒーを毎日飲んでいることを認めた。

カフェイン研究が提起した問題

コカ・コーラ社の依頼を見事に果たしたホリングワース夫妻だが、妻のリータはまもなくコロンビア大学で博士号を取得して女性の心理学者の先駆けとなり、夫のハリーは後にアメリカ心理学会の会長を務めることになる。

ホリングワースはコカ・コーラ社に依頼された研究を『精神および運動神経の効率に及ぼすカフェインの影響』という著書にまとめ、1912年に出版した[10]。今日でも引用されている権威のある著作である。被験者の所感は、カフェインの作用に対するよく知られた洞察をもたらしてくれる。たとえば、実験前からカフェインを摂っていない被験者は、350㎖カップ1杯の強いコーヒーに相当する4錠のカフェインを投与されたときの様子を次のように述べている。「4時までは気持ちが次第に高揚していき、その後、しばらくは高揚感に溢れ、非現実的な考えが頭の中を駆け巡った。その間に3回ばかりどっと汗が出た。高揚感は徐々に薄れ始めたが、ショックを受けたあとに感じるような興奮はしばらく続いた。ひざと手が震え、頭に浮かぶことが真実なのかどうか確信がもてず、慎重になった」。一方、実験の前から常用者だった被験者はカフェインを摂らない日に、「一日中、〝マヌケ〟になったかのように感じた。いつもより頭がぼんやりしていたが、それ以外には問題はなかった」と記している。

計算問題を解かせてみると、「どの被験者のグループにもカフェインの摂取後に、その刺激効果が顕著に現れた。効果はかなりの割合に達した。（……）二次的なうつ状態はまったく見られなかった」とホリングワースは述べている。

優れた研究の例に漏れず、ホリングワースのカフェイン研究も解明した問題よりも提起した問題の方が多かった。ホリングワース自身がこう述べている。「薬物が神経組織に作用するその正確なメカニズムは、現在でもほとんどわかっていないと言わざるを得ない。作業能力が向上することは明らかで、これが薬物の効果であることは紛れもない事実だ。本書で記したように、綿密に制御された実験によって、疑いの余地なく立証されたからだ。しかし、この能力向上の理由が、薬物の作用によって新たなエネルギーが供給されてそれを利用できるようになったからか、すでに利用できる状態にあったエネルギーの利用効率が向上した結果なのか、二次求心性神経のインパルス（抹消神経から中枢へ向う神経信号）の抑制が取り除かれたことに由来するのか、疲労感が弱まったことで作業能率が上がった結果なのかは、誰にもわからないようだ」。こうした疑問はこの1世紀の間、研究者が取り組んでいるものだ。

1912年の「ジャーナル・オブ・アメリカン・メディカル・アソシエーション」誌は論説でこの研究を取り上げ、「有能な研究者が厳密な科学的実験を用いて、カフェインのような薬物が人体に及ぼす影響をこのように検証してくれたことはうれしい限りだ。こうすることによってのみ、カフェイン飲料の飲用がもたらす可能性のある危険性に関して、正しい結論を出す適切な基盤が築かれるからだ」と歓迎している。

ホリングワースはカフェインの利点を定量的に示しただけでなく、応用心理学の研究方法の恒久的な基準も定めた。カフェインが人体や脳に及ぼす影響に関するホリングワースの研究結果は、現在の研究者によって手を加えられてはいるが、今日でも十分通用する。

有名なチャタヌーガ裁判は、何週間にもわたって新聞の見出しを賑わしただけでなく、後々まで長く続く影響も3つ残した。カフェインが人間の生理に及ぼす影響についてのホリングワースの先駆的研究を促し、いまだ解決には至っていないものの、カフェイン規制に関する基本的な問題を提起した。そしてなんと言っても、カフェイン入り清涼飲料が大手を振って国中にまかり通る道を切り開いてしまったのだ。

第7章　高温カフェイン注意!

コカ・コーラの刺激は、その名前の由来となっているコカとコーラの成分ではなく、キャンドラーが混ぜた粉末のカフェインだった。コカやコーラの方がエキゾチックな響きがするが、カフェインが大役を果たしていたのだ。

1905年にセントルイスにある小さな化学会社が、コカ・コーラに混ぜるカフェインの生産を始めた。当時、この会社は設立されてからまだ日が浅く、それまでにコカ・コーラ社にバニリンとサッカリンを納入していたが、このカフェインが3つ目の製品だった。それから数十年にわたって、この会社は茶殻からカフェインを精製して、コカ・コーラ社に供給した。その会社とはモンサントである。[1]

モンサント社は現在では押しも押されもしない世界的大企業に成長し、とりわけ「ラウンドアップ」などの農薬や自社の除草剤に耐性をもつ遺伝子組み換えトウモロコシが有名だが、その基礎を築いたのはカフェインだった。モンサント社の化学者ガストン・デュボアは、1900年代初頭の「10

年間を切り抜けられたのはカフェインのおかげだ」と述懐している。

需要が伸びるにつれて、他の会社も茶葉からカフェインを抽出し始めた。１９１8年に「ドラッグ・アンド・ケミカル・マーケッツ」という業界誌は、台湾に設立された新しい化学会社を取り上げ、その工場では年間約２３００kgのカフェインを生産し、東京で精製する予定だが、「台湾の茶葉から抽出できるカフェインの量は、茶葉の品質によってバラツキがあり、茶葉１０００ポンド（約４５４kg）あたり3～10ポンド（約1・4～4・5kg）である」と報じている。

１９２1年までに、モンサント社のリーヴァイ・クックは輸入カフェインに対して保護関税を課すように議会に求めた。「カフェインを1ポンド（約４５４g）生産するためには茶殻が50ポンド（約23kg）必要だが、もちろん、こうした茶葉はすべて輸入されている」とクックは証言し、日本産のカフェインに国産品が対抗できるように、茶殻にかける関税を減らすか、カフェインの完成品にかける関税を上げるかしてほしいと議会に要請した。

「モンサント・ケミカルワークス社は、カフェインの生産工場を維持するために、カフェインの完成品1ポンドにつき、最低1ドルの保護関税をかける必要があると考えている。カフェインの完成品の輸入が今後も続けば、米国の関税歳入となるだけでなく、国内のカフェイン産業を保護することで、日本の独占を阻止することもできるだろう」とクックは述べている。[2] まもなく、ブラジルの会社も参入して、毎日約６００kgを超えるマテ茶を精製し、約60kgのカフェインを生産するようになった。

そもそもは異色の民間刺激剤だった清涼飲料がアメリカの国民的飲料に変貌を遂げるにつれて、カフェインの需要も右肩上がりに伸びた。かくして、苦くて白い粉末は商品となり、成長の一途をたどる炭酸飲料メーカーの需要を賄うために、カフェイン製造業の国際競争は熾烈になっていった。

1945年までには、米国内でカフェインの生産会社は4社になった。モンサント以外にも、ニュージャージー州のメイウッドにある2社は茶葉からカフェインを抽出していた（モンサント社はヴァージニアの工場でココア滓からテオブロミンも抽出して、それをモントリオールに運び、カフェインを生産していた）。もう1社はゼネラルフーズ社だが、デカフェ（カフェイン抜きコーヒー）を製造する過程で、コーヒーからカフェインを抽出していた。テキサス工場では、今でもこの方法でカフェインを生産している。

ヒューストンのデカフェ工場

ヒューストンの中心街にそびえ立つ高層ビル群から数キロほど東へ行くと、港の製油所まで延びている鉄道沿いに、屋根に曲がりくねったパイプやダクトが走っている建物が無秩序に広がっている。あたりにはコーヒーを焙煎している香りが漂い、風向きによっては、ヒューストンの街中でもこの香りがする。

ここはマキシマスコーヒー社の敷地で、ウォルマートが9つも入ってしまう巨大な工場だ。私を工場の南西の端まで案内してくれたレオ・ヴァスケス副社長は、途中で道を尋ねなくてはならなかったほどだった。

そこに行きつくまでの至るところで、コーヒーを焙煎し、挽いて、包装している場所を通り過ぎた。カラカラ、ヒュー、ドサッなどという音を出しながら、コーヒーが四角い真空パックやポッド、ボトル、ティーバッグに詰められ、ベルトコンベアに乗って流れていく光景に見とれてしまった。同じ建物の別の部分では、インスタントコーヒーを製造していた。巨大なパーコレーターで煎れるようにコーヒーを焙煎すると、熱風の中に噴霧し、一瞬のうちに乾いた粉末にしてしまうのだ。

倉庫のところどころに、900kgのコーヒーが入った「スーパーサック」と呼ばれる四角い白い袋が置いてあった。ダンプカーが1台後ろ向きに搬入口まで入ってくると、荷台を持ち上げ、6メートルのコンテナに詰めてあるコーヒーをホッパー（大型の漏斗状の容器）の中に空けた。ヴァスケスは、マキシマス社のコーヒーはインドネシア、台湾、東ヨーロッパを含め、世界中へ輸出されていると話した。従業員は400名おり、工場の一部は1日24時間、週7日、年中無休で稼動しているそうだ。

ここはかつてフォードの自動車工場だったが、後にマクスウェルハウスのコーヒー・ロースター（コーヒー焙煎工場）になった。工場の正面にある高い塔には、マクスウェルハウスという文字と傾けたコーヒーカップから滴り落ちるコーヒーを表す赤いネオンサインが掲げられ、ヒューストンの目印になっていたが、2007年にクラフト社からマキシマス社がこの工場を買い取ったあとで、それは取り外された。工場はハイテクとローテクが混在している。生産ラインには新しい焙煎と包装の機械が設置されているが、こうした生産ラインをつなぐコンクリートの廊下や鉄製の階段は古いままだ。

ヴァスケスは薄暗い制御室へ案内してくれた。そこには3人の男が円形のコックピットの中に座って、13個ある大きなモニターを見ていた。ハイテク作業の様子はNASAの宇宙管制センターのミニチュア版のようだったが、そこで男たちが行なっていたのはNASAとは異なるものだった。コーヒーのカフェインを除去していたのだ。

カフェインを取り除く方法は複雑な工程を伴うもので、最初に開発したのは、現在はクラフトフーズの子会社になっているドイツのカフェハークという会社だった。まず、焙煎されていないコーヒーの生豆を湿らせるのだが、湿度を12%から始め、蒸気と湯を噴霧して35%まで上げる。その後、コーヒー豆は圧搾空気で85メートルほどある塔のてっぺんまで吹き上げられる。塔の両側には、内側がステンレス張りで約15センチのぶ厚い壁を備えた大きなチャンバーが数室ある。また、それぞれのチャンバー間にはフォルクスワーゲン1台分ほどの重量がある大きな重い弁がある。

上まで吹き上げられたコーヒー豆は、こうしたチャンバーを通り抜けながら下へ落ちてくるのだが、そのときに下から二酸化炭素を吹き込まれる。しかし、吹き込まれるのは普通の二酸化炭素ではない。摂氏87・7度という高温で、約24メガパスカルという高圧をかけて超臨界状態になった二酸化炭素なのだ。これほど高温高圧になると、二酸化炭素は気体と液体の両方の性質を併せもつようになる。そのために、超臨界二酸化炭素は幽霊のようにコーヒー豆の中を通り抜けながら、コーヒーの香りを損なわずに、手際よくカフェインだけを取り去るというちょっとした錬金術が使えるのだ。

ヴァスケスは制御室を見回して、化学物質を使わずにこれだけのデカフェコーヒーを生産している会社はマキシマス以外にはないと述べた。この工場が1980年代に建設されたときは1億ドル以上かかったが、現在このような工場を建設しようとしたら、途方もない費用がかかるので、インフラ整備の費用が「足かせ」になって、競争相手が参入できないそうだ。

制御室では、カフェイン除去工程を監督するボー・ホィートリーが最終段階の説明をしてくれた。コーヒー豆の中を通り抜けたあと、カフェインを豊富に含んだ二酸化炭素は円筒管に入った水に混入され、減圧室に送られる。二酸化炭素は減圧室に入るとカフェインと水から離れる。その後、身軽になった二酸化炭素を回収して再利用するのだ。カフェイン除去装置の縮尺模型を手で示しながら、「カフェインはここで、『二酸化炭素よりも水の方が好きだから、水と一緒にいよう』と決めるのだよ」とホィートリーは説明した。

カフェインを取り除かれたコーヒー豆は45分間に約2000kgの割合でタワーの底から流れ出てくる。この作業は年中無休で行なわれているので、年間では2万トンを上回る。

コーヒー豆から取り除かれたカフェインを含んだ水（カフェイン濃度は約0・25％）は、裏側に設置された2つの7万5700ℓ入りタンクに流れ込んでいく。タンクの側面には「高温カフェイン注意」という表示がしてある。タンクに入った薄いカフェイン溶液は次に2台の濃縮装置に送り込まれ、スチームコイルで熱せられる。コイルの熱で水分を蒸発させ、高濃度のカフェイン溶液を作るためだ。濃縮された溶液は最後にアーチ型の屋根をした薪小屋ほどの乾燥機に送られる。

カフェイン粉末のできあがり

ヴァスケスは乾燥機のステンレスのスチームフードにある蓋を開けて、茶色味を帯びた濃縮液が熱い回転ドラムに注入されるところを見せてくれた。濃縮されたカフェイン溶液は淡い茶色でチョコレートシロップに似ていた。水分は瞬く間に蒸発して、粉末の薄片が残り、ドラムが回転するときに刃が薄片をこそぎ落してゆく。粉末の色は小麦色で、ミルクコーヒーとも、米国中部大西洋岸の砂とも、コロラド川の泥ともいえる色合いだった。「あれがカフェインだよ」とヴァスケスは教えてくれた。

粉末は開口部を通って下へ落ち、下の階に設置された台に置かれた段ボール箱の中で口を開いているビニール袋の中に入った。ヴァスケスは私を下の階へ案内すると、プラスチックの覆いを持ち上げて、カフェイン粉末が切れ目なく入ってくる様子を見せてくれた。その段ボール箱には、純度が95％の粗カフェイン（未精製のカフェイン）が450kg入るが、まだ水分が3％と不純物が2％含まれているので、カフェインとして販売するにはさらに精製する必要があるそうだ。

「ここの工場で生産されているのは天然のカフェインだ。しかも、一度に大量に生産できる。化学薬品を使用せずに生成した天然カフェインの需要がなくなることはない」とヴァスケスは話していた。

さらに、ピカピカに磨き上げられた生物実験室のような部屋にも案内してくれた。そこにはスレートのカウンターと深い流し台があり、カウンターの上にはビーカーやフラスコ、ピペット、ガラス瓶が所狭しと置いてあった。部屋の片隅には試飲エリアが設けられており、もう一方の端には、長い作業用カウンターの上に小さな機械が載っていた。カフェイン計数機だった。ここは、コーヒーがデカフェとして通用することを検査する実験室なのだ。

この検査室の責任者ルーベン・サーダは、この機械は高圧液体クロマトグラフィー（HLPC）を行なう装置だと説明した。ここではデカフェコーヒーを小瓶に10μℓ採り、検査を行なっている。カフェインの含有量が0・3％以下でないとデカフェコーヒーと認められないが、ここで検査しているコーヒーはほとんどが0・25％だそうだ。

サーダによれば、コロンビア産のコーヒーには一般に1・2～1・9％のカフェインが含まれているそうだ。他のアラビカ豆はもう少し含有量が多く、1・4～2・1％だという。では、カフェインの含有量が多いロブスタ豆はと聞くと、大方が2・6％だとサーダは言っていた。

ブルース・ゴールドバーガーらの調査結果によれば、一般的な16オンスカップ（約475mℓ）のデカフェコーヒーには、10～14mg（約5分の1SCAD）のカフェインが含まれているという。大した量ではないが、2～3杯飲めば、とりわけカフェインに敏感な人が多少の刺激を受けることがあるのは間違いないだろう。(3)

飲料に添加される粉末カフェイン

工場を出ると、搬出入口の近くにカフェインが詰められた450kg入りの箱がさらにたくさん置いてあった。マキシマス社はカフェインをメキシコに運び、ベラクルス市の丘陵地帯で精製している。1回に40箱ずつ、年に450トンを超える粗カフェインをメキシコへ輸出している。米国内にはカフェインを精製する会社がないので、「無水カフェイン」として知られる完成製品はすべて輸入されたものだ。精製されたカフェインはほとんどが清涼飲料の製造会社に売られる。

450トンと聞くと、たいそうな分量に思えるかもしれないが、実際には大海の一滴にすぎない。ペプシコ社では、米国内で年間に販売するマウンテンデューに添加するだけで、約540トンのカフェインが要る。粉末カフェインが入っていることが有名なのはエナジードリンクだが、2010年に清涼飲料であるマウンテンデューに使われた粉末カフェインの量は、モンスター、レッドブル、ロックスターなどのエナジードリンクを全部合わせた分よりも多いのだ。このような結果になったのは、カフェイン濃度はマウンテンデューの方が低いのだが、販売量がはるかに多いからだ。米国内で一、二を争う炭酸飲料であるコークとダイエットコークには、合わせて約1560トンもの粉末カフェインが使われている[4]。

清涼飲料は1975年にアメリカで最も好まれるカフェイン飲料としてコーヒーを抜き、現在に至っている[5]。清涼飲料の売上高は、エイサ・キャンドラーが設立したコカ・コーラ社が首位に立っている。アトランタを本拠地にするこの会社のブランドは世界一知名度が高く、粉末カフェインはその中心的な役割を果たしているのだ。

米国での売上高トップ10位の清涼飲料のうち、8種類が粉末カフェインを使用している。コーラ味、柑橘系の味、甘味のあるものやないものなど、風味はそれぞれ異なるにもかかわらず、炭酸水以外に共通点がひとつある。それはカフェインだ。

アメリカは、コカ・コーラやペプシコ、ドクターペッパー・スナップルといった炭酸飲料製造会社の需要を満たすために、年に６８００トンを超える粉末カフェインを輸入している。[6] 12メートルの船舶用コンテナ３００個を満たす分量だ。向精神薬がギッシリ詰まった貨物列車が３キロもつながっている様子を思い浮かべてほしい。

工場見学のあとで、マキシマス社のカルロス・デ・アルデコア・ブエノ社長に挨拶をするために、社長室に立ち寄った。社長の執務室はビルの北西の端にあり、窓の向こうにはヒューストンの高層ビル群が見渡せた。

カルロス社長の祖父はスペインでコーヒー事業を始め、後にメキシコのベラクルスに拠点を移した。そこから父がさらに拠点をヒューストンに移し、今でも近所で塩化メチレンを使用したカフェイン除去工場を経営している。三代目社長は最初はコーヒーの倉庫業を始めたが、クラフト社がマックスウェルハウスの工場から手を引こうとしたときに、その工場を買い取った。

社長は自社の主力商品がコーヒーとデカフェコーヒーであることをはっきりと認識している。カフェインはその過程でできる副産物にすぎないのだ。中国の廉価なカフェインが市場に溢れ出したときには、カフェインの生産をやめようかと思ったそうだ。

しかし、その後、市況が好転し、マキシマス社のカフェインは高値で取引されているという。「自然食品全般に関心が高まっているからね。うちの社の製品は天然のカフェインだと言ってくれる会社もあるよ。中国から入ってくる合成カフェインと比べれば、副産物とはいえ、高品質だ」と社長は話していた。

天然カフェインと合成カフェイン

1950年代までは、粉末カフェインはコーヒーや茶、ガラナやコーラ・ナッツから抽出する昔風のやり方で生産されていた。モンサント社が1905年にカフェイン生産を始めたときは、この方法だった。マキシマス社は今でもこの方法で生産している。

しかし、第二次世界大戦の頃までには、需要が供給を上回るようになっていた。1942年の軍需生産委員会の覚書には、飲料・タバコ部門のジョン・スマイリー部長が、清涼飲料が国民の戦意高揚に果たす役割の重要性を力説したことが記されている。[7] スマイリーは委員会で、「清涼飲料は国民生活の一部分になっているので、合衆国大統領は国民が清涼飲料に不自由することのないことを望んでいる」と述べている。

しかし、スマイリーは、「綿密な調査の結果、(……)カフェインの原料が底を突いているため、カフェイン生産者は文字通り〝底を浚っている〟ことが明らかになった。手持ちの在庫を使い切るのも時間の問題だ。おそらく、1~2ヵ月しかもたないだろう」と述べて、カフェインの供給が危機に瀕していることも指摘している。

カフェイン入手が危機的であることには、供給が一時的に滞ったという問題以上の重要性があった。長年、社長としてコカ・コーラ社を率い、マーケット戦略に長けていたロバート・ウッドラフは、兵士を会社の成長戦略に欠かせない消費者とみなしていた。コカ・コーラ社の歴史を著したマーク・ペンダーグラストによれば、兵士はどこにいてもコカ・コーラを1本5セントで買えるように計らうべきだとウッドラフが主張したという[8]。戦時中には、兵士が飲み干したコークの本数は100億本に上るので、コーラがコーヒーを王座から追い落とすのに一役買った得意客は兵士だったのだ。

コカ・コーラ、ペプシ、ドクターペッパー、ロイヤルクラウン・コーラは、戦時中はカフェインの含有量を平均して54%減らしていたが、それでも状況は厳しかった[9]。1945年にはカフェイン生産量は年間に約450トンだった。「茶殻は、溶媒抽出製法で国内生産されるカフェインの最大の原料であり、デカフェの副産物としてカフェインを生産するコーヒーよりもはるかに重要である。合成カフェインの製法が実用化されると、わが国でテオブロミンとカフェインを生産するための輸入原料はそれに駆逐されてしまうだろう」と「ケミカル&エンジニアリングニュース」という業界紙は報じている。一方、天然の抽出カフェインは当時1ポンドあたり3ドル以下で販売されていたが、合成カフェインはその倍の費用がかかっていたという。

同紙は同年の後日、「モンサント化学工業株式会社はカフェインの天然原料を輸入に依存しているわが国の現状を改善すべく、世界初の合成カフェインの大規模生産工場を建設・操業する意向を表明した」と報じて、米国企業が天然カフェインの伝統的な製造から脱却して、合成カフェインの生産に挑んでいることを伝えた。

合成カフェインは、植物が作り出したカフェインを横取りしたものではなく、カフェインの成分を他の物質から流用して組み上げたカフェインだ。この画期的な製法はドイツで開発された。エミール・フィッシャーという化学者が1895年に尿酸を主成分に用いてカフェインを合成する方法を開発したのだ（この功績の貢献もあり、フィッシャーは1902年にノーベル賞を受賞した[10]）。

ドイツでは、モンサント社よりも数年早く、合成カフェインの工業的生産にも着手していた。アメリカ人は気づいていなかったかもしれないが、ベーリンガー・インゲルハイムというドイツの会社が、1942年に大規模な合成カフェイン工場を建設していた[11]。当時も現在と同様に、欧米のカフェイン消費大国には、商業的に利用できるほど多量にカフェインを含んだ作物は存在しなかった。コーヒーや紅茶、チョコレートはどれも合法的な刺激物に対する欲求を満たすために、発展途上国から輸入されている。供給ラインの維持は平時でも大変なことだが、特に戦争中はヨーロッパでも北米でも困難を極めた。

ファイザー社もモンサント社に続いてカフェインの原料を切り替えた[12]。この製薬会社は1947年に茶葉からカフェインを抽出していたニュージャージーの工場を買い取ったが、まもなくその工場を閉鎖し、コネチカット州グロトンにカフェインの生産工場を統合して、合成カフェインの生産を行なった。1953年には「アメリカンボトラー」という業界誌に自社製品の全面広告を出して、「ファイザーはコネチカット州のグロトンで大規模な近代的工場を操業する、世界屈指のカフェインの基幹製造会社である」と喧伝した。

モンサントは1957年までには合成カフェインの生産に切り替えていたが、廉価な輸入カフェインの増大し続ける圧力にさらされていた。「ケミカル&エンジニアリングニュース」紙は、モンサント社が輸入カフェインに対抗するために、1ポンドあたり3ドルだった価格を、1940年以来の最安値である2・5ドルに下げたと報じている。

ファイザー社は、数十年間は新聞沙汰になることはほとんどなかったが、1995年6月20日に、グロトンの住民がセームズ川沿いの工場の上空に黄色い煙が立ち上っているのに気がついた。翌日の

「ニューロンドンデイ」紙は、「カフェイン工場から従業員避難」という見出しで、「火曜日にファイザー社の化学製造工場から窒素酸化物の煙が立ち上り、100人ほどの従業員が避難した。（……）広報担当のケイト・ロビンスによると、ガス漏れが発生したのは午後1時15分頃で、カフェイン製造棟だった。（……）ガス漏れの原因が解明されるまで、カフェイン製造棟は閉鎖される」と報じている。[13]

コネチカット州の製薬工場に「カフェイン製造棟」なるものがあっても、たいていのアメリカ人は国民的飲料の主成分が化学的に合成されたカフェインだとは気づかずに過ごしていたのだ。

私はカフェインの合成に関する理解を深めるために、その工程を見たいと思った。しかし、ファイザーの工場はずっと前になくなってしまっていて、国内で合成カフェインを生産している会社は1社もないことがわかった。カフェイン産業は国外へ行ってしまったのだ。

第8章　中国製の白い粉

石家荘（シージャーチュアン）は観光名所のほとんどない市なので、手持ちの中国ガイドブックは合わせて１３００ページもあるのに、どれにも名前さえ載っていなかった。石家荘は人口１千万人を数え、急速に発達している河北省の省都だ。米国のどの都市よりも大きいが、アメリカではほとんど知られていない。ここには周辺地域に工場をもつ製薬会社がたくさんある。

お目当ての製薬工場を見つけるために、私は30キロほど南西にある欒城（ルアンチェン）区へとタクシーで行くことになった。道路は舗装されてはいたが、粗雑だった。自転車の後ろに娘を乗せた母親たちの横を、鉄筋を目一杯に積み込んだトレーラートラックが通り過ぎ、黒塗りのベンツやアウディのセダン、さらにポルシェまでがタクシーやバスに場所を譲るどころか我勝ちに走る。途中で建設中の高層ビルをいくつも目にしたが、マンハッタンのように軒を接して立ち並んでいるのではなく、数棟ずつ点在していた。空気は真昼の太陽がかすんで見えるほど汚染され、建設中のビルも走っている道路も、遠ざかるにつれて茶色く汚れた空気の中へ消えていった。

やがて道は、平屋や2、3階建ての家屋やアパートが建つ昔ながらの村に差しかかった。右折して福強路に入った。ほこりっぽいが静かな通りには小さな商店や屋台が数軒並んでいた。屋台では揚げ物の匂いがしていたが、じきにツンとした紛れもない化学薬品の臭いに変わった。

初めはかすかに臭う程度で、ホームセンターの屋外通路で嗅ぐ臭いに似ていた。村の傍らに開発された工業団地の中でひときわ高くレンガ煙突がそびえており、それは小規模な発電所だったが、そこに近づくにつれてその臭いは強くなった。

発電所からは曲がりくねったパイプがタコの足のように伸び、数ヵ所の化学工場に蒸気を供給していた。パイプは道を横切ると、歩道に沿って走り、道沿いに並んだ約2メートルのセメント壁の向こう側へ消えていった。パイプを覆っている断熱材はところどころ破れ、パイプを支えている金属の支柱は今にも倒れそうだった。このあたりまで来ると、化学臭は鼻を突くようになった。

左に曲がると、近未来の暗黒郷(ディストピア)のような景色が目に飛び込んできた。放棄された化学工場だ。突然閉鎖されたので、正門脇の守衛所には机と椅子がまだ置いてある。クリップボードに挟まれた記録用紙はあるページまでめくられていて、誰かが来て何かを書き込むのを待っているかのようだ。しかし、「閉鎖」という語が当てはまる状態ではなかった。窓ガラスは半数くらいが粉々に砕けていて、ぼろ布がヒラヒラなびいている。1階の割れた窓からは積み上げられた化学薬品の袋が見えた。あたりには化学薬品の悪臭が立ちこめ、息が詰まりそうだった。さらに、錆びついた大きなタンクからはタールのようなスラッジも漏れていた。

そこから300メートルほど先の獣医薬品工場とアミノ酸工場の間には、割合きちんとした施設があった。歩道の縁にはバスが4台停まり、歩道の上には自転車や電動バイクが75台ほど並んでいた。守衛所と青と白に塗られた管理棟の先に、タンクの間をパイプがうねうねと複雑に走っている石油精製工場を小さくしたような施設が見えた。

ここには先ほどとはわずかに異なるが、強烈な臭いが漂っていた。猫のおしっこに似た臭いだった。アンモニアだ。

ここは世界最大のカフェイン工場である。石家荘製薬集団有限公司（ＣＳＰＣファーマ）が経営するこの小さな化学工場では、２０１１年に２０００トン以上のカフェインをアメリカに輸出している。炭酸飲料や新しいさまざまなカフェイン入りエナジードリンクの類には、石家荘市の郊外にあるこの工場で生産されたカフェインが使われている可能性が高い。

この工場と、「山東新華」と「天津中安」という同じく中国の製薬会社と、インドの「キュードス・ケミー社」の4社で、米国で消費されるカフェインの半分以上を合成している。この4社に工場見学の依頼をしてみたが全部断られ、粉末カフェインの世界最大の使用者であるコカ・コーラ社もペプシコ社も見学ができるように口を利いてくれようとはしなかった。関連企業、顧客、仲買業者、フレーバー業者、研究者、ジャーナリスト、外交官などを通じて、4社に工場見学を依頼した。その結果は、驚くには当たらないかもしれないが、ことごとく断られた。製薬工場は顧客に対しては見学会をよく開催するのだが、ジャーナリストの訪問を受け入れる気はサラサラないようだ。しかし、断られれば断られるほど、こちらも意地になった。

合成カフェインの生産では最古の歴史を誇るＢＡＳＦ社というドイツの世界最大の化学会社にも、工場見学の依頼をきっぱりと断られた。キュードス・ケミー社は、米国の清涼飲料産業にとってのカフェイン製造元として急速に重要性が増してきた会社だが、私の工場見学の依頼に対して、このようなEメールを送ってきた。

カーペンター様、

ご依頼の件につきまして、署名者の方で弊社の役員と検討しました結果、カフェインの生産工程や他の業務につきましては、見学を**お受けしない**ことになりました。弊社の基本方針であります。

どうぞ、あしからず。

太字の書体は、私の要望が受け入れられる見込みのないことを如実に表しているように思えた。しかし、中国の2社は私の依頼に対して曖昧な返事をよこしただけなので、中国には行ってみようと思った。承諾をくれてはいないが、はっきりと拒否もしてこなかったのだ。2社のうち、CSPC社の方が規模が大きく、興味をそそられたため、石家荘を訪れるので、工場を見学させていただくのを楽しみにしていると先方に伝えた。CSPC社はその後、数ヵ月は煮え切らない態度を取っていたが、私が北京を発って石家荘市に向かうその日の午前1時30分に見学を断る旨のメールをよこした。

私が受け取ったEメールはこんなものだった。「您好！　由于您是外籍采访人士　经我们咨询市委市政府相关部门　接受任何外方采访发言均需要官方批准　所以暂不能满足您的要求！　不便之处　还请您另做安排！　很遗憾！」

!を見て、悪い予感がした。グーグル翻訳にかけてみると、このような訳文が出てきた。「こんにちは！　あなたはインタビューの外国人であるため、私たちが外国のインタビューを受け入れる公認

を必要とし、市政府の関連部局に相談しましたが、一時的にあなたの要件を満たすことができません！　ご不便ですが、別の手配をして下さい！　残念ながら！」

なんというメールだろうと思ったが、でも、私の気持ちは変わらなかった。

ＣＳＰＣ社の工場の正面玄関には守衛がいたが、門の前で3人の男たちが一服していた。３人ともＣＳＰＣ社のロゴがついた灰色の上着と灰色か紺色のズボンという会社のユニフォームを着ていた。1人が私にタバコを差し出してくれた。３人は話をしてもよいと言ってはくれたが、公式の見解は会社の広報担当からしか出せないと言っていた。

男たちはここがカフェイン工場だということを認めた上に、その他にも関連の化学薬品を製造していると話してくれた。ここが世界で一番大きな工場だということを知っているかと尋ねると、１人が、そうだ、世界一だと答えた。工場は近代的な高度な設備が備わっているのかと尋ねると、そうだという答えが返ってきた。

次にどうしたものかと思いあぐね、持ってきたエナジーショットを取り出すと、１人に手渡して、これには中国のカフェインが使われていて、アメリカでとても人気がある飲み物だと言った。その男はこの工場のカフェインかと尋ねたが、私がそうは思わないと言うと、男は当惑して肩をすくめ、私にそれを返した。

通訳は男たちが神経質になっているのに気づいた。私の肩越しに、オリーブグリーンの制服を着た若い守衛の方を見ていたのだ。守衛は歩道の縁まで出てきて、私たちが話している様子を見ていた。そこで、男たちに礼を言うと、私たちはその場を立ち去った。

その近所をもう少しぶらついてから引き上げたが、ときおりじろじろ見られただけでなく、握手を求められさえした。このあたりでは西洋人を見かけることがないからだろうと通訳が言っていた。

合成カフェインの作り方

工場によってカフェインの合成方法に多少の違いはあるかもしれないが、基本的な工程は同じである。ドイツのBASF社は合成工程を示すフローチャートをくれた。まず、クロロ酢酸と尿素を化合させて、ウラシルという中間化合物を生産する。次に、このウラシルを使って、カカオや茶にもともと含まれているカフェインによく似たテオフィリンを生成する。カフェインはテオフィリンがメチル化されたものなので、BASF社では最終工程で、この合成テオフィリンに塩化メチルを加えてメチル化する。すると、純粋な合成カフェインができあがるというわけだ。

天然でも人工でも、純粋なカフェインはまったく同じである。最低生活ができるだけの低賃金で喜んで働く労働者が有機栽培の茶葉から抽出したカフェインだろうが、工場で合成されたカフェインだろうが、生理学的にはまったく変わらないのだ。

合成と天然とを問わず、カフェインには不純物が含まれている可能性がある。不純物には健康によいものも、悪いものも、単に風変わりなだけのものもある。そのために、合成カフェインには奇妙な特性が見られることがある。光ることがあるのだ。「合成カフェインの蛍光発光を減らす方法」が米国の特許番号2584839として登録されていたために、それがわかった。ファイザー社のジェイ・S・バックリーという研究者は1950年に特許申請書にこのように記している。「合成されたカフェインには固形にも溶液にも青味の強い蛍光発光が頻繁に見られる。(……) 蛍光発光はカフェインが使用された製品にも頻繁に生じて、著しい不利益をもたらすので、蛍光発光の増加はきわめて望ましくない」。亜硝酸ナトリウム、酢酸、炭酸ナトリウム、クロロホルムを使えば、比較的簡単にカフェインから蛍光物質を除去することができる。[1]

合成カフェインを研究した研究者はバックリーだけではなかった。1961年にコカ・コーラ社とモンサント社の研究者が別々に、カフェインが合成か天然かを見分ける方法に関する研究論文を発表している。[2] 簡単に言うと、放射性炭素年代測定法を使ったのだが、茶葉のような植物質から抽出されたカフェインは、合成カフェインよりも新しい炭素年代を示すのである。合成カフェインの前駆物質は化石燃料に由来するので、その炭素原子は太古の昔にできたものだからだ。

コカ・コーラ社が購入したカフェインの原料を社内で確認したいと思う理由はわかるが、合成カフェインの生産に切り替えたモンサント社が、なぜ検査方法をわざわざ開発したのだろうか?

長年モンサント社で研究に携わり、ノーベル賞も受賞した化学者のウィリアム・ノールズは「化学遺産財団」のインタビューで、この問いに答えている。

コカ・コーラ社はわが社の大口の顧客なので、わが社が納入しているカフェインの原料が尿素であることを指摘する者が現れるのではないかと危惧していた。尿みたいに聞こえるからね、意味はおわかりでしょう? そんなことになったら、コカ・コーラ社は一巻の終わりだからね。そこで「天然のカフェイン以外は仕入れるわけにはいかない」と言ってきたのだが、ドイツの会社は「うちの製品は天然のカフェインだ」と言っていた。私はドイツに視察に行ったことがあるので、ドイツの会社が天然のカフェインを生産しているはずはないと、わが社の経営陣に伝えた。ドイツの会社は不当表示をしていたのだと思う。(……)コカ・コーラ社は、「そうは言っても、向こうのカフェインにはそう表示してある。貴社の製品に天然カフェインの表示がしてあれば購入すると言ってきた。信用にかかわることだから、先方だって不当表示はしないだろうとも言っていたので、「ドイツのカフェインが天然のものではないということをどうしたら証明できるだろうか?」と尋ねると、ウッドワードが「簡単さ。リビーの研究室に送って、炭素年代測定をしてもらえばいい」と教えてくれたのだ。そこで測定してもらったら、やっぱり向こうの製品は炭鉱由来だった。それで一件落着だ。(3)

ノールズが言及した「炭鉱由来」というのは、合成カフェインに含まれている炭素同位体の方が古いということを示している。

最近では、カフェインは世界各地から輸入されている。とあるフレーバー業者は、中国の合成カフェイン、コーヒー豆から抽出したイタリアのコシャーな〔ユダヤ教の戒律に従う清浄な製法による〕カフェイン、茶葉から抽出されたインドのカフェイン、ブラジルのガラナ粉末を含め、7ヵ国で製造された13種類の粉末カフェインを清涼飲料業界に卸している。(4) 米国に輸入される合成カフェインは中国産のものが増加の一途をたどっている。たとえば、2011年にアメリカは中国の3社からだけで、全カフェイン輸入量のほぼ半分に相当する3200トン近くを輸入しているのだ。(5)

清涼飲料会社のカフェイン表示

清涼飲料製造会社の多くは、自社で使用しているカフェインのことになると口が重くなり、仕入れ先を明かすのを嫌がる。それには2つの理由がある。仕入れ先を秘密にしておきたいのと、天然ではないと思われる化学物質が使われていることを表にしたくないからだ。コカ・コーラ社は私の問い合わせに対して、「弊社の製品にはさまざまな地域で製造されたカフェインを使用しています」という曖昧な回答をよこした。医師の処方箋なしで買えるカフェイン錠剤「ヴィヴァリン」を製造している会社は、「自然に存在するのと同じタイプである」と回答しただけだった。少なくとも、モンスター社は正直だ。使用しているカフェインは合成であると表示している。

マキシマス社のカルロス・デ・アルデコア・ブエノ社長が述べたように、カフェインの仕入れ先を宣伝し始めた清涼飲料製造会社も中にはあるが、それは天然のカフェインを使っている場合だけだ。コカ・コーラの子会社のミニッツメイドもしばらくはそうしていた。ミニッツメイドの「エンハンスト・ジュースドリンク」（栄養成分を添加した果汁ドリンク）には、「活力を向上させるために、各ボトルには37～43mgの天然カフェインが含まれています」と表示されていた（この表示は注目に値するものでもある。コカ・コーラ社は、コークやダイエットコークに含まれている同じ分量のカフェインがもたらす風味だけでなく、活力向上も謳い文句にしているからだ）。コカ・コーラ社はしばらくしてこのカフェイン入り果汁飲料の製造を中止してしまうが、他のミニッツメイド飲料にはまだ天然カフェインの表示を誇らしげに使っている。

オーシャンスプレー社は、自社の「クランナジー」（クランベリージュースのエナジードリンク）を「緑茶から抽出した天然カフェインで飲用効果が高められています」と宣伝している。２０１３年の初めにニューヨークで発売された「フラヴァ」という新しいカフェイン入りフルーツジュースは、合成カフェインに狙いを定めて、ウェブサイトでさらに突っ込んだ表現をしている。「炭酸飲料やエナジードリンクの多くは工場で製造された合成カフェインを使っていますが、合成された刺激剤は依存性をもたらす可能性があり、有害です。フラヴァはお客様の身体を大切に考えています。弊社がコーヒーの生豆から抽出した天然のカフェインを使うのはこうした理由からです。天然のカフェインは脳の機能と集中力を高めます。国内の一流選手も利用しています」

ルイス・ゴールドナーという企業家が設立したブラジルの会社は、天然カフェインに対する需要を当て込んでいた。2011年に、フロリダ州知事のリック・スコットは、アメリカズナチュラルカフェイン社がブラジル産ガラナからカフェインを抽出する工場をパームビーチに2500万ドルをかけて建設すると発表した[6]。ゴールドナーは「ANC（アメリカの天然カフェイン）」というフレーズを商標にし、従業員を75人雇い、平均年俸6万2000ドルの給与を約束するなど、鳴り物入りで始まった事業だったが、海外でカフェインを製造する方が有利な市場の現実に直面して、おそらく頓挫したのだろう。2013年の初めまでには、この会社は行方をくらましてしまったようだ。

コカ・コーラ社とモンサント社の研究者が50年前に手を引いたところから、ドイツの研究者チームが炭素同位体の分析と液体クロマトグラフィーを用いて、さまざまな原料から精製したカフェインの化学的特徴を特定し、天然と合成のカフェインを識別する精度の高い検査方法を開発した[7]。2011年に発表された調査結果によると、天然カフェインが使用されていることになっている製品38種類のうち、4種類には合成カフェインが混ぜられていたようだ。合成カフェインが使われていた製品には2種類の茶飲料と1種類のマテ茶飲料が含まれていた。消費者には「天然カフェイン」の方が受けがよいので、安い合成カフェインを使用して、不正表示を行なう会社があっても驚くには当たらない。しかし、意外だったのは、合成カフェインをさらに添加していると思われるインスタントコーヒーが1種類見つかったことだ。

合成カフェインの使われている清涼飲料が嫌な人は、日本で購入することをお勧めする。日本の厚生労働省は食品添加物をかなり厳しく規制しているので、食品添加物として許可されるカフェインは「コーヒー豆か茶葉から得られた、カフェインを主成分とするもの」という規定に従うカフェイン抽出物だけだからだ。

中国の合成カフェイン工場の立ち入り検査

石家荘市を出たあとで、CSPC社から拒否されたのは私だけでないことを知った。欧州医薬品品質部門（EDQM）の検査官も拒否されていたのだ。CSPC社はEDQMから認可を取り消されて、主要な市場を失った。2013年までに、EDQMは中国の大手カフェイン製造会社5社のうち4社の認可の取り消しや一時停止を行なった。

米国の検査官が、米国に大量の医薬品を輸出しているCSPC社のような海外の工場を訪れることはあまりない。2007年に米国会計検査院（GAO）は、食品医薬品局（FDA）がこうした工場をすべて立ち入り検査するためには、（新しい工場ができないと仮定して）13年を要するだろうと推測している。しかし、国内の医薬品工場は、平均すると2年半おきに検査を受けている。2008年に中国製のヘパリン（抗凝血薬）が汚染されていたために米国内で81人の死者が出たとき、FDAは初めてこの問題に直面することになった。2011年には、GAOはFDAが立ち入り検査を増やしたと述べているが、それでも大きな課題が残っている。GAOによれば、「FDAは、国外企業に対して工場立ち入り検査を許可するよう義務づけるのには、権限の限界があるとしている。さらに、ロジスティックス上の問題があるので、外国の工場では国内工場のように予告なしで立ち入り検査を行なうこともできない」とのことだ[8]。

さらにGAOは、FDAのデータベースに保管されている外国企業の情報に誤りがあることや、米国市場向けに医薬品を製造している外国企業の数を把握すらしていなかったことを指摘した。2014年度の予算請求で、FDAは中国の製薬会社の立ち入り検査を強化するために、470万ドルの増額を求めた。

FDAは2009年8月に時間を割いて、中国の吉林省にある合成カフェイン工場の立ち入り検査を行なったが、その検査で容認できない状況が明らかになった[9]。FDAは、吉林省舒蘭（ジリンシューラン）合成製薬株式会社に書面による戒告を行なうまでに9ヵ月も要した。伏せ字箇所があるが、FDAの2010年5月の警告書は興味深い。

「貴社の××××のUSP製造工場では、壁と床の継ぎ目にゴミが溜まっているのを検査官が認めた。××××と××××の室では、ホースの周囲に粘着テープを使っており、生産物に覆われていた。××××が××××の室の床の上に常時こぼれており、××××の下面が腐蝕したり、生産物がこびりついたりする原因になっている。××××の室の腐蝕した階段にも××××が溜まっているのを検査官が確認した。××××の下面に生産物がこびりついていることを検査官に指摘され、貴社の社員が××××の区域を清掃したが、その際に汚れた水に浸したモップを使用した」

さらに続く。「検査期間中に『××××清浄区域』（××××の区域を含む）で従業員がサンダルや破れたビニールの長靴を履き、マスクや手袋を着用していないことも検査官が確認した。医薬品の製造作業、とりわけ××××のUSP製造の後期工程における、こうした衛生管理の不備を認識していないことを危惧している」

この書面はカフェイン生産と規則の特殊な一面も浮き彫りにしている。カフェインは医薬品として販売される（その場合は「米国薬局方」や「医薬品有効成分」を意味するUSPやAPIという略語で呼ばれる）こともあるし、フレーバーや食品添加物として扱われることもある。同じ工場で生産されていることが多い同一の製品なのだが、USPと呼ばれるとFDAの別の検査が必要になり、食品扱いの化合物として製造している工場はさほど厳しい検査の対象にはならない。医師の処方箋を必要とするカフェインを生産していた吉林省舒蘭社は、最も厳しい検査の対象になる製薬会社であるにもかかわらず、「汚れ水に浸したモップ」を使っていたのだ。

この書面でFDAは、改善策を講じなければ「製品の認可を取り消す可能性がある」と警告した。1年以内に、吉林省舒蘭社はFDAの「レッドリスト（輸入警告の対象となる企業リスト）」に載った。このリストに載ると、「適切な製造業務」を行なっていない企業とみなされ、現場の輸入担当官がその医薬品を即時留置することができる。警告書には伏せ字があるため、床にこぼれていたUSP製品を特定するのは難しいが、FDAのレッドリストを詳細に見ると、それがカフェインだったことがわかる。中国の製薬会社の例に漏れず、この会社のウェブサイトにも、真っ白な壁が明るい照明に照らされて輝いているピカピカの工場が掲載されている。しかし、実際は不潔な工場でカフェインを生産していたのだ。

立ち入り検査のあとも、この工場は米国を代表する会社、つまりコカ・コーラ社に大量のカフェインを納入していた。FDAが警告書を吉林省舒蘭社へ出してからレッドリストに載せるまでに、コカ・コーラ社がこの製薬会社から購入したカフェインは、コカ・コーラ13億本の含有量に相当する45トンを超える（コカ・コーラ社が使用するカフェインの例に漏れず、吉林省舒蘭社のカフェインも、プエルトリコで清涼飲料の濃縮液を製造しているカリビアン・レフレスコスというコカ・コーラ社の完全出資の子会社を経由している[10])。

FDAの立ち入り検査で工場の環境が不衛生であることが明らかになってからも、15ヵ月にわたってその製薬会社からカフェインを購入していた理由をコカ・コーラ社に問い質したところ、このような回答をもらった。「弊社の材料や製品、包装はすべて安全である。このことは弊社が責任をもって確約する。吉林省工場の立ち入り検査の結果、FDAが警告書を発令したことを確認すると直ちに、吉林省舒蘭社に発注したカフェインをすべてキャンセルした」

ドクターペッパー・スナップル社も吉林省舒蘭社の顧客である。キャドバリー・シュウェップス社がドクターペッパー社を買い取ったとき、社会的責任に関する2004年の年次報告書で、この工場を大きく取り上げさえしていた[11]。

「中国の吉林省舒蘭合成製薬株式会社は、わが社のドクターペッパー飲料を含め、広く飲料に利用される濃縮フレーバーであるカフェインを製造しており、長期契約を結んでいる。吉林省舒蘭社はファイザー社が市場から撤退したあと、1987年にカフェインの製造と輸出を始めた。（……）吉林省舒蘭社の工場は2000年11月に施設検査に合格し、ドクターペッパー社は2001年にこの会社からカフェインの購入を始めた」と報告には記されている。

言い換えれば、吉林省舒蘭社は2009年に工場の不衛生な環境をFDAに指摘されたのだが、どこの馬の骨とも知れないならず者会社ではなかったのだ。そのわずか5年前に、世界屈指の清涼飲料製造会社が長期契約を結ぶことができると認めた模範的なカフェイン製造会社なのだ。ドクターペッパー社が泡沫的な会社を2004年に誇大宣伝していたのか、それとも、5年の間に坂道を転げ落ちるように堕落してしまったのだろうか。

石家荘市まで足を運んでわかったことを一言でいえば、カフェイン産業はベールに包まれ、公表されているわずかばかりの情報は疑わしいということだ。立ち入り検査をしてみなければ、カフェイン工場にどんな問題があるのかわからない。しかし、検査が行なわれることはめったにないので、アメリカの消費者は、自分が飲んでいる炭酸飲料のカフェインが清潔な医薬品工場で製造されたという確信をもつことはできないのだ。

静脈注射で利用されるヘパリンと異なり、不純物が大量に混入していない限り、カフェインが人体に悪影響を及ぼすことはない。しかし、自分が好むトマトの品種だけでなく、生産された農場や生産者の名前さえ知っている消費者が多い時代に、アメリカの国民的清涼飲料に入っているカフェインの素性については、十分に知らされないままなのだ。カフェイン業界の関係者は別として、私に情報を提供してくれた行政担当者や研究者、化学者なども、一般の人と同じような誤った認識をもっていた。つまり、カフェインのほとんどはデカフェの工程で生産されていると思い込んでいたのだ。

私たちの多くはカフェインの製造工程に関してだけでなく、消費者向けの製品にどのように混入されるのかについてもほとんど知らされていない。そこで、私はニュージャージーを訪問することにした。

第9章　スタッカーからサンキストまで

ニュージャージー州の北西部を走るラッカワナ山地沿いの丘陵地には、のどかな田園風景が広がっている。岩がちな土地に生えた樹林が丘を覆い、その合間には点々と酪農牧場がおさまっている。春の朝方には小さな池に白鳥が泳いでいたりする。ムーニー牧場はとりわけ景色のいい農場だ。赤い納屋の脇には緑色のジョン・ディア社のトラクターが停めてあり、ホルスタインの血統登録証明書が誇らしげに掲げられていた。道の向かい側で以前はチーズ工場があったところに、NVE製薬会社の工場はある。この工場で、アメリカで一番売れているエナジーショットの2製品が製造されているのだ。NVE製薬の年間売り上げは5000万ドルに上り、その90％はカフェイン入りの製品が占めている。

私が工場の2階にあるオフィスを訪れたとき、受付嬢はクレーム電話に応対しているようだった。「ボトルをご覧いただけますか？　ラベルに成分が明記されていると存じますが、その表記の通りでございます」と、電話の向こうのお客に話していた。壁には「スタッカー2、世界最強の脂肪燃焼力」とカフェイン入りカプセル剤を宣伝する2メートルものポスターが掛かっていた。以前はこの製品の広告に、ニュージャージーが生んだ有名なテレビドラマ『ザ・ソプラノズ　哀愁のマフィア』に出演していた俳優たちが起用されていた。

受付嬢が電話を切ったので、ウォルター・オーカット氏に会いにきたと告げた。受付嬢はオーカットに連絡を取ると、ソファーに腰を下ろすように勧め、「コーヒーでもいかがですか？　水のほうがよろしいでしょうか？」と尋ねてくれた。私はカフェインカプセル剤か、エナジーショットの1本ぐらいは出してもらえるのではないかと淡い期待を抱いていたのだが、残念ながら叶わなかった。

そうこうしているうちに、オーカットがやってきた。NVE製薬の副社長を務めるオーカットは50代の明朗快活で気さくな人柄だった。南米から訪れたエナジードリンクの製造業者と、中西部でフレーバーのコンサルタント業を営む調合の専門家も案内することになっているので、今日は工場見学するのにちょうどよかったと言った。

最初に工場の正面にある部屋に案内された。この部屋で、原料がエナジードリンクなどのカフェイン入り製品に姿を変えていく工程が始まる。部屋の中央には、上にホッパーが載った大きな攪拌機が設置してあった。カフェインは他の香料やビタミンなどの乾燥粉末と一緒にこのホッパーに入れられて、ふるいにかけられたあと、攪拌される。できあがった大量の「滑らかな粉」は大きな青い樽に入れられる。

私たちはドアを開けて、3人の男性がカプセル製造機を操作している部屋に入った。ヒスパニック系の臨時雇い従業員が55ガロン（約208ℓ）入りの青い樽からカフェイン・ビタミン粉末をバケツですくい取ると、製造機の上に空けていた。この工場には正社員が70人、臨時雇いの従業員が50～1

００人ほどいるそうだ。

製造機はリズミカルな音を立てて、片側が黄色でもう片方が青色のカプセルを次々と吐き出していた。カプセルには２００mgのカフェインが入っていて、ダイエットやエネルギー補給用のサプリメントとして販売されるのだ。

南米のエナジードリンク製造業者がカプセル剤の製造工程に感心して、オーカットに「米国食品医薬品局（ＦＤＡ）の許可はいるのですか？」と尋ねた。

「いや、最初に許可を取る必要はないね」

「医薬品とは違うんですね？」

「そう、違う」

次に案内してくれたところでは、機械の上に並んだカプセルがブリスターパックに詰められていた。ボン、トン、ボン、トンという軽快な音とともに、４つのカプセルがひとつのパックに包装されていく。あたりにはプラスチックが熱せられたときの臭いがかすかに漂っていた。密閉されると、各パッケージに星条旗と「米国製」という文字のスタンプが押された。このカフェインカプセルはコンビニエンスストアで販売される。「コンビニ市場はいわばうちが占有しているみたいなものだからね」とオーカットは話していた。

初期に販売した錠剤の調合で会社が危うくなったことがあった。カフェインとエフェドラ（麻黄）を配合したサプリメントで心臓の不調を引き起こし、死んだ人も出たのだ。２００３年２月の春季キャンプ中に突然倒れて死亡したボルティモア・オリオールズのスティーヴ・ベクラー投手の死因が、検死の結果、エフェドラとされたときに、ダイエットサプリの成分が全国ニュースに取り上げられた

（ベクラー投手はNVE製薬の競合他社が製造したサプリを服用していた）。NVE製薬も自社のカフェイン・エフェドラ配合サプリメントについて製品責任を問う訴訟を110件以上も起こされた。

2003年にエフェドラの問題で連邦議会の公聴会が開かれ、マーク・マクレランFDA長官がその危険性についてこのように述べた。「2002年9月にショーン・リギンズという高校フットボールの選手が16才の若さで亡くなったが、『イエロージャケット』という製品を服用していた。この製品はニュージャージー州のNVE製薬が製造したものだが、当時、NVE製薬はこの『イエロージャケット』の他にも、『ブラックビューティー』というカプセル剤を製造していた。これらの名称は規制薬物を指す隠語で、ハーブ系違法薬物の代替品として売られていた。製品にはカフェインの原料となるコーラ・ナッツの抽出物やエフェドラの抽出物などの植物成分が含まれていると表示されている[1]」

2002年10月にFDAはNVE製薬の立ち入り検査を行なおうとしたが、NVEが検査官の立ち入りを拒否した。そこで、2003年1月にFDAは連邦保安官を伴って再訪し、NVEが違法ドラッグの代替製品500万ドル相当を自主的に処分するのを確認した。しかし、マクレラン長官はNVE製薬が業務の改善に努めておらず、覚醒剤に似た製品を作り続けていると指摘して、「NVE製薬は『イエロージャケット』と『ブラックビューティー』の製造を中止し、その代わりに『イエローワーム』と『ミッドナイトスタリオン』という製品の販売を始めた。新製品は違法ドラッグを想起させる隠語を製品名に用いたり、それを謳ったりしてはいないが、成分や外見は以前のものとほとんど変わっていないようだ。したがって、安全性の問題は依然として残っている」と述べている。

オーカットは、私たちがカプセルの包装工程を見学している際に、エフェドラ問題で集団訴訟が起きたとき、2000万ドルで和解にこぎつけたが、その後2年間は連邦倒産法第11章〔会社更生法に相当〕の適用を受けたのだと話した。しかし、あの製品にはダイエットサプリとしての効果があったとも強調していた。

「あの製品は最高だったよ。エフェドラは実にいい製品だったが、みな摂りすぎるものだから、心臓にきちまったんだ」とオーカットは言った。NVE製薬の製品の多くに「スタッカー」という名がついているのは、当時の名残だ。スタッカーとはエフェドラとカフェインとアスピリンの組み合わせのことで、ECAスタックとも呼ばれており、以前はダイエットサプリの成分として人気があった。NVE製薬は今でも「イエロースワーム」というカプセル剤を販売しているが、エフェドラは配合していないので、刺激の素はカフェインだけである。

エナジーショットの製造工場

見どころは建物の奥にある大きな部屋で行なわれているエナジーショットの瓶詰め作業だった。その部屋では、カチャン、ヒュー、ポトンという音がリズミカルに響き、白いペットボトルが曲がりくねった3本の長いベルトの上を続々と移動していく。ここでエナジーショットが詰められ、紫色のフィルムラベルでシュリンク包装されて、商品ができあがるのだ。

NVE製薬の「シックスアワー・パワー」は全米で2番目に売れているエナジーショットで、「スタッカー2・エクストラ」は1ドルショップで一番売れているエナジーショットだとオーカット副社長が説明してくれた。「ファイブアワー・エナジー」はエナジーショットの草分け的存在だが、NVE製薬はカフェインカプセル剤への依存を脱却して製品の多様化を図るために、すぐにそのあとを追ってエナジーショットの製造を始めた。NVE製薬のエナジーショットは最初、ウォルグリーンという薬局チェーン店で売れ始めたのだが、2012年までにはスーパーマーケットのウォルマートの店頭に7種類以上の製品が並ぶまでになった。

空のボトルは回転するスチール製の桶の中に入り、そこで向きを揃えられる。底にロット番号と賞味期限のスタンプが印字されると、ボトルは立ったまま一列で、チューブが並んでいるところまで進み、カフェインの入った液体を注入される。この液体は粘り気があるので、NVE製薬は注入用のチューブを化粧品産業で使われる素材で特別に作り直す必要があった。液体が注入されると、今度は別の機械がラベルの印刷されたビニールフィルムをボトルにかぶせる。ヒューという音とともに、ボトルはフィルムで包まれ、開封しやすいようにミシン目が入れられる。そして、最後に、ディスプレイスタンドにもなるボール紙の箱に12本ずつ梱包された。

オーカットは生産ラインからボトルを1本取り上げて、私たちに見せると、「これは1ドルショップ向けの製品だ。さほど売れるところではないので、パッケージにもこだわることはないのさ。このラインひとつで、8時間シフトにつき10万本以上生産できる」と説明してくれた。

ということは、月に600万本以上になる。ボトルの容量は60㎖だから、カフェインは150〜175㎎(2SCAD強)入っている。言い換えれば、この飲料だけで、25㎏入りの箱で40個分の中国製の粉末カフェインをひと月に使用していることになる。

オーカット自身もこの製品を飲用しているそうだ。「コーヒーは一日中飲んでいるけど、一日の終わりにはエナジーショットを1本いくよ」と話してくれた。それでも、NVE製薬や競合他社が製造するエナジーショットの需要には驚くと言って、「正気の沙汰じゃないね。気が知れないよ。1本3

ドルするんだよ。でも、それが現実だ」と付け加えた。

NVE製薬はエナジーショットの生産量では全米第2位かもしれないが、1位の会社に大きく水をあけられている。ファイブアワー・エナジーは2012年までそのカフェイン入りシロップを年に10億ドル売り上げていたのだ[2]。この2社はエナジーショットという小さいボトルのカフェイン飲料市場で競合他社を寄せつけていない。モンスター社は「ヒットマン」というエナジーショットを独自に開発し、ロックスター社も自社のブランド商品をもっていたが、いずれも失敗に終わった。一方、大手企業も市場に参入してきた。コカ・コーラ社は「NOS」というエナジーショットを、ペプシコ社は「Amp」というエナジーショットを開発したが、こちらも失敗した。しかし、エナジードリンクやエナジーショットには巨額の利益が見込めるので、コカ・コーラやペプシコはカフェインを使用していることを公にして、今ではコカ・コーラは「フルスロットル」や「NOS」というエナジードリンクを、ペプシコは「Amp」というエナジードリンクを製造するようになった。この2社は振り出しに戻りつつあるようだ。カフェインの薬理学的魅力を認めて、アメリカで最初のエナジードリンクを売り出した出発点に戻っているからだ。

カフェインを添加する

私たちは瓶詰め工程を見学するために、いったん外へ出ると、駐車場の向こう側にある大きな建物へ案内された。建物に入るとすぐにフレーバーをブレンドする小さな実験室があり、テーブルの上にはビーカーを並べた乾燥ラック、ショットグラス、小さな紙コップ、ショップライト社のナトリウム抜き炭酸水が1本置いてあった。

実験室の向こう側には広い部屋があり、蛇行して走る生産ラインの上を模型列車のようにエナジードリンクの缶が列になって流れていた。こちらの工場で瓶詰め工程を見学していると、野外音楽フェスティバルに来ているような気になった。別の行程へ行くと、新しい音が聞こえてくるからだ。缶に蓋をするところではブーンチャという音が、倉庫の中をぎくしゃく進む缶からはカチャカチャという音が聞こえてくる。そして、ときおり撹拌タンクが圧力を抜くときのシューという大きな音が加わる。工場の中は甘いカフェインを含んだ霞がうっすらとかかっていた。

部屋の片側の壁には原料が積み上げてあった。箱に入った乾燥原料や5ガロン（約19ℓ）入り樽と、50ガロン（約190ℓ）樽に入った液体原料だ。エナジードリンクやコーラを混合する際には、配合量がそれぞれ異なる。たとえば、この混合粉末を10袋とあの混合液を容器2杯という具合だ。原料は大きなタンクで水と混ぜられた後、炭酸ガスを注入する。カフェインは代表的な粉末原料だ。

NVE製薬は契約を結んで、プライベートブランドのエナジードリンクを委託生産している。たとえば、ヴァージン諸島で「グリーンフラッシュ」という製品を作りたいときには、NVE製薬に依頼すれば、コロンビアへ輸出するために「コロンビアンパワー」という製品を販売したいときや、コロンビアへ輸出を考えて、混ぜ合わせ、缶に詰めてくれるのだ。オーカット副社長は、NVE製薬はレバノン、オーストラリア、シリア、ロシアを含め、世界中へエナジードリンクを輸出していると話していた（ロシアは支払いが滞りがちだそうだ）。倉庫の一方の隅にはさまざまなブランドのエナジードリンクの箱がうずたかく積み上げられていた。「ラッシュ」や「インパルス」という名前のエナジードリンクや、巨乳のビキニ女性が描かれたストリップクラブ向けの「プレイボーイ」「ペントハウス」「サムプッシー」という製品もあった（「これ、いいよ、要るでしょう？　少しいかが？」と缶に書かれている）。

倉庫の品物を見る限り、どの業界でもエナジードリンクで一儲けしたいと思っているようだ。

数年前に「コカイン」と名づけられたエナジードリンクがFDAの怒りを招いたことを覚えている読者もいらっしゃると思うが、[3] NVE製薬はこの缶飲料も製造している。連邦規則がどれほど妙なものかを示すために、オーカットはその缶をひとつ取り上げて、規制当局が承認した警告ラベルを読み上げた。「**警告** この警告文はわかりきったことがわからない愚者向けのものである。本製品にはコカインは含まれていない（そりゃそうさ）。本製品は法律で禁じられている薬物の代替品を意図して作られたものではなく、そう思うのはバカである」

この工場では南米向けのエナジードリンクを1日に3000ケース製造していた。飲料を詰め終わり、蓋をされる工程に入る缶の前を通りかかったとき、オーカットは「ひとつどうですか」と言うと、通り過ぎる缶のひとつを取り上げて私に手渡してくれた。冷えた炭酸水の清涼感が口の中に広がり、口当たりのいい甘さの中にかすかにカフェインの苦味が感じられて、実にうまかった。

純粋なカフェインは苦味の成分である。味覚の研究では、苦味に対する反応を解明するために、カフェインがよく使われている。[4] フレーバー業者はカフェインの味を隠すマスキング剤を販売しているが、カフェインの味を消すのは容易ではない。フレーバーを製造しているニュージャージーのノヴィル社のロジャー・スティアーは、口の中で溶けるフィルムに含まれるカフェインの味を弱めるために、3段階の工程を使用するそうだ。「クレモファーRH40（BASF社製の水添ヒマシ油の一種）を用いて、カフェインの苦味を感じる味覚受容体を覆い、受容体内でカフェインの苦味と競合するようにクエン酸を加えた。甘味料としてスクラロースを利用した。（……）このように3段階のマスキングシステムを使うと、最終的にできるフィルムのカフェインの苦味は大幅に減少した」と述べている。[5]

他の見学者が帰ったあとで、私はオーカットにカフェインを見せてもらいたいと頼んだ。建物の脇に大きな暗い倉庫があり、その中にはフレーバーの入った箱や樽が置いてあった。奥の搬出入口のそばに箱が高く積み上げてあり、オーカットはそちらの方を指し示した。

そちらへ歩いて行くと、25kg入りの箱がひとつの荷台に18個ずつ、何十個もうずたかく積み上げられていた。中国で船積みされて、ニューヨーク港で下ろされ、そこからニュージャージーのNVE製薬までトラックで運ばれてきた品物だった。中国で作られた純正の合成カフェインだ。

NVE製薬の瓶詰め工場でカフェイン飲料の製造工程を見学したことで、以前にテキサスを訪問して以来ずっと気にかかっていた疑問が氷解した。

カフェインを添加しすぎると

2010年9月28日に、ドクターペッパー・スナップルグループの副社長ロバート・キャランは何かきな臭さを感じ取った。テキサス州のプレイノにある本社の副社長室に炭酸飲料「サンキスト」が薬臭いという苦情電話が相次いで入っていたのだ。[6] 子供用のアスピリンのような味がして、胃が痛くなったと訴える顧客や、嘔吐を催して一晩入院したという顧客もいた。

翌日、キャランは、サンキスト（350mℓ入りペットボトル）24本入りケースを4382個リコール（回収）する旨を食品医薬品局（FDA）に通知すると、ネブラスカ、オクラホマ、テキサスの各州の販売店から10万5000本を超えるボトルを回収するために社員を派遣した。一方、過失をおかしたブレンド担当者3名を解雇し、他の数名は再教育することにした。そして、こうした処置をFD

Aに文書で報告して、対応策を講じていった。

サンキストはオレンジ味の炭酸飲料で、その製造は、サンキスト柑橘類生産者協同組合と当時の大手ボトラーであったゼネラル・シネマの共同事業として始まった。1978年に試験販売を始め、1979年に本格的に市場に出した。ニューヨークの広告代理店フーティー・コーン&ベルディングスが大々的に広告キャンペーンをくり広げ、テレビのCMでは、ビーチボーイズの『グッドバイブレーション』の曲に合わせて、日焼けしたスポーツマンタイプの若者がスキムボードやサーフボード、ヨットに乗って遊んでいるシーンを流した。それから1年もしないうちに、サンキストは国内の売り上げが10位に入る清涼飲料になり、10年以上にわたりオレンジ炭酸飲料としては他の追随を許さなかった。しかし、その後は製造会社が次々に変わり、現在ではコカ・コーラ、ペプシコに次ぐ米国第3位の清涼飲料製造会社であるドクターペッパー・スナップルグループが製造している。

第3位といえども、清涼飲料業界の大手だ。ドクターペッパー・スナップル社の2012年の国内売り上げは50億ドルを超えていた。年に16億ケースの飲料を製造しているのだ。これは、アメリカ人の子供から大人まで350mℓボトルを1人あたり180本飲める分量だ。サンキストは売れ筋のオレンジ炭酸飲料である。米国では、清涼飲料には上位5位まではすべて、上位10位のうちでも8種類に共通して入っている成分がひとつあり、それがカフェインだと聞いたら驚くかもしれない。

オレンジ炭酸飲料といえば子供向けの飲み物だと思っている人は多いし、ほとんどの人はサンキストにカフェインが含まれているとは思っていない。しかし、350mℓ入りボトルに41mgのカフェインが入っているのだ。この含有量はマウンテンデューよりは少ないが、コカ・コーラよりは多い。590mℓ入りボトルには1SCADのカフェインが含まれている。

キャランが対処していた苦情は、2010年9月4日に製造されたサンキストに対するものだった。入っていたカフェインは、多いなどという程度ではなく、途方もない量だった。

350㎖入りボトルに238㎎（3SCAD）のカフェインが入っていたのだ。これはレッドブル3本、濃いコーヒー500㎖の含有量に相当する。カフェインに慣れた大人でも侮れない量だが、よちよち歩きの幼児は言うまでもなく、12歳の子供が飲んでも、とんでもないことになる。このサンキストは快感どころではなく、不快をもたらす飲料だった。

キャランはFDAへ宛てた書面で懸念を打ち消している。9月29日付の書面には、「製品の薬臭さに関する消費者の問い合わせは11件あった。カフェイン濃度は消費者が気づくほど高いものではなく、弊社で分析した結果、判明したのである」と記されている。

消費者の苦情の一部を紹介しよう。9月28日に電話で訴えてきた苦情で、後にFDAに伝えられたものだ。「サンキストオレンジを8パック買って飲んだら、家族全員が具合が悪くなりました。息子は入院しています。飲んだのは、私と息子と甥です。12歳になる息子は1本飲んでしまいました。18ヵ月になる甥には、幼児用のカップに入れて水で薄めて少し与えました。息子は1本飲んでから15分ほどすると、めまいがして、熱が37・8度出て、吐き始めました。夕べ息子を病院に連れて行きました。まだ入院していますが、回復に向かっています」

この消費者は、弁護士があとで手紙を送るはずだと述べて話を終えた。この消費者の判断に首をかしげたくなる部分はあるものの、この苦情は消費者が気づくほど高いカフェイン濃度ではなかったというキャランの主張に無理があることも示している。

他にも不調を訴えた消費者が少なくとも2人はいた。味に対しては、「薬みたいな味」「幼児用のアスピリンに似た味」「酸味ではなく、嫌な味だった」などという指摘がなされた。会社は不安に駆られたある消費者をなだめるために、「謝罪して、12パック買えるクーポン券を贈り、（……）クーポン券で解決した」

FDAのシャーリー・スピトラーはキャランにEメールでいくつかの点について問い合わせ、その中で「貴社は今回の誤表示の根本原因を突き止めたか？」と問い質している。

この問い合わせに対してキャランは、「9月4日に、××××ガロン用のロットキットを使うべきところに××××ガロン用のロットキットが誤って使われたためである」と回答している。行間を読み取ると、「原因はきわめて単純なように思える。瓶詰め工場の従業員が誤って6倍の量のカフェインを入れてしまったのだ」ということだろう。

この手違いで、一部の消費者が急に気分が悪くなったのは明らかだが、死者が出るには至らなかった。しかし、FDAは追跡調査をしなかったので、健康被害の状況はわからない。さらに、このリコールはマスコミに発表されなかったので（これまで一度も報道されていない）、身体に変調をきたした消費者の中には、カフェイン過多のサンキストのせいだとは思わなかった者もいただろう。

エナジードリンクオタクの中には、このスーパーサンキンストを1本手に入れたいと思う人がいるかもしれないが、残念ながら諦めてもらうしかない。ドクターペッパー・スナップル社は2010年10月13日と14日に、カフェインを入れすぎたサンキストの74％にあたる3254ケースを廃棄処分したからだ。しかし、この出来事で、国内の大手清涼飲料会社の調合工程を鍵穴から垣間見るまたとない機会が得られた。大手各社は製造工程を秘密にしているとは言わないが、公開したがらないからだ。

それからわずか8ヵ月後に、また鍵穴から覗く機会が現れた。今度も、ドクターペッパー・スナップル社の瓶詰め工場だった。ウォルグリーン向けのダイエットコーラがリコールされたのだ。[7]

コーラとしては標準的な75mg（1SCAD）のカフェインが入ったダイエットコーラ（600mℓ入りボトル）の1万2000ケースが全国のウォルグリーンの店頭に並べられたが、「カロリーフリー」と表示すべきところを「カフェインフリー」と表示してしまったのだ。このカフェイン量は250mℓのレッドブルの含有量よりもやや少ないが、カフェインの刺激に敏感な人には入っているのがわかる。ウォルグリーンに苦情を訴えた消費者が1人出て、表示の誤りに気づき、また自主回収になった。

FDAがこの2回目のリコールの方が深刻な問題だと評価したことは注目に値する。ウォルグリーンのリコールは、「違法製品の喫食あるいは接触により、一時的もしくは医学的に回復可能な健康被害がもたらされる状況や、重篤な健康被害を起こす可能性がごく希にある状況」という「クラス2」に分類された。

一方、カフェイン過多のサンキストは、「違法製品の喫食もしくは接触により、健康被害がもたらされることがおそらくない状況」にあたる「クラス3」のリコールにすぎなかったのだ。サンキストのリコールの方を軽く見る理由は理解しがたい。ひとつだけ考えられる理由づけは、サンキストの場合、消費者はカフェインが入っていることを承知の上で件の炭酸飲料を購入したので、程度の問題であるとみなされたのだろう。一方、ウォルグリーンのダイエットコーラの場合は、特にカフェインの影響を受けやすく、カフェインを避けたいと思っている人が飲用する危険性があったと判断されたのではないか。

私は、ドクターペッパー・スナップル社がこのような不祥事をくり返さないために、製造工程をどのように改善したのかを知りたいと思い、テキサス州のアーヴィングにある工場の見学を依頼したところ、総務部長のクリス・バーンズはEメールでこのように返信してきた。「工程や手順に関しては、変更を必要とする点はひとつもありませんでした。弊社はアーヴィングの工場1ヵ所だけでも、毎年何百万ケースものカフェイン飲料を製造していますが、問題はありません。件のサンキストの自主回収に至った問題は、ひとつのラインの1ロットだけでの処理工程で生じた間違いでした。従来の手順を社員に徹底させた結果、その後は類似の問題は起きていません」

しかし、実際は、2011年1月にFDAが受け取った是正措置報告書によれば、ドクターペッパー・スナップル社は工程と手順を変更している。サンプルの味見を怠った上に、事実と異なる報告を書面で行なった者を含む従業員3名の解雇に加え、ロット処理担当者の訓練を強化するとともに、原料部門で働く従業員のローテーションを減らし、原料保管を改善することに同意した。「カフェイン検査」の項目では、「製品の一貫性を証明するために、特にロット処理訓練の過程では、サンキストのカフェイン検査を加える」ことに同意している。

カフェイン関連製品のリコールは希なことだが、ドクターペッパー・スナップル社はわずか半年の間に2回も行なったので、バーンズ部長にウォルグリーンのリコールの件についても尋ねてみた。「弊社が委託契約で生産しているウォルグリーンのコーラの件ですが、問題は製品そのものではなく、ラベル業者が納入したラベルにかかわるものでした。サンキストの場合と同様、こちらについてもFDAの満足のいくように対応いたしました」という回答が返ってきた。

それは確かだ。FDAは自主回収で納得したのだ。FDAは関心がなかったわけではないが、カフェイン過剰添加や誤表示の問題にかかずらってはいられなかったようだ。FDAは後にカフェインに関心をもつようになるのだが、そのきっかけを作ったのは炭酸飲料ではなく、新しく開発されたカフェイン製品だった。しかし、それはまだ数年先の話である。

Ⅲ カフェインが身体や脳へ及ぼす影響

第10章 アスリート好みの薬物

10月の暖かい朝4時半に、私はハワイのコナでコナブラザース・コーヒー店に立ち寄った。ミディアムローストした地元のコーヒーを500mlカップで1杯頼み、支払いをしていると、バリスタが「本日は終日営業しております」と言った。この日は年に一度の掻き入れどきで、バリスタは前の晩から働いていたのだ。

5時前には、私は近くの防波堤の上に座っていた。2メートルほど下の足元の壁まで波が打ち寄せ、海沿いに通るアリイドライブの街路がライトで照らし出されている。通りは左手へと湾を取り巻くように続き、奥に突出した岬では、ホテルの建物が幾何学的な輪郭を浮き上がらせている。ホテルの後ろには、海から直接そびえる山の輪郭をかたどるように家々の明かりが点在し、その明かりは遠ざかるにつれて上空に輝く星と区別がつかなくなる。頭上にはオリオン座の三つ星が美しく輝き、その下の方に細い三日月が低くかかっていた。

私のまわりでは何千人もの見物人が防波堤の上の特等席を求めて押し合いへし合いしていた。私が座っているところから防波堤に目をやると、縁から垂れ下がった足がずらりと並び、ひざ頭の間にはほぼ例外なくコーヒーカップをかかえた手が見えた。私は暖かい海風を受けながら、座ってコナコーヒーをすすっていた。コナコーヒーは、マイケル・ノートンが中米産の二流コーヒーと味に変わりがないことを見抜いて大儲けした代物ではあるが、実にうまかった。

右手の奥、港の２００メートルほど向こうの埠頭には煌々と明かりがつき、ライクラやネオプレン素材のウェアを着た何百人もの人が動き回っていた。６時前には夜が明け始め、スピーカーからアナウンサーの大きな声が流れ出した。最初の競技者がためらいがちに海に入ると、ウォーミングアップを始めた。

恒例行事の幕開けだ。年に一度開催されるアイアンマン世界選手権大会に参加するために、世界各地から屈強なスポーツマンがコナに集まる。太平洋の大波の中を3・8キロ泳ぎ、溶岩原の中を通る道を自転車で１８０キロ走り抜けると、マラソンが待っている過酷を極めるトライアスロンだが、この大会に参加するだけでも大変なのだ。世界各地で開かれる予選を上位で通過しなければならないからだ。２０１２年の選手権大会には１９００名の選手が参加したが、選手たちはすべてこうした予選を勝ち抜いてきたのだ。

最初に海に入ったのは、トップ選手たちの中でもさらにえり抜きのプロ集団だった。6時20分までには、プロの全選手が2つあるブイの間のスタートラインにひしめき合ってウォーミングアップをしていたが、ボランティアがサーフボードやカヤックに乗って、選手たちを押し戻した。そうこうしているうちに、ついに競技開始の合図である大砲が鳴り響いた。観衆は歓声を上げ、選手たちは一斉に水面を泡立てて泳ぎ始めた。

10分後にはプロの女子選手の競技が始まるが、こちらは予選を通過した参加選手が31名にすぎないこぢんまりした選手団だった。サラ・ピアンピアノもその1人だった。プロになってまだ1年しか経っていないが、ニューオーリンズのアイアンマン選手権大会で優勝し、2012年にはマンハッタンの全米アイアンマン選手権大会でアメリカ人女性としては3位入りを果たした。

もう一度大砲が鳴ると、女子選手がスタートした。じきに港を出ると、コナコーヒーを無償提供しているボートを通り過ぎ、遠くにある沖合の折り返し点を目指して泳いでいった。女子選手がスタートしてしまうと、真の大混乱が始まる。「エイジ（年齢別）グループ」と呼ばれるアマチュアの競技者たちが1800名もスタート地点に集まり、押し合いへし合いしていたからだ。多くの選手は世界で一番人気のある運動能力（パフォーマンス）を高める薬物、カフェインで気合が入っていた。

アスリートとカフェイン

競技の前日、ピアンピアノは大会で沸き返る街の喧騒を離れて、丘の上の友人の家でくつろいでいた。高カロリーのスムージーを飲みながら、「競技中は、カフェインは本当にとても重要だわ。特に9時間、10時間と長時間競い合うアイアンマンレースではね」とカフェイン戦略について話してくれた。

ピアンピアノはカフェイン中毒ではない。コーヒーは1年に2杯飲む程度だ。カフェインの影響を受けやすい体質で、神経過敏になるからだ。しかし、競技の当日は、運動能力をフルに発揮できるように、慎重に計画してカフェインを摂る。競技当日の栄養摂取計画に基づいてカロリーとカフェインを摂るために、契約スポンサーのひとつであるクリフバー社のエナジージェルを利用する。競技の前に、ピアンピアノはいつもカフェイン50㎎入りのジェルをひとつ摂る。バイクレースでは、1時間ごとに50㎎摂るが、後半は摂取量を増やす。

ピアンピアノはコーヒーテーブルの上にさまざまなエナジー補給食品を並べて、「これは『クリフショット・ブロック』で、ちょっとグミみたいな感じね。ジェルを固めたような感じなの」と説明してくれた。噛みやすいので、自転車走のときにはこのブロックを利用するそうだ。これ以外にも、マラソンのときに食べるために、アルミパックに入った濃い蜂蜜くらいの粘り気があるエナジージェルを数種類持ってきていた。大会当日は1時間あたり300キロカロリーくらい摂るようにして、それを補強するためにカフェインの摂取量を徐々に増やしていくそうだ。

「マラソンは時間が経つにつれて、体力の消耗が激しくなって、すごく辛くなってくる。それで、カフェインの摂取量を増やし始めるの。ゴール間際には、カフェインの助けがどうしても必要になるの」とピアンピアノは述べて、カフェインがトライアスロンのトップ選手の必需品になっていることを指摘し、「特に、世界に認められる選手になりたいなら、カフェインは手放せないわね」と言い添えた。

7時半までには、プロ選手たちのうち、初めに男子が、あとから女子が徐々に港に戻って来た。ピアンピアノは、コナ大会で6回優勝しているナターシャ・バッドマンを含む少数のトップ選手とともに、1時間少々で水泳を終えた。選手たちは斜面を駆け上がり、歓声を上げている観衆の脇を走り抜けると、ウェットスーツを脱ぎ捨て、自転車競技用の靴と空気抵抗を抑える流線形のエアロヘルメットを身につけて、カーボンファイバー製の自転車にまたがると、180キロのバイクレースに出かけていった。

　数分後、街中の丘を上がっていくピアンピアノの姿が見えた。スポンサーのロゴが入った赤と黒のライクラ素材のウェアを身につけていた。二の腕にはクリフバー社のタトゥーシールを貼りつけている。彼女が乗っている自転車は6000ドルもする「サーベロP5」で、風を切り裂く優れものだ。ダウンチューブ（サドル下の斜めフレーム）とハンドル、それにサドルの後ろにも水筒を備えていた。ジャージのポケットにはあのグミ状のエナジーブロックが押し込んであるので、これから5時間にわたる競技中に、きちんとカフェインを摂ることができるだろう。

　ピアンピアノは腰を浮かし、バッドマンに引き離されないように必死にペダルを漕いで丘を登っていった。しかし、じきに容赦のない風と溶岩原の熱に体力を奪われ、あえなくバッドマンに付いていけなくなった。一方、カフェイン飲料の草分け的存在のレッドブル社がスポンサーになっているバッドマンは、体力の衰えをまったく見せなかった（バッドマンは、この日の自転車走の最速記録を打ち立てることになるだろう）。ピアンピアノは元気を取り戻すために、綿密に計算して立てた栄養・カフェイン摂取計画に追加して、エイドステーションに着くたびにコカ・コーラも飲むようにした。

　ピアンピアノは疲れてはいたが、それでも平均時速32キロを超えるあっぱれなスピードで、180キロのバイクレースを走りきり、最後の難関に向けてランニングシューズの紐をしっかり締めた。ハワイの蒸し暑さの中で約42キロの距離を走破しなければならないのだ。

　カフェイン入りのエナジージェルを摂っている選手はピアンピアノ1人だけではなかった。コナの大会に出場する屈強な選手たちはほとんどがカフェインを利用しているが、選手によってその利用方法はさまざまなようだ。

たとえば、カナダのオンタリオ州から参加した45歳のアマチュア選手は、普段は朝にコーヒーを1杯飲むだけだが、競技の当日は、バイクレースのときにカフェイン入りジェルを2本、マラソンの直前にカフェイン錠剤を2錠飲むと話していた。

一方、大会の前日に防波堤の脇でウォーミングアップをしていたベルギーのサム・ハイデは、計画的なカフェインの摂り方はしていないそうだ。「仕事に追われる忙しい日を送る中で、トレーニングも欠かさないから、コーヒーをたくさん飲むね。当然のことながら、カフェインはたくさん摂っているよ。トレーニング中も競技中もカフェイン入りのジェルを使用するけど、特に理由があるわけではないんだ。でも、考えてみれば、かなり重度のカフェインユーザーかもしれないね」と言って肩をすくめた（ハイデはまったく疲れを見せずに9時間6分でゴールし、参加2年目で、35～39歳クラスの優勝を果たした）。

しかし、参加選手の誰もがカフェインを摂るわけではない。たとえば、アルゼンチン生まれのプロ選手で、10年在住しているイタリア代表として出場していたダニエル・フォンタナは、「僕にとっては、競技中にカフェインを摂るのはあまりよくないよ。胃の調子が悪くなるんだ。特に、暑い日にはね。だから、自分用のジェルや飲み物を用意して、競技中はカフェインを摂らないようにしている」と話していた。

ベルギーから大会に参加したペーター・フェアフォートは、アントワープで運動選手に及ぼすカフェインの影響を研究している医師だが、これまでの研究結果によると、200～350mg程度の摂取量では、特に暑い日には効果は期待できないそうだ。「私はカフェインは使わない。マラソンの最後の20キロではコカ・コーラは飲みますよ。でも、カフェインの含有量は大したものではない」と話していたが、実は「カフェイン入りのジェルばかり作る会社が増えているので」、競技中にカフェインを摂らないようにするのは難しくなっているのだそうだ。

フェアフォートは例外的存在だ。カフェインにエルゴジェニックな（運動能力を向上させる）効果があるという結論を出している研究者がほとんどだからだ。しかも、この研究には１００年の歴史がある。

古くは１９０９年に、耐久力を必要とする競技の選手はコカ・コーラを絶賛していた（この時代のコカ・コーラには、現代のレッドブルと同じ分量のカフェインが入っていたことを思い出してほしい）。その年の絵入り広告で、ボビー・ウォルトアワーという競輪選手がこのように語っている。「6日間連続してトラック競技を行なうシックスデイレースに初めて出場したとき、ニューヨークへコカ・コーラを持っていって、向こうにいる間ずっと飲んでいたよ。その大レースで優勝して、行ったときよりも4・5kgも体重が増えて帰ってきた。それ以来、コカ・コーラを手放せなくなってしまった。いつも元気が湧いてくるからさ。元気一杯になったあとで、落ち込むことはないよ」。6日間の競技を終えて、体重が4・5kg増えたという話は眉唾物だが、当時はセールスポイントになったに違いない。

１９１２年に、カンザス大学の生理学研究室の研究チームが、コカ・コーラを用いて2人の被験者（運動選手と運動選手でない人）の作業能力に及ぼすカフェインの影響を調べた[1]。

この研究はその後のカフェイン研究に長く寄与するものではなく、異色の存在と言えるものだった。しかし、注目に値する理由がいくつかある。まず、カフェインには訓練を積んだ運動選手の作業能力を高める効果があることを初めて示した点、またカフェイン依存の症状が実験に影響を及ぼすのを除くために、被験者は2人とも実験の数週間前からカフェイン断ちをしていた点、そして実験は失敗に終わったという点だ。

実験には、「濃いコーヒー1杯の平均含有量に相当する1・42グレーンのカフェインが含まれている200mℓのコカ・コーラ」が使用された。このカフェイン量はおよそ92mgで、1SCAD強に相当する。朝食の有無、カフェイン摂取の有無のそれぞれに応じて、被験者がトレーニング用のウェートを用いて何回くり返し運動ができるか、その回数を記録した。

その結果、この研究チームは、「カフェインの摂取量が適切であれば、筋肉の機能を高め、疲労感を抑制することができるが、摂りすぎると、筋肉の収縮力を弱めてしまうというこれまでの研究結果を確認した」。

この研究の弱点として、被験者の数が少なかったことや被験者の特性が独特だったという点が挙げられる。被験者のA氏はコーヒーを常飲する、運動訓練を受けていない人で、身長150センチ、体重63・5kgと小柄な人物だったが、もう1人の被験者のB氏は身長172センチ、体重88・9kgで体育教官をしているたくましい男だった。

研究チームはカフェイン使用の後作用についても調べようとしたが、あまりうまくいかなかった。「遅れて現れる効果の持続期間を特定することができなかった。被験者Bの左目の直筋に麻痺が生じたことと、被験者Aに神経症が生じたため、実験を中断せざるを得なかったからである」と研究論文に記載されている。

ここで、被験者Bが訓練を積んで身につけたサンドバッグの連続技に一言触れておくのは無駄ではないだろう。「実験を始める前には、リバウンドするサンドバッグを頭と足と手で交互に打つことができたが、カフェインを多量に摂取している間は、スピードと筋肉の的確な制御と集中力が要求されるこの連続技をうまくこなすことができなかった。集中力や筋肉の的確な制御が大幅に損なわれてしまったからだ」と研究論文に記されている。

被験者に思わしくない症状が現れたので、実験はすぐに中止された。「肉体および精神の機能を阻害する後作用のあることが示唆された」と記載されている。

この研究が時代遅れなのは事実なので、そう思われるのは無理もないが、カフェインが疲れを取り、活力を生み出すことを示したこの斬新な実験はその後の研究の先駆けとなった。

カフェインがアスリートの生理に及ぼす影響

コナでは、アーカンソー大学の健康・ヒューマンパフォーマンス・レクリエーション学部の運動生理学者であるマシュー・ガニオと、コネチカット大学大学院の博士課程に在籍している大学院生のエヴァン・ジョンソンという2人の人物をマークしていた。2人は共同でカフェインの研究を行なっており、トライアスロンが選手の生理に及ぼす影響を研究するためにハワイに来ていたのだ。

ガニオは金髪の若々しい人物で、物静かだが、カフェインが選手にもたらす利点については断固とした確信をもっていた。ガニオらはタイムを競い合う競技に対するカフェインの影響に関する21本の研究論文を体系的に研究し、その結果を2009年に発表した[2]。自転車競技の選手を被験者にしたものが多かったが、ランニング、ボート、クロスカントリースキーなどの競技に関する研究もあった。結果を分析したガニオは、どれも研究対象の競技にかかる時間はほとんどが15分から2時間以内だった。どれも一貫して成績が向上していることに気づいた。

成績は大幅に向上することもあるが、３％程度が多いそうだ。「個人差は常に見られる。カフェインの影響を受けやすい人とそうでない人がいるからね。あまり好きじゃないという人もいるし、成績がかえって悪くなる人もいるが、平均すると成績が向上するのは確かなことだ」とガニオは説明した。なんと言っても、カフェインの使用はほとんどのスポーツ大会で認められているのだ。

具体的な例で考えてみると、３％の向上は、10時間の競技なら18分の短縮に相当する。18分といえば、コナの選手権大会で男女のプロ選手のうち、８位までの入賞者とそれ以下の選手を分けた時間差だ。

レクリエーション目的の競技者の場合にも、効果は劇的なものになることがある。10キロマラソンをカフェインを摂らずに40分で完走できるランナーは、カフェインを摂ると72秒短縮できる。自転車競技のタイムトライアルレースで１時間の記録をもつ選手は、カフェインを摂ると１分半短縮できるのだ。

ガニオは、「カフェインは身体のほとんどすべての部位に影響を及ぼすという意味で、他に類を見ない薬物だが、影響を受けやすいのは主に脳、つまり中枢神経系だというのが、現在の広く一致した見方だ」と言う。疲労感を覚えるのは、アデノシンという神経伝達物質が疲労したことを脳に伝えるからだが、カフェインはアデノシンの働きを阻害して、疲労感を弱めてしまうのだ。

適正な分量（体重１kgあたり３〜６mg）を摂取することが大事だそうだが、これは大変な量だ。80kgの選手が体重１kgあたり６mgのカフェインを摂るとしたら、４８０mg必要になる。「このカフェイン量は濃いコーヒー４杯分に相当する。これ以上摂ることができても、成績を伸ばすことにはつながらないだろう」とガニオは話した。

カフェイン量を測る物差しとして、「コーヒーのカップ」は不正確なことで有名なので、こう言い換えた方がいいかもしれない。４８０㎎のカフェインは、２５０㎖のレッドブル６本、ノードーズ２錠半、「ファイブアワー・エナジーショット・エクストラストレングス」２本の含有量に相当する。６ＳＣＡＤを超える分量だ。

たとえば、体重65㎏の小柄な選手が体重１㎏あたり３㎎のカフェインを摂ったとしても、相当な量になる。ノードーズ１錠、ファイブアワー・エナジーショット２本、レッドブル２本半に相当する２・５ＳＣＡＤだ。これだけの量を、コカ・コーラのようなカフェイン炭酸飲料で摂るとなると大変だ。コカ・コーラを６缶近く一度に飲み干す必要がある。

しかし、カフェインは摂取量がもっと少なくても、大きな効果をもたらすことがあるようだ。２時間の自転車競技に関する研究で、カフェインをレースの後半に少量摂った場合でも、運動能力を高める効果があったことが報告されている[3]。ちなみに、この研究では、選手は体重１㎏あたり１・５㎎のカフェインをコカ・コーラで摂取している。

ガニオによると、持久力を必要とする選手はほとんどがカフェインを使っているそうだ（その一因として、運動選手であるかどうかにかかわりなく、多くの人が毎日カフェインを摂っていることが挙げられる）。しかし、カフェインのことを誤解している選手が多いとも話していた。たとえば、カフェインには脱水作用があると思っている選手もいるという。

健康な男性被験者59人にさまざまな分量のカフェインを摂ってもらい、11日間追跡した水分補給の研究があるが、脱水症状を裏付ける証拠は得られなかった[4]。「この研究結果によれば、カフェインには利尿作用があるという常識は疑わしい」という結論が出されている。

交通渋滞に巻き込まれ、トイレに行けなくて辛い思いをしたことのあるコーヒー好きの通勤者には、この結果は腑に落ちないかもしれないが、科学的な裏付けがあるとガニオは述べている。350㎖のコーヒーを飲もうと350㎖の水を飲もうと、結果に違いはないらしい。

競技当日にカフェインの効果を高めるために、大会が近づいたらカフェインを控える方が好ましいかどうかという点についても混乱が見られるが、この点に関してはまだ十分に知見が蓄積されていないとガニオは話している。しかし、「パフォーマンスについていえば、どれほどカフェインを常用したかにかかわらず、運動能力を高める効果が認められることは明らかだ」という。それでも、競技の日が近づいたら、カフェインを控えることを勧めている。カフェインを1週間ほど控えると、脳内のアデノシン受容体がリセットされて耐性が弱まり、カフェインの効果を高めることができるからだ。その反対に、カフェインを常用している人が、常用による効果の低下を補うためには摂取量を倍に増やせばよいのではないかと考えるのは間違いだ、とガニオは指摘した。適量を超えてしまい、イライラや腹痛などの不快な症状が出るかもしれないからだ。

この問題について、運動選手の対応はまちまちだ。ピアンピアノのように通常はカフェインを摂らないという選手はほとんどいない（運動選手以外の大人も同様だ）。全米自転車競技大会で優勝したこともあるオリンピック選手のケント・ボスティックは、カフェインのおかげで優位に立てたという。だが、カフェインを摂ると勝てるのは、普段は摂らないのでカフェインに耐性がないからではないかと付け加えた。「競技の当日にヴィヴァリン半錠と大きなカップでコーヒーを1杯飲むんだ。そうすると、大会当日は活力がみなぎる」と話してくれた。競技仲間の目にもその差が歴然としているので、「どうしてレースの日はあんなに速く走れるんだい？」とよく聞かれたそうだ。

しかし、競技当日のカフェイン効果を高めるために、離脱症状を我慢する必要はないかもしれない。オーストラリアの研究で、自転車競技の男子選手12名を被験者にして行なった研究がある。[5] 実験前には全員がカフェインを常用していた。実験を行なう4日前から、全員に毎日錠剤が渡されたが、その一部はプラセボであり、一部はカフェイン入りの錠剤だった。実験当日、被験者は1時間の自転車レースを行なった。プラセボ投与によってカフェインを控えていた被験者も、錠剤でカフェインを摂り続けていた被験者も、実験当日にカフェインを摂ると運動能力が向上した。「2種類のカフェインの短期間使用試験（プラセボ投与のあとにカフェインを摂取した被験者と、カフェイン錠剤投与のあとにカフェインを摂取した被験者の比較）の結果に有意な差は認められなかった。4日間のカフェイン断ちの有無にかかわらず、体重1kgあたり3mgのカフェインを摂取すると、運動能力に有意な向上が見られた」と研究チームは記している。

ガニオの共同研究者のエヴァン・ジョンソンは黒髪で引き締まった身体をした精力的な人物で、運動選手を対象にした従来のカフェイン研究の弱点は、1時間程度の持久力を必要とする競技を中心にした研究がほとんどで、アイアンマンレースのような長時間競技に関するものがなかったことだと指摘した。みずからもアイアンマンレースの選手だったジョンソンは、このような長時間にわたる激しい運動を実験室で再現することはほとんど不可能だろうと述べた。

カフェインに対する反応は個人差が大きいので、すべての選手に勧められるものではないそうだ。トレーナーの資格を有するジョンソンは、紅茶を1杯も飲めないランナーのトレーニングを担当したことがあった。その女子選手はカフェインを利用したら、運動能力の向上が期待できたとしても、神経過敏になるという副作用の弊害の方が大きくなってしまっただろう。一方、ピアンピアノのように、普段はカフェインを摂ると神経過敏になってしまうが、レースの日には問題にならないという選手もいる。

カフェインの使用は慎重を期すべきだとジョンソンは指摘して、「とりわけ腹立たしく思えるのは、依存するようになるまでカフェインを摂ってしまう人が多いことだ。僕は米国民の健康状況とカフェイン使用についてはちょっとした意見をもっているんだ。終日カフェインを摂り続けたせいで、布団に入ってもなかなか寝付かれず、アルコールや睡眠薬の助けが必要になり、その結果、翌朝はフラフラしているのでまたカフェインが必要になるという悪循環に陥る人がたくさんいる。ここまで来ると、明らかに問題だ」と述べた。

カフェイン使用の厄介な点は、カフェインで代謝を促進することがドーピングと紙一重なことだ。「カフェインに運動能力への効果があることは証明された。だから、ある意味ではカフェインはパフォーマンスを高める物質と言える」とジョンソンは述べた。

カフェインとドーピング問題

自転車競技の選手にはカフェインの信奉者が多い。米国の有力なプロチームのひとつは「ファイブアワー・エナジー」がスポンサーになっているし、カナダのトッププロチームのひとつはトロントにある「ジェットフューエル・コーヒー」がスポンサーになっている。アメリカの自転車選手のアリソン・ダンラップはマウンテンバイクの世界チャンピオンやマウンテンバイクとシクロクロスの全米チャンピオンに輝いた実績の持ち主だが、カフェインの利点を「バイセクリング」誌でこのように力説している。「私にはカフェインは魔法の薬よ。レースの後半で、刺激剤として少なくとも100〜2

00㎎は摂るわね。だけど、あまり早く摂るとよくないのよ。レースの途中でカフェインの効き目が薄れてくると、力が抜けてしまうから」

大量にカフェインを摂る選手もいる。たとえば、1984年のオリンピックで金メダルをとったアメリカ人の自転車競技選手アレクシー・グレウォールは、カフェインを常用している。グレウォールは自転車競技雑誌「ヴェロニュース」に載ったエッセイで、「私のロケット燃料はヴィヴァリン1錠と紅茶だった。2錠にすると、威力も倍になった。アマチュアなので、プロと一緒に競技をするときは、錠剤の代わりにカフェインを注射した。胃痙攣もなくなった」と記している(6)。

カフェインは運動能力を高める薬物だが、たいていの競技で使用を認められている。しかし、無制限ではない。その使用制限を超えてしまった選手もいる。アメリカの自転車競技選手で1984年のオリンピックで金・銀メダルをとったスティーヴ・ヘッグは、1988年のオリンピックチームの参加資格を剥奪された。尿検査の結果、1㎖あたり12㎍という使用制限を超えたカフェイン量が検出されたからだ。また、1994年に世界チャンピオンになったジャンニ・ブーニョというイタリア選手は、尿検査で1㎖あたり16・8㎍のカフェインが検出され、出場停止処分を受けている(本人はコーヒーしか飲んでいないと主張した)。

カフェインの使用でつまずいたのは、自転車競技の選手だけではない。米国の陸上競技の花形選手だったインガー・ミラーは1999年の世界室内陸上競技選手権大会の60メートル走で銅メダルを獲得したが、カフェインの過剰使用のためにメダルを剥奪されることになった。ミラーは朝、いつものようにコーヒーを飲み、競技のあとで大会のスポンサーであるコカ・コーラを2、3本飲んだだけだと主張して、AP通信にこのように語った。「コーヒー1杯というのは言葉の綾だけど、ホテルで出された小さなカップのコーヒーよ。カップ1杯だったか、半分だったかはわからないわ。(……)1ℓあたりカフェインを何μg摂ったかなんて、わかるわけないじゃない。走っているときは合法だったのに、競技のあとにスポンサーがくれたコカ・コーラを2本飲んだら、規則違反になるって誰にわかるの? 私にはわからないわよ。協会の方だってわかるわけないわ。そのときの状況を再現することはできないのに、私にだけそうせよというの?[7]」

他の運動能力を高める物質と同様に、カフェインを制限している運動競技組織もあるが、ほとんどはカフェインの使用を認めている。世界アンチ・ドーピング機構と国際オリンピック委員会は、尿1mℓあたり12μgを合法的濃度の上限とみなしていたが、2004年にカフェインを使用禁止物質のリストから外した。カフェイン使用が日常茶飯事であるために、上限を設けると通常のカフェイン消費だと思われる場合でも、罰則が科されてしまう可能性があるからだ(尿を採取して分析した結果、規則の改正後もカフェインの使用量に変化が見られないことがわかった。おそらく、改正前に定めていた上限よりもずっと少ない量で、最大の効果が得られるからだろう)。

現在でも、全米大学体育協会(NCAA)は、カフェインを条件つきで使用禁止薬物のリストに載せ、濃度が尿1mℓあたり15μgを上限としている。体重1kgあたり10mg以上のカフェインを摂取しないと、この上限を超えることはない。たとえば、体重が80kgと65kgの選手ならば、それぞれ10SCADと8SCAD以上のカフェインを摂取する必要がある。しかし、尿検査の結果があてにならないのは周知のことである。

スポーツでカフェインを使用するのが合法的だとしても、倫理的にはどうなのだろうか? 2012年の秋にランス・アームストロング選手のドーピングが発覚したとき、ある若い自転車競技の選手がカフェインは手に負えなくなってきていると述べた。テイラー・フィニーはオリンピックの全米代表に2回選ばれ、22歳にならないうちにジロ・デ・イタリア（イタリアの自転車ロードレース）でステージ優勝を果たした選手だ。フィニーは、運動能力を高める薬物に対する意識と検査の信頼性は高まっているが、自転車競技界はまだ寛容すぎると指摘する。「ヴェロネーション」誌のインタビューで、「フィニッシュ・ボトルというものが広く使われている。中身はカフェイン錠剤や鎮痛剤を溶かしたものだ。飲むと妙な気分になるので、僕は試したことはない。危険な感じがするので、飲んでみたいとも思わない」と答えている。それでは、何なら問題ないと考えているのだろうか？　フィニーはカフェイン入りジェルやコカ・コーラは摂取するが、錠剤は使わないと言っている[8]。

カフェインの効果は錠剤でもコーヒーでも同じなのだが、受け取られ方は確かに違う。錠剤は薬物という感じがするが、コーヒーは皆が飲んでいる飲料だ。

アメリカスポーツ医学界もこの区別を認め、カフェインと運動に関して、このように記している。「一流の運動選手が食事の際にコーヒーを飲むのは妥当なことで、一般に受け入れられている。しかし、競技で優位に立つために、意図的に純粋なカフェインを摂れば、明らかに倫理に反する行為であり、ドーピングとみなされる[9]」。この定義に従うと、持久力を必要とする競技に出場する世界の一流選手の多くが、ドービングをしているとみなされることになるだろう。しかし、これは法的な規制力のない倫理的な規範にすぎない。

カフェイン代謝の生理機能を数十年にわたり研究しているカナダのゲルフ大学のテリー・グレアム教授は、前段のドーピングに関する記述の共著者だ。話を聞くと、「カフェイン摂取はドーピングかどうかが判断しにくいグレーゾーンにある」と認めた。

「ドーピングの定義によるんだ。ドーピングの定義に違法行為という条件が含まれるのならば、当然のことながら、カフェイン摂取はドーピングではない。しかし、明らかに競技で優位に立つために、必要な栄養素でもない物質を摂取するとしたら、カフェイン摂取はドーピングと言えるだろうね」とグレアムは話した。

コナの大会ではほとんどの選手がカフェインを戦略的に使っていたことを考えると、グレアムの定義を支持する選手はまずいないだろう。それどころか、選手たちは効果的に運動能力を高める合法的な物質として、カフェインを使用していることを率直に認めていた。

運動能力を高めるためにカフェインを使用する自転車競技やトライアスロンなどの選手が二次的に陥る由々しき事態は、安眠するために睡眠薬に依存するようになることだ。ジョンソンが指摘した「サプリメント使用の悪循環」だ。これはカフェインの常用者が陥る過ちである。

コナで会ったトライアスロンの選手の1人は、競技のあとで興奮を静めて眠りにつくために、選手が睡眠薬を服用するのは珍しいことではないと言っていた。この習慣が物議を醸したのは、2012年10月のサッカーのワールドカップ予選のときである。イングランドチームは試合が行なわれる夜に、士気を高揚させるためにカフェイン錠剤を服用したのだが、試合は延期になった。盛り上がった選手たちははけ口を失ってしまった。その晩、安眠するために睡眠薬を服用した選手もいた（意外に思われるかもしれないが、机に向かっていてもマラソンをしていてもカフェインの代謝率は変わらない。だから、たとえあの晩に試合が行なわれていたとしても、試合後にまだカフェインの効果は残っていたはずだとグレアムは話した）。翌日、1日遅れでイングランド対ポーランドの試合が行なわれたが、1対1の引き分けに終わり、イングランドチームの精彩を欠くプレーを睡眠薬のせいにしたスポーツ記者もいた(10)。

オーストラリアの選手も同じ過ちに陥った仲間だ。オリンピックに出場した水泳選手が「スティルノックス」(米国では「アンビエン」として知られている睡眠薬)に依存するようになったことを認めたのをきっかけに、オーストラリアオリンピック委員会はロンドンオリンピックに出場する選手に鎮静剤を服用することを禁じた。ジョン・コーツ委員長はロイター通信に、「選手が運動能力を高めるためにカフェインを使用し、今度は眠るためにスティルノックスのような薬物が必要になる悪循環に陥ることを非常に危惧している」と語った(11)。

一流選手がカフェインを摂取するためによく使う手段は、コーヒーや錠剤、エナジージェルに留まらない。新製品が続々と出ているのだ。「グラインズコーヒーパウチ」は「スコール」(小さなパックに入った噛みタバコ)と似た製品だが、タバコではなくコーヒーが詰めてある。この商品はメジャーリーグの野球選手の間で人気が出ており、現在、12ヵ所のロッカールームに用意されている。バスケットボールの花形選手のレブロン・ジェームズは「シーツ」という舌の上で溶ける薄いシート状のカフェイン製品を生産する会社の共同出資者である。ジェームズはメディアに、「シーツを摂るのは、自分にとって試合前とハーフタイムの儀式みたいなものさ。他の製品もいろいろ試したけど、これに敵うものはないね。シーツは手軽にエネルギー補給ができる優れものだ」と語っている。

夜の試合でシーツを摂って元気一杯になり、眠れなくなってしまったら、なんと「スリープシーツ」という製品があるのだ。テニス界のスーパースター、セリーナ・ウィリアムズが宣伝しているこちらのジェルストリップ製品は、カモミール、メラトニン、テアミンが入っている睡眠補助サプリメントである。

新手のカフェイン入り製品

話をコナ大会に戻すと、夜明けに始まったレースは昼を過ぎてもまだ続いていた。ピアンピアノがマラソンの3分の1ほどの地点にあたるアリイドライブに姿を現したのは午後に入ってまもなくのことだった。海辺から通りにそよ風が吹き、サーファーたちは浜辺から遠くないところで胸くらいの高さの波に乗っていた。しかし、道路沿いは熱帯の太陽に照りつけられて、うだるように暑かった。ピアンピアノは赤毛の髪をポニーテールに結い、青い目はサングラスでよく見えなかったが、サンバイザーで陰になった顔には必死な表情がうかがえた。

まだ26キロほど残っていたが、1キロあたり4分50秒のペースで軽快に走っていた。レースも終盤を迎え、開始から8時間が経過して、残すところ2時間だが、このあたりが心身ともに疲労困憊する正念場なのだ。ピアンピアノは左手に小さなアルミパックを握っていた。モカ味のエナジージェルで、カフェインをさらに50㎎摂取できる。

ピアンピアノが走り去ったあと、私はエイドステーションを通り過ぎる他の選手たちを見ていた。エイドステーションではボランティアが「水、水!」とか、「エナジージェル、エナジージェル」などと叫んで、通りかかる選手を迎え入れていた。選手たちは小股になり、踊るようなステップで走りながら、スポンジを掴んで頭から水をかけたり、紙コップに入った水やコークをすすったり、GUエナジージェルを掴み取ったりしていた。

GUはエナジージェルを米国で最初に販売した会社で、長いことアイアンマンレースのスポンサーをしている。耐久レース中に選手がエネルギー補給をしやすいように考案された、アルミパックに入った1回分のエナジージェルを専門に製造している。コナ滞在中に、GUエナジーラブス社を創設したブライアン・ヴォーン社長に会った。GUジェルは炭水化物に必須アミノ酸、電解質溶液、それにカフェインを配合したものだと話してくれた。

カフェインが配合されているものはGU製品の3分の2ほどを占め、選手は各製品を目的や状況に応じて細かく使い分けている。「耐久レースに出場する一流の選手は、レースを通してカフェイン量を調節できるようにしたいのだ。おそらく、レースの序盤では、カフェインの入っていない製品を摂っていると思う。体中にアドレナリンがみなぎっているので、エネルギーの問題はないからだ。中盤から終盤にかけては、選手の求めるカフェイン量は千差万別になる。レースの後半で元気が回復すれば、誰だってうれしいものさ。中枢神経系がカフェインの刺激を受けると、脳が活気づいて、やる気が出るからね」とヴォーンは説明した。

特に疲労が出始める頃に、耐久レースの選手にとって重要な精神の集中力をカフェインは高めてくれる。「注意が散漫になり始めるときがあるもので、そうなると競争心が萎えてくる。競技選手にとっては、レースの途中に設定したいくつもの小さなゴールにしっかり集中できることが重要なのだ」とヴォーンは話していた。

カフェインは精神的疲労感を遮断するだけでなく、代謝作用にも重要な影響を及ぼす。カフェインの主要な機能は、筋肉に蓄えられたグリコーゲンを節約させることだと長い間考えられてきた。カフェインはエピネフリン（＝アドレナリン）をわずかに増加させることで、血中の遊離脂肪酸の濃度を高める。その結果、筋肉はグリコーゲンの代わりに脂肪酸を使うようになると考えられていたのだ。

ゲルフ大学のテリー・グレアム教授は「とてもよくできた説だ」と言ったが、綿密に研究した結果、その説はまったくの誤りだったことがわかった。「カフェインを摂って運動している最中に、あらゆる代謝作用を測定したが、脂肪代謝の増加や炭水化物の代謝の減少を示すような結果は事実上、何ひとつ得られなかった。グリコーゲン濃度は変動が大きいので、測定データのバラツキも大きいが、大方のデータはグリコーゲンの消費が抑えられたことを示してはいない」と述べた[12]。

グレアムと共同研究をしたことのあるカナダ人研究者が、運動能力を高めるカフェインの機能の謎解きに大きな貢献をした。オンタリオにあるマクマスター大学の小児科学教授で、医師でもあるマーク・ターノポルスキーだ。全国レベルのトレイルランナーで、ウィンタートライアスロンやスキーオリエンテーリング、アドベンチャーレースの国際大会に出場している。運動競技中の選手に及ぼすカフェインの影響を理解するのにぴったりの人物だと言えよう。

ターノポルスキーは、筋肉が力を出せるのは筋小胞体によるところも大きいと電話で話してくれた。筋小胞体とは筋肉内にあるカルシウムの袋のことで、そこから放出されるカルシウムの量が多いほど、筋の収縮力が大きくなる。カフェインは放出されるカルシウムの量を増やすのだそうだ。

この作用を詳細に理解するためには、脳が介在しない状態で検証実験を行なう必要があった。そこで、教授は筋肉の強さを測定する「フォーストランスデューサー（力変換器）」という器具に被験者の足を固定して、電気ショックを与えた。

軽いランニングをしているときの筋肉の動きを模して、足に直接低周波の電流を流していたので、被験者の脳は筋の収縮作用に関して発言権がなかった。「どんなに疲れていようが、奥さんに出て行かれようが、全財産をなくそうが、電流に行けと言われれば、筋肉は命令に従うんだ」と教授は説明した。

ターノポルスキーは、カフェインを投与すると、筋肉の出す力が大きくなることに気づいた[13]。「一定の量を摂取すると、筋肉の収縮力がわずかに強くなる。したがって、少な目でも摂取すれば、普段より少なめの努力量で普段と同じスピードで走れるし、同じ努力量ならば普段より速いスピードで走れるわけだ」

カフェインが筋肉に及ぼす影響は、精神に及ぼす影響とは異なる。したがって、カフェインは身体の別々の部位において、まったく異なる2つの方法で耐久競技の選手の役に立つ可能性がある。アデノシンが「おまえは疲れてきた」と呪文のように唱えていても、カフェインはそれを遮り、筋肉の中に石炭をくべて火を掻き立てるのだ。

ターノポルスキーは競技に出るときは、ごく単純なカフェイン戦略を用いている。レースの1時間前に、「ティミーズ」のラージカップでコーヒーを1杯飲むのだ。ちなみに、ティミーズはファストフード店「ティム・ホートンズ」の愛称で、カナダ人は親しみを込めてこう呼んでいる。その1杯でだいたい150mgのカフェインが摂れる。長いレースの場合は、およそ50mgのカフェインが入ったエナジージェルも使用する。ふつう、体重1kgあたり2mgのカフェインを摂るようにしている。

カフェイン摂りすぎの危険性

カフェインは運動選手にとって魔法の薬のように思えるかもしれないが、摂りすぎる危険性もある。アラスカ州ノームからアンカレッジまで約1690キロを踏破する「アイディタロッド」という犬ぞりレースに出場した選手（マッシャーと呼ばれる）の事例が劇的だ[14]。ヴァーノン・スティルナー医師は1978年に発表した論文で、A氏（28歳の漁師・罠猟師）の並外れた奮闘と、驚異的なカフェインの使用量を詳細に報告している。

レースの3週目に、A氏は48時間ぶっ通しで走り続けることにした。「夕食にポークチョップを食べて、コーヒーを2杯とコーラを3本飲むと、A氏は強風が吹く氷点下の中でレースを再開した。(……)夕食のときに270〜330㎎のカフェインを摂ったにもかかわらず、目を開けているのが困難なほどの眠気に襲われた。夕食の2時間後、A氏はカフェインを400㎎(市販されている「ヴィヴァリン」2錠)摂取した。それから20分ほどあとに、さらに400㎎摂った。したがって、A氏は3時間足らずのうちに、1000㎎以上のカフェインを摂取したのだ」

A氏は毎日270〜360㎎のカフェインを摂っていたので、ほどほどの量のカフェインには慣れていたが、その晩に摂取した膨大なカフェイン量に耐えられる人はほとんどいない。こうして、13SCADのカフェインで気合を入れたA氏は、そり犬を駆って凍てつくアラスカの暗闇を疾走していったが、案の定、思わしくない事態になった。「手が震え、耳鳴りが激しくなり、頭につけているヘッドランプの光が広がりのない細い筋のように感じた。丘の長い上り坂が『白い星をちりばめた平原』のように見えた。その後、めまいがして、続けて2回も犬ぞりから転げ落ちた。レースに出場しているのが夢か現実かわからなくなり、1人でいることに恐怖を感じた」

それでもA氏は夜を徹して果敢に犬ぞりを進めた。6時間で不快な症状は和らぎ、3日後にゴールした。スティルナー医師は、「市販されているカフェイン200㎎を含む錠剤なら、5錠だけでも譫妄状態を引き起こすのに十分と思われるが、もっと少ない量でも知覚障害や運動障害が起きる可能性があるので、長距離運転など、状況によっては危険を伴う。このようなカフェインの作用はもっと留意されてしかるべきである」と最後に記している。

アスリート以外にもカフェインは役立つ？

結局、ピアンピアノは不本意な結果に終わってしまった。10時間を切ることはできなかったが、コナの大会の出場資格を勝ち取った524名の一流女子選手のうち、495名を打ち負かしたのだから、アマチュアならば快挙だ。しかし、プロの選手としては自慢できるものではなかった。ピアンピアノ選手は敗因を長いレースシーズンの間に蓄積した疲労ではないかと分析していた。

特にマラソンに入ってからはカフェインジェルが役に立ったそうだ。「いつもよりレースのずっと早い段階で、カフェインに頼り始めていたわね。カフェインは頼りになるし、摂ると確かに違いが感じられた。カフェインがなかったら、きっと壁にぶち当たったように、一歩も進めなくなっていたでしょう」と話していた。

レースの翌日も晴れて暖かかった。大会に出場した1900人の選手たちも、コナの町をそぞろ歩きしていた。痛そうに足を引きずっている選手もいたが、その数は思ったほど多くはなかった。それよりも目を引いたのは、たくさんの選手がレースの翌日もランニングやサイクリングをしていたことだ。おそらくレースで疲れた足をほぐしているのだろう。

それでは、普段は運動とは無縁のカウチポテト族だが、コナのトライアスロン大会に刺激されて、しまい込んでいた古い10段ギアの自転車を引っ張り出したり、ランニングシューズを履いてみたりした見物客たちはどうだろうか？　こうした人たちにもカフェインは役に立つのだ。オーストラリアの研究チームが次のような研究結果を発表している。[15]

被験者は週に1時間以下しか運動せず、カフェインも1日に120mg以下しか摂らない男性で、ゼラチンのカプセルを与えられてから1時間後に、フィットネス用のエアロバイクを30分間漕ぐ運動をした。カプセルはプラセボか、体重1kgあたり6mgに相当するカフェインが入っていた。これは大変な量だ。たとえば、体重63kgの男性ならば、5SCADになる。90kgの人なら、7SCADだ。結果は明白だった。

「本研究で、あまり運動をしない男性がほどほどの量のカフェインを摂取すると、サイクリング能力が高まることが明らかになった。さらに、カフェインは被験者に運動がきつくなったと感じさせずに、酸素の摂取量とエネルギー消費を増加させた」と研究チームは報告している。この研究結果で重要なのは後半の部分だ。被験者は特に激しい運動をしていると感じていなかったが、エネルギー消費が増えたのだ。「あまり運動をしなかった人に運動意欲を起こさせる可能性がある。運動意欲が高まれば、今度はそれが適正な有酸素運動と健康全般に好ましい影響を与える」

しかし研究チームは、「とはいえ、カフェインは常用癖をもたらし、やめようとしたときにさまざまな症状を引き起こす可能性がある。特に、常用していると運動能力を高める効果は多少弱まってくるので、運動中に摂る場合は、運動意欲を高める手段として初期段階だけに使用するのが望ましい」と論文の最後に付け加えている。

カフェインには運動意欲を起こさせ、運動能力を高める働きがあるが、同時に常用癖ももたらすと、この論文はカフェイン使用の難しさを簡潔明瞭にまとめている。つまり、トレーニングや競技の際に使用してもかまわないが、思慮深く使用すべしということだ。

第11章　兵士のためのカフェイン

アメリカ人は全般的に精神刺激剤が好きになったとか、特にカフェインに国中が夢中になっているのは最近の現象だと考えがちだが、実はそうでないことがすでにおわかりと思う。「脳や神経、筋肉を刺激する化学物質は必需品で、どこの国でも使われている」という一文をどう思われるだろうか？

この文が記されたのはせわしない現代ではなく、車やテレビはおろか、ラジオもない時代、つまり人々が歩いて職場に向かい、馬が石畳の道をパカパカと行き来していた時代だった。昔を懐かしむ現代人からすれば、現代よりも断然快適に思える時代である。しかし、カフェインはその時代にすでに一般に普及していただけでなく、カフェインが不可欠になることもあったようだ。この一文は1896年に発表された陸軍長官の報告書にあるのだが[1]、さらに「疲労が溜まり、食料が不足したときには、このような刺激剤は欠かすことができない。リザーブ・レーション（予備糧食）やエマージェンシー・レーション（非常用携帯口糧）の中に入れておくべきものである」という文が続いている。10

0年以上も前に、軍の上層部は兵士の士気を維持する方法を探っていたのだ。

この100年余りの間、軍用の刺激剤に関する研究が行なわれた結果、見解は多少変わってきた。特に、報告書のリストの最初に挙げられていたブイヨンやビーフティー（牛肉エキス）は現在ではもはや刺激物とみなされていない。しかし、他の品目はお馴染みだろう。コーラ・ナッツもリストに載っている。コーラ・ナッツは、「副作用や摂取後のうつ状態を伴うことがない安全で強力な刺激剤で、（……）サイクリストや肉体を酷使する作業に携わる人々に愛用されている」。しかし、コーラ・ナッツは新鮮な状態で保存しておくのが難しいので、「予備糧食には向かない」と報告書は締めくくっている。

コーヒーよりも長距離輸送が可能な紅茶ももちろん挙げられ、圧縮された紅茶の錠剤に注目している。「直径が約3センチ、厚みが約1センチ、重さが9・5gのタブレット1粒で、1・4〜1・9ℓの濃い紅茶が作れる。（……）この茶剤は予備糧食として優れているので、おそらくコーヒーより戦地に向いているだろう。しかし、アメリカ兵は少数の例外を除き、コーヒーを、しかも大量に飲みたがるので、非常用携帯口糧としては勧められない」。なるほど、アメリカ人向きではないかもしれないが、隣国のカナダ人には使えるのではないか。「現在、カナダのノースウェスト騎馬警官隊で紅茶の茶剤が使用されており、わかっている限りではまったく問題はない。しかし、もともとコーヒーよりも紅茶を好む人たちではある」

こうして、話は刺激剤に関する報告書の大部分を占めるコーヒーに行きつく。「携帯口糧にはコーヒーをたっぷりと入れておくのが望ましい。精神や神経、筋肉を刺激するコーヒーの貴重な特性は、疲労が大きく、食物が不足している現代に不可欠なものである」

戦地では当時も現在と同じように、新鮮で美味しいコーヒーを確保する方法に頭を悩ましていたことがわかる。「非常時にはコーヒー豆を焙煎している余裕がないだろうから、事前に焙煎しておかなければならないが、焙煎したコーヒーは豆のままでも粉に挽いても、密封しておかないと日持ちがしない」。挽いたコーヒーをさまざまなキューブに圧縮してみたが、「香り物質」が消散しやすいので、あまり美味しくなかった。そこで、軍部はシカゴにあるサール＆ヘレス社という製薬会社の協力を要請した。サール社は圧縮したコーヒーを密封する独自のノウハウをもっていたからだ。「コーヒー豆を焙煎して、粉に挽き、それを圧縮して錠剤にすると、砂糖でコーティングを施し、中の粉を密封した」。しかし、残念ながら、このコーヒーの錠剤はすぐに崩れてしまい、使い物にならなかった（サール社は後に、鎮吐剤の「ドラマミン」、整腸剤の「メタムシル」、甘味料の「ニュートラ・スウィート」、経口避妊薬の草分け的な「エノヴィド」で成功をおさめた）。

1800年代の後半には、軍隊で実用になるようなコーヒーを抽出した製品はまだなかった。当時は「インスタントコーヒー」という用語は使われていなかったが、リストに挙げられた「コーヒーの固形抽出物」の説明が、まもなく現れる市場の本質を捉えていたようだ。「それを淹れたコーヒーはひどい味だった。このような固形抽出物が市場に出回っていないことから推測するに、製造の過程で香りなどの成分が損なわれてしまうため、こうした製品は売り物にならないのだと考えられる」

軍が利用するカフェイン製品

それから100年以上経った現在でも、米国陸軍は兵士にカフェインを与える適切な方法を模索している。そのおかげで、軍関係の研究者によって、カフェイン全般に関して役に立つ研究が行なわれてきた。

ボストンから車で西へ30分ほど行ったところにある米国陸軍ネイティック兵士研究開発技術センターも、こうした研究に取り組んでいる。爆風よけの障壁が整備された守衛所に衛兵が立っていなければ、郊外で目にする大規模なオフィスパークと見間違えてしまうだろう。

センターの建物のひとつに、「ウォーファイター・カフェ」と呼ばれる照明の明るい部屋がある。その部屋で、運動能力最適化研究チームを統率しているベティ・デイヴィスが、アップルソースやビーフジャーキー、エナジーバー、栄養価の高い「チューブフード」（プリンに似た味で、大きな歯磨きチューブのような容器に入っている）などのスナック食品が所狭しと並んだ小さなテーブルを見せてくれた。こうした製品には共通点が2つあった。兵士用に開発されていることと、カフェインが添加されていることである（現代の国防総省の用語では、兵士は「ソルジャー」ではなく、「ウォーファイターズ」と呼ばれている）。

冷戦の最中の1962年以来、ネイティックの研究者は戦地にいる兵士の状態を改善する製品の開発に携わってきた。装備を極限状態で試験するための大きな風洞も2基ある。ひとつは熱帯の環境をシミュレートでき、もう一方は酷寒の環境に対応して、温度を零下56度まで下げることができる。ここで開発された女性用のボディアーマー（防護服）は、「タイム」誌の2012年の「最優秀発明品」リストに載ったこともある。このボディアーマーは、研究所で「スキン・アウト（皮膚の外側）」と呼ばれている、兵士の身体の外側に関する研究の所産である。一方、デイヴィスが携わっているのは「スキン・イン（皮膚の内側）」、つまり、兵士の生理学的側面である。

デイヴィスは小ぶりな本くらいのポリ袋にパッキングされたレーションを見せてくれた。必要最低限の装備で敏速に行動する兵士向けにネイティックの研究者が開発した「ファーストストライク・レーション（先制攻撃糧食）」という栄養分を凝縮したパッケージである。MREレーション〔Meals Ready to Eat　すぐに食べられる食事〕という戦闘糧食があるが、かなりかさばるので、兵士たちはそれをバラバラにして不要なものを捨てていた。そうした兵士の行動を研究した結果に基づいて、開発されたのがこの製品だ。

デイヴィスはこう話してくれた。「MREレーションは1食分がパッキングされた個人用の糧食で、1日に3個配給されます。荷物の中に弾薬などを詰めるスペースを確保するために、MREはバラバラにされて持ち運ばれることもあります。そこで、取り除くものとその理由を知るために、アンケート調査を行ないました。このファーストストライク・レーション（FSR）は急襲時用の糧食なので、栄養の摂取だけでなく、動きながら食べられるようにもしたかったからです。MREでは1日に3600キロカロリー摂取できますが、FSRでは1日に2900キロカロリーなので、制限糧食と呼ばれています」

つまり、FSRひとつで1日に必要な栄養分を摂ることができるが、これはMREでは3食分に相当する。MRE3食分の半分くらいの大きさと重さのパックに最大限の栄養を押し込めるために、食物はどれも特別に調合されているそうだ。「ファーストストライクの成分を強化するにあたっては、注意力向上にはカフェイン、エネルギー補給には炭水化物、筋力回復にはタンパク質を使いました」とデイヴィスは説明した。

FSRにはカフェインが大量に含まれている。たとえば、この糧食に入っている「ステイ・アラート（警戒持続）ガム」は5粒1組で、それぞれに100mg（1SCAD強）のカフェインが入っている。チューインガムで有名なリグレー社の子会社がウォルター・リード陸軍研究所と共同開発した製品で、ネイティックで試験が行なわれた。また、プラ製パウチに入った「ザップルソース」という名のアップルソースには110㎎のカフェインが入っており、モカ味の「ファーストストライク栄養エナジーバー」にも110㎎のカフェインが含まれている。さらに、カフェイン入りのミントやインスタントコーヒーも入っている。ちなみに、兵士は噛みタバコの「スコール」をディッピングする（下唇と歯茎の間に入れる）ように、インスタントコーヒーを頬と歯茎の間に入れる。いわば、「グラインズコーヒーパウチ」のＤＩＹ版だ。

テーブルの上には、5センチほどの長さに切った、ビーフジャーキーの「スリムジム」に似たカフェイン入りミートスティックが山盛りになったボウルが置いてあった。ひとつ手に取って噛んでみると、美味しかった。そこへ金髪の男性が入ってきて、「もう何かもらったのかい？」と気さくに私に尋ねた。この男性はハリス・リーバーマンという名の心理学者で、所属は米国陸軍環境医学研究所だが、ネイティックでも研究に携わっていた。リーバーマンは30年にわたりカフェインの研究を行なってきたので、カフェインに関しては歩く百科事典のような人物だ。実際にも、百科事典のカフェインの項目を執筆しているし、カフェインが兵士の役に立つことも理解していた。

リーバーマンもビーフジャーキーをひとつ食べると、「ホントにうまいね。カフェインの味がまったくわからない」と言った。

ステイ・アラートガムを開発したときは、カフェインが元来もっている苦味の処理に泣かされた。「ふつうのガムは口当たりのいい風味が長続きするように調合してあるんだが、このガムは違う。噛み始めたときに、カフェインのあの苦味がわからないように工夫が凝らしてあるんだ」とリーバーマンは説明した。
味つけの問題が解決できれば、カフェイン入りガムには従来のカフェイン製品よりも大きな利点がある。カフェインは舌下の粘膜から吸収されやすいからだ。ウォルター・リード陸軍研究所で行なわれた研究で、ガムの場合は5～10分でカフェインの効果が現れるが、コーヒーやコーラのような飲料や錠剤で摂取した場合は30～45分もかかることがわかったのだ。[2]

イリノイ州選出のデニス・ハスタート共和党議員が1998年度の防衛費の連邦政府予算案に25万ドルの研究費を追加したことで、カフェイン入りガムの研究がちょっとした政治問題になった。リグレー社の子会社であるアムロール社がその研究費でガムの軍事利用に関する研究を行なったために、研究費の追加は地元産業に対する利益供与だという批判が他の議員から出たからだ。[3] リグレー社は後に、軍用のステイ・アラートガムを生産する会社に対し、カフェイン入りガムの特許製法の使用を許可した（2004年に、ニュージャージー州の起業家が2人で「ジョルトガム」というブランドでカフェイン入りガムを売り出したとき、リグレー社は自社ではカフェイン入りガムを販売してはいなかったのに、特許権の侵害だとして訴訟を起こした。しかし、リグレー社のカフェイン入りガムは2013年までに、はるかに大きな論争を引き起こすことになる）。

カフェインの効果がこれほど速く現れる製品は軍用以外にも利用できるとリーバーマンは指摘して、「民間の使用例を挙げると、たとえば運転中に急に眠気に襲われたときなどのようにすばやい対応が必要な場合には、カフェインが効き始めるまで長いこと待っている余裕はない。事故を起こす前にカフェインに効いてもらわないと困るからね。カフェインの即効性を高めることができれば、軍用面でさまざまな応用が期待できるのは確かさ。従来型のカフェイン入り製品より、こうした新製品の方が優っているのはこの点だ。こうした状況では、1分1秒を争うからね」と述べた。

リーバーマンはテーブル上にあるチューブを指し示した。銀色の容器のひとつには「カフェイン入りアップルパイ」、もう一方には「カフェイン入りチョコレートプリン」という表示がしてあった。パイには100mg、プリンには200mgのカフェインが添加されていた。高度7万フィート（約21キロ）で飛行するU－2偵察機のパイロット用に開発された製品である。リーバーマンは棚の方へ歩いていき、パイロットがかぶるヘルメットのようなものを見せてくれた。

「U－2のパイロットは宇宙服のようなスーツですっぽりと覆われているので、カフェイン摂取用の特別器具が必要なんだ。U－2は恐ろしく高い高度を飛行する偵察機だが、与圧されていないので、パイロットは与圧服とヘルメットを着用する必要がある。さらに、ミッションはかなり長時間にわたる。一度の飛行時間が途方もなく長いとまでは言えないが、食べ物も飲み物も一切口にしないで飛び続けるには長すぎる。飛行中に何かを口にしたいと思ったら、この器具を使う以外に方法がない」とリーバーマンは説明した。その器具というのは、チューブに入った食料を吸うためのストローのお化けのようなものだ。

リーバーマンはこの摂取装置に詳しかった。それを用いて飛行技術に及ぼすカフェインの影響を研究したことがあるからだ(4)。12名の米国空軍パイロットに被験者になってもらい、夜間にフライトシミュレーターで実験を行なった。さらに、気分や症状に関するアンケート調査や認知作業のテストにも協力してもらった。カフェイン入りの飲料や錠剤ではなく、食物を研究対象にしたことが他の研究と異なる点だ。

この研究で、カフェインは役に立ち、飲料や錠剤ではなく、食物で摂取しても効果があることがわかった。しかも、食物とカフェインを一緒に摂ることができたので、パイロットは食物とカフェインのチューブをそれぞれ操作する手間も省けた。「本研究の結果、カフェイン入りチューブ食は長時間に及ぶ夜間の飛行任務中に認知力と注意力を維持するのに有効であることが判明した。研究結果は、化学兵器用の防護服や宇宙服のような複雑な防護服を長時間にわたって着用する必要がある人たちにも適用することができるだろう」と報告書に記されている。

リーバーマンはカフェインが軍関係の被験者に及ぼす影響を陸上、水中などのさまざまな状況下で研究した。また、きわめて厳しい状況に置かれた精鋭部隊を被験者にした研究もある。

米海軍特殊部隊(SEALs)は米国屈指の精鋭部隊としてつとに知られており、オサマ・ビン・ラディンを殺害した2011年の襲撃作戦を遂行したことで、この部隊の名声は一段と高まった(SEALとは「Sea(海)、Air(空)、Land(陸)」の頭文字から作られた語だ)。しかし、この特殊部隊は誰もが入れるわけではない。入隊試験を受けなければならないのだ。そして、最も厳しい訓練期間は「ヘル・ウィーク(地獄の1週間)」として知られている、サンディエゴ付近の海岸で行なわれる情け容赦ない入隊の儀式だ。

リーバーマンは2002年に発表した論文で、ヘル・ウィークのことをこのように記述している。[5]

ヘル・ウィークではさまざまな試練が課される。たとえば、訓練生たちは腕を組み、波が顔に当たるように一列に座る。これはサーフ・イマージョンと呼ばれ、水温にもよるが、10~20分間行なわれる。また、グループに分かれて、ゴムボートを腕がまっすぐに伸びるまで頭上に持ち上げるボートプッシュアップ(ボート上げ)もよく行なわれる。ボートにはライフベスト(救命胴衣）やオールはもちろんだが、水も相当入っていることが多い。腕立て伏せや腹筋運動のような昔ながらの筋トレもよく課せられる。一方、教官の厳しい叱責に耐えたり、勝てる見込みのない競技に取り組むことによって、精神的な試練が課される。ヘル・ウィークの期間中は、訓練生は訓練の合間に設けられた不規則な休憩時間の数時間しか睡眠をとることができず、濡れて寒い状態である場合も多い。（……）ヘル・ウィークの途中で、たいてい半数以上の訓練生が脱落する。

これ以上続けられないと思った訓練生は磨かれた真鍮の鐘のところへ行き、それを鳴らして「脱落要請」を求めれば自発的離脱が認められるが、その訓練生はＳＥＡＬｓに入隊できないことになる。ヘル・ウィークは名にし負う地獄のような1週間であるにもかかわらず、訓練生にはさらに非情な試練が課せられているのだ。研究目的の場合を除き、カフェインの摂取が許されていないのである。

強靭な男たちを限界まで追い込むこの過酷な訓練は、睡眠不足で、高度なストレスにさらされた兵士に及ぼすカフェインの影響を評価するまたとない機会だとリーバーマンは思った。被験者になってくれた訓練生は90名いたが、最後まで残ったのは68名だった。22名は途中で鐘を鳴らしたのだ。被験者の平均年齢は24歳で、軍歴は3年だった。ほとんど睡眠をとらずに72時間経過したあとに、リーバーマンは訓練生にカフェインがそれぞれ１００㎎、２００㎎、３００㎎入ったカプセルか、プラセボのカプセルを与えた。

その後、訓練生はノートパソコンを用いた一連の認知力検査をはじめとするさまざまなテストを受けた。認知力検査の中には、低頻度で生じる弱い視覚刺激を感知するテストや、無作為に12回打ち込まれたキー入力の順番を覚えていなくてはならない短期記憶と運動技能を合わせたテストが含まれていた。被験者は気分や眠気に関する記録もとり、実弾の代わりにレーザー光線が発射されるように改造されたＡＫ－47で射撃のテストも行なった。

その結果は明白だった。射撃テストを除き、すべてのテストにおいて被験者のパフォーマンスはカフェインによって有意に高められていた。射撃の技量はカフェインの影響を受けなかった。

「最も厳しい状況でも、注意力や学習能力、記憶力、気分などの認知能力は、カフェインを適度に摂取することで高めることができる。強いストレスにさらされた状態で認知能力を維持することが不可欠な場合は、カフェインの効果が期待できるのではないか。そのような状況では、摂取量は２００㎎が最適と思われる」とリーバーマンは締めくくっている。

リーバーマンの部屋はネイティックの敷地内の別の建物にあり、そこでカフェインの話を聞いた。カフェインの刺激は民間人にも役に立つという。「めったに生じないが非常に重要かもしれない刺激を感知する能力は、カフェインによって高められることが多い」ので、たとえば寂しい国道を長距離運転する民間人も、歩哨に立つ兵士と同じように、カフェインのおかげで命拾いすることがあるかもしれないそうだ。

「カフェインを使用するときは、控えめにした方がいい。研究者の間でもカフェインが有益な化合物なのか、利点よりも副作用の方を心配しなければならないものなのかという点に関しては意見の一致を見ていないからだ。科学的に完全な合意には至っていないので、研究者の間で論争が続いている間は、一般の人はその利点と欠点をよく理解して、自分で決断をするのが適切だと思う」とリーバーマンは述べた。

コーヒーや紅茶に含まれるカフェイン量にはバラツキがあるので、摂取量の定量化が難しく、そのためにカフェイン使用の判断が一筋縄ではいかないという。リーバーマンは、「計算するのは難しいね。でも一般に、人はカフェインの摂取量にはかなり敏感に反応していると思われる。カフェインを摂りすぎると気分が悪くなるからだ」と述べた。

ペンシルベニア州立大学の応用認知科学研究所のフランク・リターは海軍研究所の助成を受けてカフェインを研究していたときに、カフェインの消費量を定量化する方法に関心をもつようになった。リターは、カフェインに詳しい人でも、摂取量がわかっていないことが多いと考えている。海軍の研究の追跡調査として、軍用にも民間用にも使える携帯電話用のアプリを開発した。

「カフェインゾーン」と名づけられたそのアプリを利用すれば、たとえば500㎖カップのコーヒー1杯とか、ステイ・アラートガム1個などとカフェインの消費量を入力すると、体内に入ったカフェインの量をグラフで表してくれる。代謝を最適化したいのであれば、摂取量の限度を設定しておくと、摂取量が多すぎるときや少なすぎるとき、あるいは安眠するためにはこれ以上摂取してはいけないときに、携帯が警告音で知らせてくれる。2013年6月までに、8万人近い人がそのアプリをダウンロードした。

カフェインの軍事利用を考えた研究者は他にもたくさんいる。空母の乗組員に4日間のサージ（急襲攻撃のための増員）作戦の準備をさせるときのカフェインの効用に関する研究結果が、NASAのエイムズ研究センターから発表されている。[6] 論文の著者は、カフェインの刺激を一番必要とするときのために取っておくことを勧めている。

船上環境はカフェインの大量消費で名高い。常用者に対するカフェインの効果を高めるためには、乗組員はサージ作戦の少なくとも2日前（できれば1週間前）から、カフェインの摂取量を大幅に減らして（カフェイン断ちをするわけではない）、作戦が始まってから18〜20時間はカフェインを摂らないように勧めるべきである。作戦の始まる2日前までにはカフェインの消費量は半分になっているだろう。

その後、カフェインを戦略的に使用すべきである。つまり、深夜から早朝（午前1時から3時）にカフェインを摂り始め、朝（午前8時）に向かって減らしていく。カフェインは効果が現れるまで30分間くらいはかかり（30〜60分で血中濃度は最高値に達する）、その効果は3〜4時間続く（半減期は3〜7時間）。午後になると、昼食の有無にかかわらず、注意力の低下が生じるので、午後の中ほどに再びカフェインを摂る必要があるかもしれない。注意力が比較的高く保たれている時間帯や睡眠をとる前の数時間は、カフェインを摂らない方が望ましい。もっとも、作戦中は睡眠をとるのが30時間以上も先延ばしにされるので、この点は問題にならないかもしれない。

このカフェイン処方例は、4日間の巡航に従事する海軍兵士を対象にしており、かなり特殊な例である。このカフェインの使用方法は水兵向けで、民間人には当てはまらないかもしれないが、急にマイアミからシアトルまで1人で4日間運転をしなければならなくなった場合には、思い出すとよいかもしれない。

カフェインの大量消費で名高いのは船上に限らない。基地でもカフェインの消費量は多い。エナジードリンクが大量に飲まれているのだ。陸軍の研究者のロビン・トブリンらは、2010年にアフガニスタンで行なわれた「不朽の自由作戦」に投入された米国陸軍と海兵隊の小隊の兵士の45％は、1日にエナジードリンクを少なくとも1本、14％は3本以上飲んでいたと報告している[7]。さらに、エナジードリンクの飲用と睡眠の間に関連性があることも明らかにした。

「一晩の平均睡眠時間が4時間以下と報告した人数は、エナジードリンクを1日に3本以上飲んでいる兵士の方が、2本以下の兵士よりも有意に多かった。1日に3本以上飲む兵士は、ストレスや病気に起因する不眠を訴えたり、打ち合わせや歩哨任務の最中に居眠りをする傾向が高かった」とトブリンは記している。

この研究では、眠気とエナジードリンクの関連性を示せただけで、エナジードリンクが原因と断定はできなかった。また、トブリンらはカフェインの摂取手段にかかわりなく、兵士が摂取したカフェイン量を定量化しなかった。それでも、「エナジードリンクが健康に及ぼす長期的な影響は未知であり、大量摂取は任務の遂行と睡眠に支障をきたす可能性があるので、エナジードリンクの飲用は節度を守ることが望ましいことを兵士に教えるべきである」という注意書きが編集後記に添えられることになった。

睡眠不足とカフェイン

スコット・キルゴアは兵士の睡眠やカフェイン使用に詳しい神経心理学者である。マサチューセッツ州ベルモントにあるマクリーン病院の青々とした芝生を見下ろす研究室を訪ねたとき、キルゴアは大きなコンピューターのモニターが3台並んだコックピットのような場所に座っていた。健康的な引き締まった体型に、短い髪と姿勢の正しさから軍歴が伺えた。青少年の情動処理における脳の活性化について研究していたので、2001年の同時多発テロが起きなかったならば、カフェインの研究に携わることはなかっただろうと言っていた。

「9月11日のテロ攻撃のあとで陸軍に入りました。あのとき、人生の意義を少し見直して、何か役に立つことをしたいと思ったのです」とキルゴアは話した。入隊すると、慢性的な睡眠不足の影響を研究している実験室に配属された。睡眠周期の問題に非常に興味をもっているので、ごつい腕時計のように見える特殊な装置を腕につけている。睡眠中に身体の動きを感知するのだ。コンピューターにそのデータをアップロードすると、身体が休息できている度合いを示すグラフが表示される。

キルゴアは軍務についていた5年間、特にカフェインの使用を通して、戦闘のストレスにさらされながら任務を遂行する兵士の役に立てる方法の研究に携わった。キルゴアによると、兵士は奇襲攻撃を受けて命を落とす可能性と、疲労や退屈による体力の消耗という、相反する脅威に直面するのだという。

「軍隊では、任務のタイムゾーン（標準時間帯）が変わったり、歩哨任務で一晩中起きていなければならない状況も頻繁に生じます。睡眠を必要な分だけとれないこともあります。こうした状況では、眠気を覚まして油断なく警戒できるように、カフェイン入りガムなどのようなカフェイン入りサプリを使用する必要があるかもしれません。歩哨任務はたいていは退屈極まりないですが、生死にかかわる重大な出来事が起こる可能性が常にあるので、歩哨に立っている間は油断することなく警戒にあたる必要があります」とキルゴアは説明した。

退屈と危険が隣り合うこのような緊張状態は他の状況でも起こりうる。たとえば、消防署でテレビをぼんやり見ていた消防士が大火事の通報を受けた場合や、平穏な夜に勤務についていた警察官が、眠気の来る真夜中に思いもかけず、武器を持った凶悪犯に遭遇した場合、あるいはうたた寝をしていた救急治療室の医師が、搬入されてきた事故の犠牲者の治療に取りかかる場合だ。これほど劇的ではないが、やはり生死にかかわる状況は、長距離トラックの運転手が3日間走り続けたあとに、疲労困憊して真夜中の2時頃、交通の激しい大都市ロサンゼルスに到着した場合だ。そして、カフェインにはこれほど明白でない利点もある。

キルゴアはウォルター・リード陸軍研究所の研究者と共同で、25名の兵士を被験者にしてカフェインの効果を調べた[8]。被験者は3日間睡眠をとらずに、カフェイン入りガムか、プラセボを二重盲検法で投与された。カフェインを投与された被験者の群は200mgのカフェインを2時間おきに4回投与された。

キルゴアらはバルーン・アナログ・リスク・タスク（BART）という試験を用いて、リスクを冒す行動に及ぼすカフェインの影響を調べた。簡単に言うと、被験者はノートパソコンの画面に表示された風船を膨らませていき、破裂寸前の大きさまで膨らますことができると賞金をもらえるが、破裂させてしまうとお金はもらえないというタスクを行なうのだ。

「3日間睡眠をとらないでいたあとに行なわれたBARTテストでは、風船を破裂させずに賞金を獲得した人数は、プラセボを与えられたグループよりもカフェインを投与されたグループの方が概して多かった。行動を尺度にして測定すると、危険に関する判断力と瞬発力は長時間にわたる睡眠不足によって低下するが、カフェインにそれを防ぐ働きがあることをテスト結果は示唆している」とキルゴアは研究報告に記している。

この研究結果に当てはまるような民間人の事例はあまり思いつかないが、大金を賭けて3日ぶっ通しでポーカーにふけるギャンブラーなら該当するかもしれない。一方、この研究はカフェインがもたらす効果の幅の広さも示している。こうした結果が得られたのは、高度な問題解決といった脳の実行機能を司る前頭前野をカフェインが活性化しているからではないかとキルゴアは考えている。

カフェインの効果を上手に引き出す秘訣は節度ある使用の一言に尽きるとキルゴアは指摘して、「カフェインは摂取する時間帯や分量を考慮せずに、ただ摂ればいいというものではなく、分別のある摂取の仕方が大切だと思っています。むやみに摂ると、睡眠が阻害されたり、イライラや不安が高じたりと、さまざまな副作用が出てくる可能性があります」と述べた。

研究することはまだ山ほど残っているとキルゴアは指摘する。「カフェインの効果が呼び水となって、ある出来事がトラウマになりやすくなるかもしれないのですが、まだわかっていません。カフェインによって覚醒が高められているとき、ある種の衝撃的な出来事に遭遇すると、カフェインの影響によってその情報をコード化する仕方が変わることがあるのか？　覚醒が高められたことで、その出来事に対する反応の仕方が変わり、心的外傷後ストレス障害（ＰＴＳＤ）になりやすくなるのではないか？　しかし、現時点ではまだ研究されていないので、まったくわかっていないのです。カフェインのせいで、脳がある事態に対処するときに通常よりも不安になる可能性があるかもしれない、ということは研究に値すると思います」

カフェインが睡眠と不安にどのような影響を及ぼすのかという疑問は、何十年もの間、研究者を悩ませてきた。そして、悪玉とまでは言わないが、この白い粉を胡散臭いものにしてしまうような研究結果も出ている。

第12章 不眠症、不安、パニック

エイミー・ウルフソンはカレッジ・オブ・ザ・ホーリークロスの心理学教授で、研究生活の多くを睡眠の研究に費やしてきた睡眠の専門家だ。茶髪の巻き毛の活発な女性で、米国立睡眠財団の委員も務め、『女性のための睡眠の本』の著者でもある。私はウルフソン教授を訪ねて、マサチューセッツ州ウスターを見下ろす緑豊かな丘の上に立つ大学の研究室に赴いた。ウルフソン教授はアメリカ文化では睡眠は軽視されていると述べて、「人生の少なくとも3分の1は寝て過ごしているけれど、十分に睡眠がとれないことが多いんです。私が興味をもっているのは、その影響です」と話し始めた。

睡眠障害はカフェインの副作用としてよく知られているが、個人差がとても大きい。床に就く直前にコーヒーを飲んでも、赤子のように眠れる人もいる。一方、昼前にカフェインを摂るのをやめないと、床に就いても歯軋りをしたり、心臓がドキドキしたり、さまざまな考えが頭の中を駆け巡ったりして、なかなか寝付かれない人もいる。カフェインは眠気を覚ます特効薬だが、その睡眠を阻害する作用のせいで睡眠不足になり、さらに眠気が増すという悪循環に陥りかねない。この一筋縄ではいかない難題に、ここで立ち戻ることになる。

「カフェインについて、睡眠の研究者たちは……そうですね、〝有罪〟だと言っても差し支えないと思いますよ。時には混乱を招くような主張をしてきたんですから。兵士やパイロット、列車の運転手などに、眠気防止策としてカフェインの利用が勧められることがあります。研究者仲間にも、眠気対策を目標にして研究生活を費やしている人がいるけれど、睡眠をとること自体は関心の外なのよね」とウルフソンは話した。

「その一方で、『カフェインはよくない。床に就く数時間前には、体内にカフェインが残っていないようにするのが望ましい』と何十年も言い続けている不眠症の研究者もいるし、不眠症に対する認知行動療法では、患者はカフェインを摂らないように指導されてもいます。だから、カフェインとは愛憎関係みたいなものができあがっているんですよ。少なくとも、睡眠研究の分野ではね」

ウルフソンが特に関心をもっているのは、青年期の若者のカフェイン摂取、ならびに十代の若者の強い眠気とカフェインの関係だが、この分野はようやく本格的な研究が始まったところなのである。メリーランドの研究者が2006年に、睡眠障害で朝に疲労感を訴える青少年にカフェインがかかわっていることを明らかにした[1]。ウルフソンらも、高校生のカフェイン摂取に関するアンケート調査で、似たような関連があることを明らかにした[2]。エナジードリンクや炭酸飲料、コーヒーなどのカフェイン飲料をよく飲む生徒は昼間眠気を催すので、カフェインを摂れば元気が出ると思い、一日を乗り切るためにカフェインを摂ると答えているのだ。

ネブラスカの研究チームはより年少の子供のカフェイン消費について、228人の親を対象にアンケート調査を行なった結果、子供たちが摂っているカフェイン量は平均して、５～７歳で毎日52mgほど、８～12歳では毎日１０９mgになることを明らかにした。[3] カフェインの摂取量が多い子供ほど睡眠時間が短かった。

ウルフソンは、新世代のエナジードリンクが10代の青少年層の強い眠気と関係があり、若者のカフェインの過剰使用はもっと大きな問題の一部を占めていると考えている。

「ふつうの人が通勤途中にスターバックスやダンキンドーナッツに立ち寄ったり、自宅で毎朝ピーツ・コーヒーを淹れて飲むくらいで、全員が睡眠不足になると言っているわけではないのです。でも、おそらく大人よりも青少年の方が割合は高いと思うけれど、睡眠不足な人たちの中には、こうしたカフェイン飲料を手放せなくなる危険性のある人がいるかもしれません」とウルフソンは述べた。

カフェインの睡眠を妨げる効果は確かなので、研究者が健全な被験者に不眠症を引き起こすために使用することがある。[4] しかも、少量で効くのだ。スイス人研究者のハンス＝ペーター・ランドルトは、朝２００mg（３ＳＣＡＤ弱）のカフェインを投与した健康な被験者の脳波を脳波図に記録して活動度を測定したが、その晩の就寝時間まで、被験者は朝に摂ったカフェインの影響を受けていた。[5] ひどく睡眠が乱されることはなかったが、影響が残っていたのは確かである。就寝時のカフェインに対する反応はストレスとも関係があるようだ。不眠症以外の人では、ストレスによる睡眠障害を起こしやすい人の方がカフェインの影響を受けやすいからだ。[6]

カリフォルニアの研究チームは、睡眠に影響を及ぼすもうひとつの要因を特定した。「クロノタイプ（夜型・朝型）」である。[7] 世の中には朝に強い朝型の人もいれば、夜に強い夜型の人もいるが、クロノタイプとは、このような一日における時間的指向性を表す用語である。50人の大学生を被験者にして、カフェインを自由に摂ってもらい、手首に動作検知装置をつけて睡眠中の記録をとった結果、朝型の人が最もカフェインによる睡眠障害を起こしやすかった。しかし、被験者は大学生だったので、朝型の人が比較的少なく、大半が睡眠不足だったという制約があったと研究チームは述べている。それでも、睡眠の質にカフェインが及ぼす影響とクロノタイプの関連を取り上げたのは、2012年に発表されたこの論文が初めてだった。まだまだ研究の余地がたくさん残っているということだ。

カフェインが睡眠に影響を及ぼすことは周知の事実だが、よく理解されていないことが多い。これは2008年に発表されたカフェインと昼間の眠気に関する総説論文で、著者のティモシー・レーアスとトマス・ロスが指摘していることである。睡眠にはレム睡眠とノンレム睡眠という深い眠りがあり、4段階に分けられるノンレム睡眠のうち、第3段階と第4段階が睡眠時間の20%を占めている。著者は、カフェインは他の刺激物と異なり、レム睡眠を妨げはしないが、身体を休ませて体力を回復させてくれる第3と第4段階のノンレム睡眠を減少させると述べた。[8]「カフェインの常用が睡眠と覚醒にもたらすさまざまな危険を、一般の人も医師も軽視している」と締めくくっている。ここでも、カフェイン使用についての難題に直面して、昼間の疲労をとるためにカフェインの力を借りるべきか、助けを借りずに体力が回復するのを待つべきか悩むことになる。

カフェインと不安障害

不眠は辛いかもしれないが、身体に衰弱をもたらすことはめったにない。しかし、カフェインに弱い人はカフェインを摂ると強い不安感が生じ、精神に及ぼすカフェインの副作用が不眠の弊害よりも深刻になる場合がある。不安障害自体は決して珍しいものではない。アメリカでは、毎年4000万人の成人が臨床的に重度の不安障害に悩んでおり、最も一般的な精神疾患になっている。[9]

ミシガン大学のジョン・グリーデンには、カフェインと不安障害の関連について数多くの著作がある。グリーデンによると、カフェインの影響を受けやすい人もいるが、カフェインを摂りすぎるとほとんどの人が不安を感じるという。1974年に発表した「不安障害かカフェイン依存症か——診断上のジレンマ」という論文で、「本論文は、カフェインの大量摂取（カフェイン急性中毒）によって生じる薬理作用が、不安障害とほとんど区別がつかない症状を引き起こすという、見逃されている事実を取り上げた」と述べている。[10]

グリーデンはウォルター・リード陸軍医学センターで研究に携わっていたときに出会った事例を3つ紹介している。ひとつ目の事例は、めまい、震え、息切れ、頭痛、不整脈を訴えた27歳の看護師で、夫がベトナムに配転されるのではないかという心配に起因する不安反応と診断されたが、その診断に納得がいかなかった。そして、その原因は食事にあるのではないかと探っているうちに、コーヒーに思い当たったのだ。

看護師は記憶をたどり、新鮮なコーヒーを淹れるドリップポットを買ってから症状が現れるようになったことに気づいた。「そのコーヒーは『以前のものよりもずっと美味しかったので』、濃いコーヒーをブラックで1日に10～12杯も飲むようになった」とグリーデンは記している。ちなみに、カフェインの摂取量は1000㎎を超える。この場合、治療は単純だった。コーヒーの飲用をやめたら、症状はほとんどおさまった。最初の1週間は疲労感を覚えたが、次第に気分がよくなり、「久しぶりに爽快な目覚めを経験できた」そうだ。

2つ目の事例は「上昇志向の強い37歳の陸軍中佐」で、慢性的な不安の症状を呈し、不眠と軟便も訴えた。毎日8～14杯のコーヒーと3～4本のコーラに、就寝時にはホットココアを飲んでいた。カフェインに起因する可能性があると言われても、その診断に納得せず、「驚くほどの不信感を示した」。しかし、最終的にカフェインの摂取量を減らしてみると、症状が劇的に改善された。

3つ目は人事部に所属する34歳の陸軍軍曹で、「朝の出勤も一番、夜の退勤も最後」を自慢にしていたが、くり返し頭痛に襲われると訴えた。検査の結果、不安のレベルが著しく高いことがわかった。グリーデンはこう記している。「カフェイン使用について質問されると、軍曹は男らしさの証であるかのように、『コーヒーはうちの部署の誰よりも飲む。1日に10～15杯は軽くいくね』と答えた」。軍曹が飲んでいたコーヒー、紅茶、コーラに頭痛薬の分も合わせると、1日のカフェイン摂取量は1500mg（20SCAD）前後になったという。看護師と中佐の場合と同様に、カフェインの摂取量を減らすと、軍曹の症状もほぼおさまった。

ほとんどのアメリカ人はコーヒーを飲むといっても1日にせいぜい3～4杯なので、ここに挙げた事例が極端なのは確かだが、重要な点を明らかにしている。「臨床的な視点から見ると、不安症状を訴える人の多くは、今後も抗不安薬を使うことでかなりの恩恵を受けるだろう。しかし、割合は不明だが、薬品の種類を増やすよりはカフェインを差し引く方が、利点が大きい人もいるかもしれない」とグリーデンは記している。したがって、カフェイン使用者の不安障害の理想的な治療は、抗不安薬を処方する前に、まずはカフェインを取り除き、経過を見ることだ。

その後、グリーデンは不安がカフェイン消費に及ぼす影響を調べた[11]。カフェインは正常な成人や精神科の入院患者の不安症状に影響を与えることはあっても、不安障害を抱える多くの患者には影響を与えてはいないようだ。「不安の症状がひどくなると、摂っているカフェイン量を控えるようになるからだろう」と1985年の論文で述べている。

カフェインを大量に摂取すると、たいていの人は不安感を覚えるようになるが、不安障害を患っている人はおそらくこのことを察知してカフェインを避けるのだろう。「パニック障害のような不安障害において、カフェインは病態生理学的研究を深めるための薬理学的プローブの役を果たすだろう」と、グリーデンは先見の明のある締めくくりをしている。

カフェインを常用していると、その不安誘発作用に慣れる可能性もあるようだ。ピーター・ロジャースという研究者が、400名を超える被験者に対して、カフェインを250mgかプラセボを90分間隔をおいて2回に分けて投与し、投与の前と後で覚醒、不安、頭痛の程度を調べた。この実験で、遺伝的にカフェインによって不安障害が引き起こされやすい被験者でさえ、1日の平均摂取量がわずか128mg（2SCAD弱）でも、この作用に耐性をもつようになることがわかった[12]。

カフェインの代謝

カフェインの作用は運動能力や認知力の向上から不眠や不安障害に至るまで多岐にわたるが、どの作用もカフェインを代謝する速度によって変わる。体内でのカフェインの半減期は4〜5時間だ。これはカフェインの血中濃度が半減するのに要する時間だが、この時間は人によって劇的に異なる。たとえば、経口避妊薬を服用している女性は半減するまでの時間が2倍になるので、同じ量のカフェインから2倍の刺激を受けることになる（妊娠中の女性、特に出産の4週間前に入った妊婦はこの影響をさらに強く受ける。しかし、妊娠中はカフェインを摂らないようにしている女性は多いので、こうした経験をしないで済む）。喫煙者は非喫煙者に比べてカフェインの代謝が2倍速いので、カフェインから受ける刺激は半分になる。また、カフェインの代謝速度は体重によっても変わる。

1組の男女に登場してもらうと、こうした要因が理解しやすくなるだろう。男性は体重が82kgの喫煙者、女性は体重が61kgで、経口避妊薬を服用していることにする。2人が一緒にコーヒーを1杯飲むと、女性が受けるカフェインの影響は男性の5倍近い強さになる。男性の5杯分に相当するのだ。私はこれを「マッドメン対セックス・アンド・ザ・シティ効果」と呼んでいる[13]。

『マッドメン』を持ち出したのは、このテレビドラマが設定されている1960年代には人々がタバコをスパスパ吸っていたからだ。しかし、それ以後はアメリカ人の喫煙率は減少の一途をたどり、40%を超えていたものが20%を割るまでになった。喫煙しない人は喫煙者の半分の摂取量で同じカフェイン刺激が得られるのだ。一方、テレビドラマ『セックス・アンド・ザ・シティ』(1998~2004年)は、経口避妊薬を服用している17%のアメリカ人女性に当てはまる。ちなみに、ピルの服用者も半分の摂取量で同じカフェイン刺激を得ることができる。喫煙量が減るにしても、経口避妊薬の服用が増えるにしても、カフェインの単位量(mg)あたりの効果は増大する。

喫煙者が減少し、経口避妊薬の服用者が増加するのと軌を一にして、コーヒーの消費量は減少した。こうしたライフスタイルの変化がその主因ではないことは多くの動かぬ証拠が示しているが、原因の一端を担っている可能性を考えてみるのは興味深い。

喫煙者や経口避妊薬の服用者をはじめ、私たちの体内で働いている機構は、シトクロムP450 1A2、またはCYP1A2と呼ばれているものだ。これはカフェインを分解するときに活躍する酵素である。カフェインの代謝率に個人差が生じるのはこの酵素のためだ(この酵素に似たCYP2E1も一役買う[14])。一言でいえば、この2種類の酵素は製薬会社がカフェイン製造に利用する最後の工程を逆転させている。つまり、カフェインを脱メチル化して、主にパラキサンチン（この化合物にもカフェインと同じような作用がある）、テオブロミン、テオフィリンという代謝物に分解するのだ[15]。妊娠や経口避妊薬、肝臓病はこうした酵素の働きを抑制するが、喫煙は逆に促進する。不思議なことに、野菜の中にこの活性に一役買うものがある。たとえば、ブロッコリーのようなアブラナ科の野菜は活性を促し、セロリなどのセリ科の野菜は活性を抑える（さらに、ややこしいことに、アブラナ科の野菜が酵素の活性化を高める反応は、女性での方が男性より強い[16]）。

カフェイン代謝に及ぼす影響については、体重、耐性、喫煙の習慣、経口避妊薬の服用、ブロッコリーの摂取量といった要因に加えて、遺伝的な要因についても研究が進められている。

シカゴ大学のエイミー・ヤンは、カフェイン代謝の遺伝的素因の理解を深めるために、双子の研究を取り上げて２０１０年に文献の総説論文を発表した[17]。ヤンは、カフェインの選好性に対しては強い遺伝的素因があり、カフェインを大量に摂る人には特に強い遺伝的影響が見られることを明らかにしている（カフェインを大量に摂る人の定義は文献によって異なり、１日にコーヒーを５杯以上飲む人とする文献もあれば、１日に６２５㎎以上のカフェインを摂る人とする文献もある）。また、不眠と不安はカフェインの副作用としてよく知られているが、遺伝的性質に負うところが大きいこともヤンは指摘して、「被験者を使った実験で、不安や不眠といったカフェインの副作用を被りやすい人は、アデノシン受容体の特定の対立遺伝子に原因があるかもしれないことが明らかにされた」と述べている。

睡眠障害の遺伝的側面を特定できると、チャタヌーガのコカ・コーラ裁判のために行なわれたカフェイン研究で説明できなかった点を解き明かすのに役に立つ。ハンス＝ペーター・ランドルトが「スリープ」誌で言及しているように、ハリー・ホリングワースの報告には、カフェインを少量摂ってもまったく睡眠に問題が生じなかった被験者が数人いたのだ[18]。そのような個人差をもたらすメカニズムの解明にようやく取り組むことができるようになったとランドルトは述べている。「ホリングワースの実験から１００年経ち、カフェインの遺伝薬理学的研究によって、個人のカフェインに対する感受性には分子がかかわっていることが明らかになり、さらにアデノシンＡ２Ａ受容体が哺乳類の睡眠を制御する生物学的経路に関与していることもわかった」と記している。

アデノシン受容体は4種類あるが、そのうちの2種類が主要な役割を果たしている。Ａ１受容体は人間の脳内に最も広く分布しており、大脳皮質に豊富に存在する（大脳皮質のニューロンは高次の認知機能に重要な役を果たしている）。ランドルトが言及したA2A受容体は大脳基底核という脳の深部だけに存在して、運動、運動学習、意欲、報酬系に関わっている[19]。

カフェインの代謝機能に影響を及ぼす遺伝形質を受け継いでいる人もいる。ゲノムの塩基配列の中で特定の一塩基だけが置き換わっている遺伝的変異は一塩基多型と言い、短くはＳＮＰ（スニップ）と呼ばれている。Ａ２Ａ受容体を制御するのはＡＤＯＲＡ２Ａと呼ばれる遺伝子だが、この遺伝子に変異がある人はカフェインの影響をずっと受けやすくなる。その多型のひとつはカフェインに起因する精神障害にきわめて大きな影響を及ぼすとヤンは指摘して、「同じ一塩基多型がカフェインに起因する不安とパニック障害の両方にかかわるという研究結果は、パニック障害の患者がカフェインを摂取すると特に不安になりやすいという観察結果を支持し、Ａ２Ａ受容体の遺伝子多型が両者に影響を及ぼしている可能性があることを示唆している」と記している。

ヤンは、ブラジル人のアントニオ・ナルディ医師らが行なったパニック障害の研究を取り上げている。ナルディらは、グリーデンが示唆したように「薬理学的プローブ」としてカフェインを用いて、パニック障害のメカニズムの解明を試みている。[20]

パニック障害を患っている人は、自制心を失い、何か恐ろしいことが起きているのではないかという不安に陥るパニック発作にくり返し見舞われる。発作は一過性だが、完全に疲弊することがある。発作に見舞われた人はたいてい、心臓発作を起こしているのではないかとか、死ぬのではないかという恐怖に襲われる。パニック発作は決して珍しいものではなく、世界中で１０００人に15人ほどの人が発作に見舞われており、女性に多く、男性の2倍に上る。

ナルディは被験者を3群に分けて実験を行ない、その結果は２００７年に発表されている。被験者は、パニック障害を起こしたことのない健常者（対照群）、パニック障害を起こしたことのある人、およびパニック障害のある人の第1度近親者（父母、兄弟姉妹、子）でパニック発作を起こしたことがない人のグループだ。

被験者にはインスタントのブラジルコーヒーか、そのデカフェを飲用してもらったが、コーヒーには４５０㎖あたり４８０㎎という大量のカフェインが含まれていた（カフェインの含有量が多いロブスタ豆が使われていたのかもしれない）。このカフェイン量は6ＳＣＡＤ以上で、レッドブル６本、やや強いコーヒー１２００㎖、スターバックスコーヒー７１０㎖分に相当する。

デカフェを飲んだあとでパニック発作や不安に襲われた被験者はいなかったが、カフェイン入りコーヒーを飲んだあとでは、パニック障害の既往歴がある患者の52％がパニック発作を起こした。一方、対照群には発作を起こした人は誰もいなかった。

意外だったのは、パニック障害患者の第1度近親者の41％がパニック発作を起こしたことだ。近親者はパニック発作の既往歴がなかったにもかかわらず、多量のカフェインを一度摂取しただけで、パニック発作が起きたのだ。

ナルディは実験の精度を高めて、さらに研究を進めた。[21] 今度の研究では、被験者のグループを4群とり、以前と同じようにコーヒーまたはデカフェを飲用してもらった。コーヒーにはカフェインが480㎎含まれていた。被験者群は対照群とパニック障害の患者群のほか、ほとんどの社交場面を恐れる全般性社交不安障害（GSAD）の患者群、および公衆の面前で話したり、食べたり、書いたりすることを特に恐れるパフォーマンス限局型社交不安障害（PSAD）の患者群を加えた。

先の研究と似たような結果になった。濃いコーヒーを飲んだあとでは、パニック障害患者の61％がパニック発作に襲われた。しかし、デカフェを飲んだ場合や対照群には、パニック発作を起こした被験者は誰もいなかった。

一方、今回の研究で付け加えた2群からは新しい知見が得られた。カフェインを摂取したあとに、パニック発作に襲われた被験者はPSAD群にもGSAD群にもいたが、前者の方がはるかに多かった（PSAD群は53％、GSAD群は16％）。

この研究結果は、PSADはGSADと生物学的に異なる仕組みで生じており、パニック障害に近いことを示唆しているとナルディは論じている。興味深いことに、この相違はカフェインによって明らかになったのだ。

カフェインと幻覚

カフェインを使ってパニック障害患者の研究を行なったのはナルディが最初ではない。脳に及ぼすカフェインの知られざる影響の一端を明らかにした研究もある。

ニューヨークの3人の医師が「アメリカン・ジャーナル・オブ・サイカイアトリー」誌に宛てた1993年の書簡で、「パニック障害患者、全般性不安障害の患者、健常者（対照群）を被験者として、睡眠中に静脈注射されたカフェインの影響を研究したが、注射後すぐに、7人の患者のうち2人に幻嗅症状が現れたのを認めた」と記している。[22]

なんとも薄気味悪い話だ。まず、研究者の医師が安眠中の被験者にカフェインを250㎎（4SAD弱）注射した。スターバックスコーヒーなら350㎖のカップ1杯、レッドブルなら4本分に相当する量だ。

精神障害の既往歴のない対照群の被験者の1人は、注射の14分後に目を覚ましたが、それは驚くには当たらない。震えが来て、息づかいと鼓動が速くなったそうだが、カフェインを静脈注射されたのだから、それも少しも不思議ではない。驚くべきことは、その被験者が「興味深い匂いか味、どちらかと言うと匂いがした」と報告したことだ。

これはありもしない匂いを感じる幻嗅だが、幻嗅症状が現れたのはこの被験者だけではなかった。全般性不安障害患者の1人も注射の3分後に目を覚まし、「プラスチックか焦げたコーヒーのような匂いがした」と訴えたのだ。

また、パニック障害の患者にも幻覚を起こした被験者が1人いた。その被験者は「揺れ動く模様が見えて、たとえようもない音が聞こえた」と報告している。

この3人の被験者はわずか250㎎のカフェインで、夢から覚まされて簡単に幻覚を起こしたようだが、500㎎のカフェインを安眠中に注射されたもう1人の被験者は、不愉快だったかもしれないが、幻覚は引き起こされなかった。この実験を行なった3人の医師は、「この観察結果は、アデノシン系に関する研究を深めることで、幻覚形成の解明が進む可能性を示唆している」と締めくくっている。

2007年にギリシャの研究チームが報告した事例はさらに不思議だ[23]。パニック障害をもつ31歳の男性に400mgのカフェインを投与すると、「極度の不安と恐怖、神経過敏、心拍数の上昇、発汗、胸の痛み、めまい、失神や死の恐怖、実験から逃げ出したいという衝動」を伴うパニック発作が引き起こされたのだ。これはパニック発作の典型的な例で、カフェインを400mgも投与されたのだから、驚くほどのことではない。意外だったのは、発作が起きる前に感じられた奇妙な感覚だった。「被験者は珍しいタイプの幻聴に襲われた。自分が何か考えると、そのたびに最後の言葉がはっきりと、こだまのようにくり返し聞こえたと報告したのだ。幻聴は不安がそれほどひどくなる前に突然始まり、その1~2分後にパニック発作が起きたが、発作が起きると幻聴もひどくなったそうだ。被験者は気が狂うのだと思ったそうだが、その幻聴の妄想が精緻になっていくことはなかった」。幻聴は15分ほど続き、パニック発作は1時間でおさまった。

幻聴とカフェインの関連に関しては、オーストラリアの研究チームがさらに詳しい研究を行なっている[24]。精神疾患のない被験者に対して、カフェインとストレスの関係を明らかにするために実験を行なった。クリスマスソングをどの程度我慢できるかどうかによるが、その実験方法自体がいささかストレスになるのではないかと思われる。

カフェインもストレスも少ないグループ、カフェインは少ないがストレスは多いグループ、ストレスは少ないがカフェインは多いグループ、カフェインもストレスも多いグループの4群に被験者を分け、ストレスのレベルは標準化ストレス尺度質問表を用いて測定した。なお、1日あたりのカフェイン摂取量が「多い」というのは、200mg（ほぼ3SCAD）を超える場合と定義した。

被験者はビング・クロスビーが歌う『ホワイトクリスマス』を聞かされたあとで、この歌または歌の一部が埋め込まれている可能性があると伝えられたホワイトノイズ（白色雑音）をヘッドフォンで聞き、歌が聞き取れた回数を報告した。この実験のミソは、ホワイトノイズに『ホワイトクリスマス』はまったく入っていないことである。ストレスもカフェインも多いグループが一番「聞き違い」も多かった。実際には入っていないにもかかわらず、歌を聞いたと思ったのだ。

2011年に発表された論文には、「この研究で、ストレスの多い生活を送りながらカフェインを大量に摂っていると、健全な被験者でも『幻覚』を起こす確率が高まることが明らかにされた。カフェインは『安全な』薬物と喧伝されているが、その使用には慎重を期すことが望まれる」と記されている。

カフェインによって幻覚が引き起こされることは、幸いにも希である。しかし、研究者はこうした研究報告によって、一般のアメリカ人が摂取している範囲内の少量であっても、カフェインが人体に影響を及ぼすということを理解してもらえるように願っているのだ。

カフェインと精神疾患

きわめて希ではあるが、パニック発作や幻覚症状よりもさらにひどい精神状態がカフェインによってもたらされる場合もある。たとえば、ブリガムヤング大学のドーソン・ヘッジス医師が報告した事例がそうだ。ヘッジスは2009年の「CNSスペクトラムズ」誌で、「精神病院の入院歴はなく、農業経営に成功している47歳の男性が、7年間のうつ状態、睡眠不足（一晩でわずか4時間）、体力の低下、爆発的な怒り、集中力の低下、食欲の低下、無快感症、無気力を訴えた」と述べている[25]。

この男性はコーヒーを飲んでいた。それも大量にだ。ヘッジスに診てもらう7年前に、1日に飲むコーヒーの量を12杯から36杯に増やした。つまり、医師に診てもらったとき、この男性は1日に3・8ℓものコーヒーを飲んでいたことになる。「この患者にはコーヒーの消費量を増やす以前に精神疾患の既往歴はなかったが、それ以後はパラノイア（偏執症）を発症した」とヘッジスは記している。この男性は、周囲の人が自分を追い出して、農場を乗っ取ろうとしていると思い込むようになったのだ。

この男性はパロキセチン、アルプラゾラム、クロナゼパム、プロパノールといった抗不安薬も服用していた。衛生状態もよくなかった。しかし、コーヒーの消費量を減らしていくと、別人のようになった。「カフェインの摂取量を減らすと、精神疾患は治った。統合失調症やその他の精神疾患の症状は見られなかったので、抗精神病薬による治療の費用や副作用の心配をせずに済んだ」とヘッジスは述べて、医療の専門家は慢性精神疾患の原因として、カフェインの過剰摂取を疑うことを勧めている。

暴力的な衝動をカフェインのせいにした極端な事例もある。ケンタッキー州で2009年に妻の首を延長コードで絞めて殺したウッディ・ウィル・スミスという人物がいる[26]。スミスは妻が浮気をしていると思い込み、気づかぬうちに妻が子供を連れて出て行かないように、カフェインを摂って眠らないようにしていた。妻を殺したのは睡眠不足とカフェイン中毒のせいだと本人は主張したが、陪審員には信じてもらえなかった。

被告人がカフェイン中毒に陥っていたという弁明は、ダン・ノーブルの事例では認められた。アイダホ州に住むノーブルは2009年12月の朝、スターバックスに行き、いつものように480mlのグランデカップコーヒーを2杯注文して、つけ払いにしてもらった（スリッパにパジャマ姿で財布を持っていなかったからだ）。その後、ご自慢の金色のポンティアック・トランザムを運転して、近くのワシントン州プルマンまで行くつもりだったが、途中で運転が定まらなくなり、横断歩道で歩行者を1人はね、さらにもう1ブロック先でも1人はねた。はねられた人はいずれも足を骨折した。通報を受けた警察官はノーブルを取り押さえるために、スタンガン（電撃銃）を使用する必要があった。

ノーブルは危険運転致傷罪を含め、すべての容疑について無罪になった。カフェインによって心神喪失状態に陥っていたというのが、その理由である。弁護士は、ノーブルには「希な双極性障害があり、カフェインが最後の引き金になった」と述べている。[27] 無罪放免の条件は、今後はコーヒーを飲まないことであった。

さらに、ワシントン州に住むケネス・サンズの事例もある。この男性は2011年10月にバレーボール大会で1人の女性と3人の10代の女子に痴漢行為をはたらいた。サンズは、自分の行動はカフェインによって引き起こされた精神障害の結果だと主張したが受け入れられず、5ヵ月の実刑判決を言い渡された。

ここに挙げた事例は一般的とは言えないもので、カフェインに起因する急性の精神異常は希な現象だ。しかし、カフェインには頭を引っ掻き回す力があるということは肝に銘じておいてほしい。

第13章　治療用のカフェイン

1859年10月10日、ジョージア州のオーガスタに住むヘンリー・フレイザー・キャンベル医師は地元のホテルから往診を頼まれた。ホテルへ駆けつけると、24歳の「F・H・T氏」が友人のひざの上に頭を乗せ、事務室のソファーに横たわっていた。「一時的なうつの発作」に襲われてアヘンチンキ（アヘンのアルコール溶液）を摂りすぎたのだ。[1] ちなみに、20世紀になるまではアヘンチンキが鎮痛剤としてよく利用されていたのである。

F・H・T氏には反応がなかった。キャンベル医師は患者の頭に冷水をかけたり、腹を押したりして、呼吸が弱まらないように手を尽くしたが、その甲斐もなく、呼吸は1分間に4回にまで下がり、皮膚は紫色を呈して冷たくなった。筋肉が弛緩して、首が座らず、舌も口の外へ垂れ下がってしまっていた。

キャンベル医師は最後の手段として、刺激剤の使用を思いついた。そのときのことをこのように記している。

真っ先に頭に浮かんだのは濃いコーヒーだったが、ホテルには夕食で出された薄いコーヒーの残りしかなかった。患者は何かを飲み込める状態ではなかったし、現在の状態で胃管を使うのは危険が高すぎると判断した。そこで注射器の使用が求められたが、薄いコーヒーだったので、使用がためらわれた。しかし、そのとき折よくカフェインの使用を思いつき、早速カフェインを取りに行かせた。（……）少量のカフェインを舌と両頬の口の内に塗った。それから、患者を横向きに寝かせると、コーヒーに大量のカフェインを溶かし込み、通常の注射器で直腸に注入した（このとき使用したカフェインの量は20グレーンとあとで確認された）。

20グレーンのカフェインはかなりの量で、１３００mg、または17ＳＣＡＤに相当する。患者は1時間もしないうちに元気を取り戻し、「寄り添ってくれていた人たちをベッドの脇から遠ざけると、ベッドから飛び降り、元気よく手足を自由自在に動かして、筋肉が正常に機能することを示した」とキャンベル医師は述べている。患者が回復したのは筋肉組織に及ぼしたカフェインの影響だと医師は確信していた。１８６０年頃にジョージア州オーガスタでは、今日のようにインターネットで注文することはできなかったが、カフェインの粉末を入手することができ、医者はその刺激効果をよく知っていたのだ。

治療用のカフェイン錠剤

キャンベル医師の事例は、眠気覚ましや運動能力の向上以外の治療目的にカフェインを使用した草分け的な好例である。幸いなことに、ジョージア州のホテルで起きたようなうつ病患者がアヘンチンキの犠牲になる出来事も、カフェインの直腸注入も、今ではほとんどなくなった。現在では、アヘンの摂りすぎにカフェインが処方されることはなくなったが、カフェインが治療目的で使用されなくなったわけではない。意外な使われ方やよく知られた使われ方もされているのだ。

早産児の無呼吸症（一時的な呼吸停止）の治療にカフェインが使用されることがよくある。カフェインの治療を受けた早産児は気管支肺異形成症（早産児によく見られる重篤な肺疾患）の発症率が低いという研究結果も出ている。[2] ちなみに、カフェインによく似た性質をもつテオフィリンという物質（基本的には、メチル化されていないカフェイン）も無呼吸症の治療に使えるが、効き目は劣る。[3]

カフェインの治療利用では、頭痛薬としての利用が最も一般的で、よく知られている。しかし、頭痛に及ぼすカフェインの作用は複雑だ。逆にカフェインによって頭痛が引き起こされる人もいるからだ。少なくとも、頭痛の緩和作用の一部は血管収縮神経作用による。カフェインは脳の血管を収縮させるので、頭がズキズキする感覚が抑えられるのだ。[4]

もちろん、頭痛はカフェインの離脱症状である場合が多い。手術後の入院患者がよく訴える頭痛の多くは、食事制限のためにカフェインが摂れないことに起因することがわかったのだ。よい知らせは、こうした頭痛はカフェイン飲料ですぐに緩和されることだ。[5]

偏頭痛持ちの人は「フィオリセット」のような処方箋医薬品で楽になることがある。ちなみに、フィオリセットはカフェインにアセトアミノフェン（解熱鎮痛剤）とバルビツール（鎮静剤）を加えた鎮痛薬である。カフェインは偏頭痛の治療に非常に効果があるので、錠剤だと吐き気を催して飲めない人でも「カフェルゴット座薬」という処方箋薬があり、それでカフェインを摂ることもできる（正統派ユダヤ教徒の中には、贖罪の日の断食中に離脱症状を緩和するために、市販のカフェイン座薬を使用する人もいる）。しかし、カフェイン、アスピリン、アセトアミノフェンを調合した市販の医薬品でも、偏頭痛やそれに伴う症状の治療に非常に効果があることを示した大規模な研究結果も出ている(6)。

「エキセドリン」や「アナシン」のような評判のよい市販の鎮痛薬にもカフェインは使われている。アナシンは「アスピリン＋カフェイン＝痛みにすぐ効く鎮痛薬」という方程式をパッケージに掲げている。1錠に32mgのカフェインが入っており、大人の推奨服用量（2錠）にはカフェインがほぼ1SCAD含まれる。一方、「エキセドリン・エクストラストレングス」錠には、アスピリン、アセトアミノフェン、カフェインが入っていて、大人の推奨服用量（2錠）のカフェインは130mg（2SCAD弱）に上る。

こうした錠剤は二日酔いの特効薬と一般に考えられているので、それに乗じたアナシンは、「楽しい晩、辛い朝、二日酔いはアナシンで吹き飛ばせ」を謳い文句にしている。二日酔いになった若い世代のためには、カフェイン入りの「モンスター・リハブ」や「ロックスター・リカバリー」といったエナジードリンクがある。「ハングオーバー・ジョー」というエナジーショットは二日酔い向けの製品だが、基本的な製法は普通のエナジーショットと何ら変わりはない。ナイアシンやクズなどの成分も入ってはいるが、主成分はカフェインで、含有量は3SCADに上る。

市販されている他のカフェイン剤には、「デクサトリム」などのように痩せる効果があると宣伝しているものがあり、ダイエット中の人に人気を博している。こうしたダイエットサプリは話題の有名人が宣伝に起用されていることが多く、たとえば、キム・カーダシアンは「クイック・トリム」を、スヌーキーは「ザントレックス3」を推している。問題は、カフェインには痩せる効果がないということだ。

よくわからないのは、カフェインがこうしたダイエットサプリの主成分に使用されている理由だ。カフェインは精神刺激剤なので食欲を抑えるのではないかという思い込みくらいしか考えつかないからだ。ゲルフ大学のテリー・グレアムは、カフェインに脂肪燃焼作用があるといまだに考えられているからではないかと推測している。

「みんなが信じている俗説だからね」と生理学者のグレアムは言っていた。中には、足やせ効果を謳い文句にしてカフェインを配合したパンティーストッキングのような製品もあるそうだ。「まあ、実害はないけどね。問題があるとしたら、うっかりしていると足が細くなりすぎて消滅してしまうことかな」とグレアムはジョークを飛ばして、クスクス笑った。

カフェインとうつ病・糖尿病

医療利用以外にも、人間の身体と精神に及ぼすカフェインの影響が明らかにされつつある。新しい発見があるたびに新聞の科学欄や健康欄に掲載されて、カフェイン愛好者は一喜一憂している。しかし、こうした研究結果に一喜一憂する必要はない。カフェインは思いもよらぬ影響を及ぼす複雑な薬物であるということを認識していればよいのだ。

コーヒー好きにとって、朗報がひとつある。カフェインにうつ病を防止する効用があるかもしれないのだ。ハーバード大学のアルベルト・アシェリオ博士らが「看護師健康調査」で得られたデータを用いて、カフェイン飲料の摂取とうつ病の危険性に関連があるかどうかを調べ、その結果を２０１１年に「アーカイブズ・オブ・インターナル・メディシン」誌に発表したのだ。[7] 女性は男性の２倍もうつ病になりやすいので、データ分析の対象を女性に絞った（女性は５人に１人がうつ病を発症している）。

解析の結果、コーヒーを飲む人の方がうつ病になる人が少ないだけでなく、最も飲む人（１日に４杯以上）は最もうつ病になりにくいことも明らかになった。「調査開始時にうつ病や強いうつ症状を発症していない年配女性を対象にして追跡調査するこの大規模なコホート研究では、カフェイン入りコーヒーの消費量が多いほど、用量依存的にうつ病の危険性が減少したが、デカフェコーヒーの消費量とうつ病の危険性減少の間には関連性が見られなかった」とアシェリオらは記している。

アシェリオらはこの研究に大きな欠点があることを認めている。被験者が最初に面接を受けた年齢は平均63歳で、次回は10年後だった。うつ病になる人の多くはこの年齢までには発症しているだろうから、この調査の対象から除外されているだろう。また、うつ病を発症している人はあまりコーヒーを飲みたいという気にならない可能性がある。したがって、因果関係を特定できないのだ。それでも、この研究結果は編集者のセス・バーコウィッツ博士の高い評価を得るのに十分だった。

この研究の寄与するところはきわめて大きい。私の知る限り、女性のメンタルヘルスの状態を評価するために初めてなされたコーヒー消費の大規模な研究だからだ。これ以前に行なわれたカフェインの影響に関する研究は、循環器疾患や炎症、乳がんを含む特定の悪性腫瘍が中心だった

（一般的に、カフェインが循環器疾患による死亡率に及ぼす全体的な影響は見つかっていない。全身性炎症マーカーにはわずかな増加が見られる。また、悪性腫瘍の予防効果は一般的にないか、あるとしてもごくわずかだ）。こうした研究の結果を総合すると、コーヒーは身体に取り立てて悪い影響を与えてはいないようなので、コーヒー好きが不安を覚えることは何もないだろう。

現在の知見では、コーヒーで命を落とすようなことはないという結論に落ちつくが、最近の研究を見ると、知らなくてはいけないことがまだたくさんあると思われる。男性に関してうつ病とコーヒーの飲用の関連を研究した論文も発表されているが、不思議なことに、この研究ではコーヒー（カフェインではない）にはうつ病を予防する効用があるかもしれないという結論が出されている。この研究で、「コーヒーはひどいうつ状態になる危険を減らす可能性があること」がわかったが、紅茶やカフェインの摂取にはこうした関連は見出されなかった。

２０１３年にアシェリオ博士らは、カフェイン入りコーヒーの飲用と自殺の危険性の減少に関連があるという論文を発表した[8]。女性に関するうつ病の研究と同様に、自殺の危険性はコーヒーの摂取量が増加するにつれて減少し、１日にコーヒーを4杯以上飲む人が自殺の危険性が最も低かった。ちなみに、２４０㎖のカップ１杯に含まれるカフェイン量を１３７㎎（ほぼ2ＳＣＡＤ）と計算している。この研究でも、デカフェコーヒーでは、自殺の危険を減らす効果に関連性は見出されなかった。

さらに、コーヒーの飲用と長寿の関連を示唆する研究の結果が２０１２年に発表されている[9]。想像に難くないと思うが、この研究結果はマスコミの大きな関心を呼んだ。米国立衛生研究所所属の国立がん研究所の研究者が、50歳から71歳のアメリカ人40万人以上のデータを分析した結果、コーヒーの飲用と死亡率の間に関連があることが明らかになったのだ。1日にコーヒーを3杯以上飲む人は死亡率が10%低かったのである。

しかし、この研究結果には注意しておかなければならないことがいくつかある。まず、この研究で示されたのは因果関係ではなく、相関関係にすぎないことだ。また、死亡率はデカフェコーヒーを飲む人が最低で、次に普通のコーヒーの飲用者、そして飲まない人という順だったことだ。さらに、研究者はコーヒーの淹れ方について区別をしていないことが挙げられる。論文の著者が伝えたかったことは、その言葉を借りると「本研究の結果で、コーヒーの飲用は健康によくないのではないかという不安が払拭されるだろう」

また、コーヒーの常用と二型糖尿病（主に生活習慣により血糖値が高くなる病気）の発症率が低いことの間にも強い相関関係が見出されているが、[10] カフェインに予防する効能はおそらくないだろう。

コーヒーと二型糖尿病に関する研究結果が発表に向けてしたためられていた頃、ゲルフ大学のテリー・グレアム教授はそれとはまったく異なることを発見していた。カフェインはインスリン抵抗性を高めることを明らかにしたのだ。[11] インスリンは血糖を制御する（血糖値を下げる）役割が一番よく知られているホルモンだ。被験者の血糖値は、カフェインと炭水化物を摂ったあとで上昇したのである。

カフェインがインスリン抵抗性を高めるという研究結果と、コーヒーと二型糖尿病の発症率が低いこととの関連性を示す研究結果を摺り合わせるのは大変だったとグレアムは語った。

「コーヒーと糖尿病の研究を知ったとき、こちらはもう論文を発表しかけていたので、まったくわけがわからなかったよ。でも、客観的な科学者の例に漏れず、間違っているのは向こうで、自分が正しいと結論を下した。ところが、実際はそうではなかったんだ。私も向こうも両方とも正しかったのさ」とグレアムは語った。

グレアムは自分の研究結果に自信をもっていたそうだ。「カフェインやコーヒーを常用している人でも、していない人でも、カフェイン入りコーヒーか純粋なカフェインを摂ったあとで炭水化物の入った食物か飲料を摂り、しばらく（おそらく数時間程度）休んでいると、インスリン抵抗性が高まるんだ」と教授は説明した。

健康な人はインスリン抵抗性が安全な範囲内におさまっているそうだ。「自分は活動的な健康人間だと思っているから、コーヒーはいつも飲んでいるけど、『こりゃまずい、身体に無理させているな』と反省したことは一度もないよ。インスリンが正常に機能してくれている自信があるからね。でも、あまり運動しなかったり、肥満だったり、二型糖尿病の家系だったり、その気があったりしたら、きっとカフェインは避けるだろうね」とグレアムは話した。

反対に、一型糖尿病の患者がインスリンショックとして知られる急性低血糖症に見舞われたときには、カフェインが力を発揮する。グレアムによれば、低血糖症になった人は血糖値を上げる必要があるので、カフェイン入り清涼飲料のように血糖値を上げる効果がある方が、カフェイン抜きのものよりも役に立つのだそうだ。インスリンとの関係は、カフェインが体内でさまざまな作用をする薬物だということを改めて教えてくれる。はっきりした作用もあれば、わかりにくいものもあり、認識を深めることが役に立つ場合もある。

ハーバード大学の研究チームが、２０１２年に発表した研究結果は注目に値する。カフェイン入りコーヒーの飲用と、基底細胞がんの発生率の低さには関連があるというのだ。これは皮膚がんの一種で、発生率がきわめて高いので、じきに他のがんを全部合わせた発生率と肩を並べるようになるかもしれない。基底細胞がんの低発生率と関連があったのはカフェイン入りコーヒーで、デカフェにはなかったことから、発生率を抑えたのはカフェインの作用と考えられる。この効果は大きなものではないが、研究者は「アメリカでは毎年100万人に近い人が発症していることを考えると、わずかでも効果が上がる食品を食事に取り入れることで、公衆衛生に大きな影響が出ると思われる」と記している。[12] がんの発生を抑える正確なメカニズムはまだわかっていないが、マウスを使った実験で、太陽光線で損傷を受けた皮膚細胞をカフェインで取り除ける効果があることが示されている。

妊婦はカフェインを摂ってもよいか？

カフェインで最も懸念されることは先天性障害や流産を引き起こす可能性があるという点だろう。1980年代の後半に、政府の諮問委員会が清涼飲料におけるカフェインの使用を再検討することを提言した背景にはこうした懸念があった。その後、カフェインに関する研究結果が次々と蓄積されている。

こうした研究結果を理解しようとして、アメリカ産婦人科学会の産科医療委員会はそれらを詳細に検討して、2010年に提言を行ない、「節度のあるカフェインの摂取（1日に200mg以下）は、流産や早産の主要な要因になっているとは思われない。発育不全とカフェインの関係はまだ解明されていない。また、現段階では、カフェインの多量摂取と流産に相関関係があるかどうかに関しては最終的な結論を出すことはできない」と締めくくった。[13]

しかし、カフェインを断つ必要がないというニュースやこの提言に妊婦が安堵したのもつかの間で、2013年の初頭に今度はいやなニュースを聞くことになった。スカンジナビアの研究チームが「カフェイン摂取は、出生時の低体重や不当軽量児（出生時の週数における平均体重よりもかなり小さく生まれた赤子）が生まれる可能性の増加と常に関連があった」という結果を発表したのだ[14]。しかも、カフェインの摂取量が多かったからそうなるわけではなかった。１日の摂取量が２００mg以下でも、体重不足の子供が生まれる危険が高まる可能性があることがわかったのである。

しかし、この研究結果は、先の産科医療委員会が述べた「発育不全とカフェインの関係はまだ解明されていない」という結論と矛盾するものではないことを指摘しておきたい。

さらに、女性が興味をもつと思われる意外なカフェイン研究の結果が、２０１２年にも発表されている。節度のあるカフェイン摂取とエストロゲンレベルの間に関連があることがわかったのだ[15]。不思議なことにエストロゲンレベルは、白人女性ではカフェイン摂取量が毎日２００mg以上の人の方が摂らない人よりも低かったが、アジア人女性ではその反対の傾向を示した。さらに、カフェインの摂取源によって、エストロゲンレベルに及ぼす影響も異なっていたのである。毎日摂取していたカフェイン源が緑茶やカフェイン入り炭酸飲料などコーヒー以外だった場合は、人種（アジア人、黒人、白人）を問わず、摂取量が少ないほどエストロゲンレベルは高かった（しかし、いずれの場合も、排卵に影響するほどのレベルではなかった）。

カフェインは、中高年の女性に多く見られる骨粗しょう症（骨密度の低下）の一因になっている可能性があると長いこと考えられてきた。カフェインは胃のカルシウム吸収能力をわずかに低下させるので、骨密度の低下と骨折の危険性の増大に一役買っているのではないかと心配する医師もいた。しかし、内分泌学者のロバート・ヒーニーによると、杞憂のようだ。「カルシウム吸収に及ぼすカフェインの副作用は小さいので、ミルクを大さじ１〜２杯とるだけで相殺することができる。骨粗しょう症の危険因子としてカフェイン飲料を指摘している研究はいずれも、カルシウムの摂取量が適正量を大幅に下回っている人たちを対象になされたものである」と、２００２年に発表した論文で述べている。[16]

さらに、中高年や長寿を願うコーヒー好きの人に喜んでもらえそうなニュースもある。パーキンソン病やアルツハイマー病を防ぐ効果がカフェインにあるかもしれないという研究結果が発表されているのだ。日系アメリカ人男性８０００人のデータを解析した２０００年の研究で、コーヒーの飲用者はパーキンソン病の発症率が低いことが明らかになった。[17]立役者はカフェインのようだ。「データは、パーキンソン病の低い発症率はコーヒーに含まれる他の成分ではなく、カフェインの摂取と関連があることを示している」と研究者は報告している。

一方、２０１０年にポルトガルとスペインの研究チームがアルツハイマー病とカフェインに関する文献の総説を行なっているが、こちらは明確な結論を出すことができなかった。カフェインにはアルツハイマー病を予防する効果がおおむね認められるが、研究の結果に大きなバラツキが見られるので、「この問題に関しては疑う余地のない断定的なこと」は言えないと述べている。[18]

どちらの場合も、カフェインが病気の発症率を低下させていることをデータで裏付けることはできなかった。こうした神経変性疾患にかかりやすい人は、神経構造的にカフェインを摂りたいと思わないのかもしれない。また、カフェインに神経障害を予防する効果があるとしても、カフェインのどの作用によるのかは特定されていない。アデノシンやドーパミンに及ぼすカフェインの作用と関係があるのではないかと研究者は睨んでいる。

アデノシン受容体への影響

カフェインがアデノシン受容体を阻害するメカニズムに関する研究が進み、知見が蓄積されている[19]。2012年にドイツのダーヴィト・エルメンホルストらは、主要なアデノシン受容体のうち、通常の摂取量のカフェインによってブロックされる数を調べるために、神経画像技術を用いて観察した。エルメンホルストらが研究の対象にしたアデノシン受容体はA1受容体である。人間の脳内で最も分布域が広く、高次の認知機能に欠かせないニューロンのある大脳皮質に豊富に存在するからだ。一方、A2A受容体は大脳基底核という脳の深部にだけ分布する（このアデノシン受容体はパニック発作を引き起こす遺伝的変異と関連がある）。

「どちらの受容体の方がカフェインの作用と関連が深いのか、まだ結論は出ていません。研究結果が分かれているのです」とエルメンホルストは話してくれた。

エルメンホルストらは15名の男性被験者に体重1kgあたり1〜4mgのカフェインを静脈注射した。たとえば、体重が68kgの人ならば、1〜4SCADのカフェインに相当する。論文にはカフェインの入った脳と入っていない脳の印象的な画像が載っており、アデノシン受容体がカフェインで満たされている様子がわかる。エルメンホルストによれば、この研究は、私たちがふだん摂っているカフェインの量でアデノシン受容体の50%が阻害されることを示した初めての人体研究だそうだ。

50%というのは実際に重要な数字なのだと、エルメンホルストは強調している。統合失調症のような精神疾患を治療する場合には、標的となる受容体の60〜70%を阻害する薬が必要になる。このレベルはたいがい治療の効果が出て、しかも思わしくない副作用をもたらさない閾値なのだ。ということは、コーヒーや紅茶、コーラ、エナジードリンクの常用は、カフェインの自己投与とみなすことができる。「一般の人は副作用が少なくて治療の効果が上がるカフェインの適用量を直感的に摂っているのだろうと思います」とエルメンホルストは述べた。

カフェインの代謝には個人差があることを見てきた。避妊薬、喫煙、アデノシン処理や酵素の合成を司る遺伝的素因などがその要因と考えられるが、さらに性格型もその要因に挙げられる。スイス人の精神科医カール・ユングが最初に記述した内向型と外向型という特性だ。[20] 外向型の人は社交的で、積極的に行動することを好むが、内向型の人は関心が自己の内面に向けられ、社交性に乏しい。カフェインには認知力を高める効果があるが、その効果は外向型の人の方が大きいということがつとに知られていた。被験者を用いて、以前に見た文字を思い出し、適切なキーボードのキーを押して示す能力を調べた研究の結果が２０１３年に発表されている。その研究によると、カフェインは外向型の人の作業記憶を向上させたが、内向型の人には効果が見られなかった。

カフェインの謎はまだある。カフェインを摂取しているのを承知して摂る場合は、その効果が高まるのだ。[21] どうしてそんなことが起こるのだろうか？ それが関係しているのは、心理学で「期待」と呼ばれているものだ。英国のリン・ドーキンスの研究チームは、88人の被験者を4群に分けてコーヒーを飲んでもらい、この効果を検証した。1群目の被験者には、カフェインが入っていることを伝えて、カフェイン入りコーヒーを飲んでもらった。2群目には、カフェインは入っていないと嘘を言って、カフェイン入りコーヒーを飲んでもらった。3群目には、カフェインが入っていると嘘を言って、デカフェコーヒーを飲んでもらった。4群目にはカフェインが入っていないことを伝えて、デカフェコーヒーを飲んでもらった。カフェイン入りのコーヒーにはどれもおよそ75㎎（1ＳＣＡＤ）のカフェインが入っていた。

ドーキンスの研究チームはコーヒーのプラセボ効果、つまり、効果があるだろうと期待するだけで測定できるほどの改善が起こることを検証したわけだ（二重盲検法はこの効果を防止する目的で用いられる手法である。この方法を用いれば、被験者にも研究者にも投与された薬剤の実際の中身がわからないからだ）。それまでの研究では、期待によって注意持続力が向上したのは、実際にカフェインを摂取したときだけだったという結果しか出ていない。つまり、カフェインとその摂取がもたらす期待感が合わさった相乗効果しか報告されていないのだ。しかし、ドーキンスらの研究結果はこれとは異なるものだった。「本研究の結果はこれまでの研究結果を裏付けるものではなかった。実際に飲んだコーヒーにカフェインが入っていたか、いなかったかにかかわらず、コーヒーを飲んだという期待によって運動能力の向上が見られた」とドーキンスは記している。

実際に、あるテストでは期待の方がカフェインよりも効果があったという結果も出ているのだ。たとえば、赤インクで「赤」と書いてある（文字とインクの色が合致している）ときの方が、青インクで「赤」と書いてある（合致していない）ときよりも「赤」という文字を早く読むことができるが、こうした現象は「ストループ効果」と呼ばれている。ストループテストは、一定の時間内にこの２つのタイプの文字を正しく答えられた回数で認知機能を測る検査である。

「ストループテストの結果、カフェインを飲んだという期待によって、注意を持続させる力が向上することが示唆されたが、この効果はカフェインの薬理効果と同等か、あるいはそれ以上かもしれない」とドーキンスは記している。

確かに、こうした研究結果の実用性はあまり高くはない。カフェインの摂取量を減らす必要がある人に、カフェインが入っていると言ってデカフェを淹れてあげる場合は、この結果が活かされるかもしれない。デカフェを飲んでいると知らない方が仕事の能率が上がるかもしれないからだ。しかし、ドーキンスらの研究は、いざというときにコーヒーが飲みたくなる理由を解明するのに大いに役に立つ。「注意力と精神運動速度は、カフェインそのものとカフェインを摂取したという期待感によって向上が見られた。また、被験者の自己申告によれば、カフェインを摂取したという期待によって活力が高まり、報酬応答性も高まった」とドーキンスは記している。

しかし、カフェインにはまだまだ驚かされることがある。たとえば、外向型で、アデノシン受容体がカフェインの作用を最大に受ける体質の人が、気分を爽快にしようと思ってコーヒーを1杯飲んだとする。その後、爽快な気分で同僚と仕事の打ち合わせを行ない、打ち合わせは順調に進んだ。そのとき、たまたま大学時代の旧友を思い出して、顔ははっきり覚えているのだが、名前がどうしても出てこない。これもカフェインの為せる業かもしれないのだ。

答えを知っているのに一時的にそれを思い出せないというじれったい現象は、認知科学では「舌先現象」として知られている。カフェインは目先の一連の思考に関係する言葉を想起する能力は向上させる（これは意外なことではない）が、反対に、関連のない言葉を思い起こす能力は低下させるのだ。

イタリアのトリエステのヴァレリー・レスクとスティーヴン・ウォンブルはカフェインと記憶力（想起力）の関連を検証した。[22] 32名の大学生を2つのグループに分けて、一方のグループには200mgのカフェインを投与し、もう一方はカフェインを投与しない対照群とした。一般常識に関する100題の設問に回答してもらった結果、カフェインを投与したグループの学生の方が対照群よりも度忘れの頻度が少なかったが、そのグループに関連した単語に限られていた。関連のない単語に答えてもらおうとすると、逆の効果、すなわち、あのじれったい度忘れの頻度が高まった。

カフェインの分類が一筋縄ではいかないのは、このように作用が複雑で多種多様だからだ。米国連邦政府の監督機関が1世紀以上にわたって、カフェインを持て余していたのもそのためなのだ。

Ⅳ カフェインの規制

チャタヌーガ裁判から1970年代後半まで、監督官庁は60年以上にわたり、カフェインを放置していた。その間に、清涼飲料産業が急成長を遂げるとともに、コーヒーの消費は頭打ちになり、その後、減少した。

1958年に、米国食品医薬品局（FDA）は「連邦食品・医薬品・化粧品法」の食品添加物改正法を採用し、これでカフェインにGRASの地位が正式に与えられた。GRASとはFDAが「一般に安全だと認められる物質（generally recognized as safe）」と認定したことを表す略語で、その添加物が食品として安全に使用された長い歴史があることを示している。しかし、FDAがカフェインのGRASを認めているのは、カフェイン濃度が200ppm（0・02%）以下の「コーラタイプ飲料」だけだ。この濃度は350mℓあたり71mg（現在のコカ・コーラ1缶の約2倍）のカフェイン量に相当する（ちなみに、チャタヌーガ裁判以前のコカ・コーラはこの濃度を超えていたと思われる）。「炭酸水」に関する1966年の規定で、FDAはカフェインがいくつかの清涼飲料の必須成分であると指定した。「コーラ・ナッツの抽出物を原料とし、カフェイン飲料であると長年知られていて、『コーラ』や『ペッパー』という名称がついている炭酸水は、重量の0・02%を超えない量のカフェインを含有するものとする」と規定しているのだ。[1]

しかし、カフェインは1978年に窮地に陥ってしまう。カフェインの安全性を再検討した政府の諮問委員会が、GRASの取り消しを提言したからだ。[2] カフェインの影響に関する憶測を減らすために、委員会は「適切な種の胎児・新生児・成長期において、厳密に制御された研究を長期にわたって行ない、食物やコーラタイプの飲料に添加されたカフェインが行動と心血管に及ぼす直接的および究極的影響を明らかにするように」求めた。委員会は食品添加物としてのカフェインの安全性を検討の対象にしていたので、コーヒーや紅茶は取り上げられなかった。

1980年にFDAは委員会の提言に応じて、カフェインのGRASの取り消しと健康上の危険性を明らかにするために、動物や人間で研究を行なうことを提案した。FDAがカフェインを再考したことで、厄介な問題が噴出した。コカ・コーラ社やペプシコ社は神経質になり、全米コーヒー協会(NCA)にとっても対岸の火事ではなくなった。

FDAに宛てた書簡で、NCA会長のジョージ・E・ベックリンは、「コーヒーは提言された規制の対象にはなっていないが、提案の根底にある科学的問題は、食物に含まれている一般的なカフェインの安全性に関連するものだ。したがって、全米コーヒー協会はこうした問題が適切に解決されることを切に願っている」と述べている。

コカ・コーラ社は同じ製法を長年使用していることをFDAに対する反論の根拠にし、1958年に当時のＦＤＡ副長官ジョン・ハーヴェイが、その頃審議中だった食品添加物改正法はカフェインに影響は及ぼすことはないと思われると述べて、コカ・コーラ社のエドガー・フォリオ副社長を安心させた書簡を添えている。ハーヴェイはその書簡で、「コカ・コーラは長期にわたり、広く飲用されてきたので、飲料そのものの安全性とその成分の安全性は、その消費歴で確立されていると思われる」と述べている。

結局、この提案はお蔵入りになってしまった。文献を科学的に検討した結果、カフェインの発がん性や生殖機能に及ぼす影響に関する懸念がおおむね払拭されたあと、ＦＤＡはこの提案を20年間棚上げしておき、２００４年に最終的に取り下げたのだ。その提案は、休眠状態の規制案を整理するＦＤＡの日常業務の中で破棄され、静かに息を引き取ったのである。こうしてカフェインはＧＲＡＳリストに残った。

その間に、おかしな出来事があった。ＦＤＡは、コーラを定義している「炭酸水」の規定に、清涼飲料の多くが当てはまらないことに気がついていた。たとえば、マウンテンデューにはカフェインが含まれているが、コーラ・ナッツで味つけがされていない。一方、カフェインフリーのコカ・コーラはコーラ・ナッツで味つけされているが、カフェインは含まれない。ＦＤＡは、最初はコーラタイプの飲料の定義を改めようと試みたが、１９８９年にコーラタイプの飲料を含む炭酸水の認定基準そのものを破棄することにした[3]。その結果、カフェインのＧＲＡＳ基準には大きな穴が空き、今日に至っている。カフェインのＧＲＡＳはコーラタイプの飲料を基準としているが、ＦＤＡにはそうした飲料を規定する規制基準がない。

１９８０年代の初めにカフェインに対する意識が高まったが、それはカフェイン論争によるところが大きい。カフェインを取り除いたデカフェコーヒーの売り上げが急激に伸びた。マクスウェルハウスが何百万ドルも投じてヒューストンのデカフェ製造工場を建設した頃だ（現在では、マキシマス社が操業している）。ゼネラルフーズ社は「ブリム」というデカフェコーヒーを発売して、テレビで「カップにはカフェインではなく、香りを満たして下さい」というコマーシャルを流した。デカフェコーヒーの草分け的存在である「サンカ」は1980年代に一世を風靡した。ちなみに、サンカという名前はフランス語の「サンカフェヌ（sans cafeine カフェイン抜き）」に由来する。サンカ・コーヒーは1982年に人気を博した映画『初体験リッジモンド・ハイ』にも登場し、喜劇的な役割を演じている。窮地に立った理科の先生が、「今日は調子が出ないんだ。サンカに切り替えたばかりなので勘弁してくれ」と生徒に頼み込むシーンがあるのだ。さらに、サンカのテレビCMには、ピリピリした神経質な男が登場し、その奥さんが「お医者さん曰く、主人の神経質はカフェインのせいだそうよ」と説明する。ブリムも「私が神経質なのはカフェインのせいだとお医者が言うの」という似たようなコマーシャルを流した。

セブンアップ社は一連のコマーシャルにトリニダード出身の映画俳優のジェフリー・ホールダーを起用して、「セブンアップは口当たりよくて、気分爽快。すっきりした爽やかな飲み心地で、カフェインは入っていない。これまでにも、これからもない味だ」と言わせている。さらに、「カフェインもコーラも要らない」という宣伝文句も使われた（しかし、この反カフェイン宣伝がロイヤルクラウン・コーラ社の評判を貶めたとして、セブンアップ社はロイヤルクラウン・コーラ社に訴えられる羽目になった）。一方、コカ・コーラ社は「カフェインフリーとは思えないカフェインフリー飲料が出ました」という宣伝文句とともに、缶入りの「カフェインフリーコーク」「ダイエットコーク」「タブ」(ノンカロリーのコーラ風味飲料)の広告を新聞に載せた。

産業界の支援を得て、非営利団体の国際生命科学研究機構がカフェインを研究するために設立されたのもカフェイン論争のおかげである。この研究所は「公衆衛生と福祉の向上」という壮大で高邁な使命をもって、産業界の助成金で活動する大きな非営利組織に成長した。さまざまな委員会があり、世界中の巨大な食品飲料企業が委員を派遣している。カフェイン委員会では、コカ・コーラ、ペプシコ、レッドブル、クラフト、マース、ユニリーバなどの職員が委員を務めている。

さらに、このカフェイン論争のおかげで、FDAと清涼飲料会社、その顧問弁護士や研究者の間で何千ページにも及ぶ書簡が取り交わされることにもなった。こうした書簡には、「カフェインは多様な動物種の肝臓ミクロソームや灌流されたラット肝臓のタンパク質やDNAに共有結合を起こさない」という深遠な表題の論文も含まれていた。[4]

FDAのファイルには、食品の安全を求める活動家から送付された数十通に及ぶ書簡も保管されていた。こうした活動家は何十年もの間、清涼飲料会社にとって目の上のたん瘤(こぶ)になっていたのだ。

カフェインの規制を求める

公益科学センター事務局長のマイケル・ジェイコブソンは、ハーヴィー・ワイリータイプの活動家である。自分の主張を馬鹿にして喜ぶ大企業を敵に回しても、一歩も引かない強打者だ。1994年に、映画館で食べるようなポップコーンの大きな容器にはビッグマック6個分の飽和脂肪が含まれていると述べて、アメリカ人に心筋梗塞を引き起こす危険性があると警鐘を鳴らしたのはこの人だ。

ジェイコブソンは1970年代初めからアメリカ人の食生活改善に取り組んできたが、その頃、ラルフ・ネーダーの仕事を通して、博士号を取ったばかりの2人の若い研究者に出会った。「科学者が運営する組織を設立して、科学の重要性を強調するだけでなく、科学者にも社会問題にかかわってもらえたら面白いだろうと考えたんだ。組織の設立や資金の調達に疎い者たちが始めたのだから、これまでなんとかやってこられたのは運がよかったと言えるね」とジェイコブソンは話す。しかし、なんとかやってこられたというのは謙遜にすぎない。2012年までにはワシントンDCの国会議事堂に近いLストリートに大きな事務所を構えて、60人の常勤職員を擁し、1700万ドルの年間予算をもつに至っている。

ジェイコブソンは細身で、ウェーブのかかった豊かな白髪にメガネをかけ、話し方は穏やかだが、表現力豊かで弁が立つ。清涼飲料を「液体キャンディ」と呼んだのはジェイコブソンだ。本人は否定しているが、「ジャンクフード」という用語を生み出したのもジェイコブソンだと言う人もいる。「1970年代前半を振り返ると、食の安全や栄養について語っていた人はたいてい婉曲な表現や学術用語を使っていたが、そこが私たちと大きく異なる点だ。私たちは『炭酸入り清涼飲料』などとは言わずに、コークとかペプシとか、具体的に製品名を挙げて話をした。一般名詞を使うと、聞いている相手はピンと来ないからね」

ジェイコブソンは食塩、脂肪、砂糖の使用に反対する運動をくり広げたので、規制に反対する陣営の格好の標的にされた。たとえば、「消費者の自由擁護センター」はジェイコブソンを「過保護長官」と呼んで揶揄したが、本人はまったく動じない。「『過保護国家にしたいだけだ』とか、『コークを取り上げないでくれ』とか言って私たちを批判する人は、ほとんどが業界の関係者やその仲間なんだ。トランス脂肪酸も食塩も私たちの身体を蝕んでいるし、肥満も蔓延している。政府も企業もこうした現状を認めるべき時期に来ている」とジェイコブソンは指摘した。

カフェインが問題になるだろうということにジェイコブソンが気づいたのは、スターバックスの店舗がシアトルにいくつかあるだけで、エナジードリンクは影も形もなかった1970年代の後半だった。特別委員会がカフェインに関して懸念を表明した直後の1979年に、ジェイコブソンはFDAにカフェインの規制を強めるように請願書を提出した。

1981年7月にジェイコブソンがFDAに提出したカフェインのGRASに関する意見書は、今から見ると先見の明があったと思われる。今から30年以上も前のことだということを忘れないでいただきたい（ロナルド・レーガンが大統領に就任したばかりで、チャールズ皇太子とダイアナ妃の結婚がビッグニュースになった頃だ）。ジェイコブソンはその意見書にこう記している。「この15年間に、カフェイン入りの清涼飲料の種類は増加の一途をたどっている。コーラやペッパー飲料に加え、マウンテンデューやメロー・イエローは言うまでもなく、オレンジ味（サンキスト）やアップル味（アスペン）の炭酸飲料にもカフェインが入っている。製造業者はカフェインの使用を声高に要求している。（……）これから10年の間に、カフェインの安全性を黙って疑問視しているうちに、子供たちが飲むカフェイン飲料の種類は増え続けるだろう」

1983年にコカ・コーラ社が出した「カフェイン抜きの清涼飲料」を売り込む広告を見て、ジェイコブソンはまた書簡をFDAに送った。「コカ・コーラ社に代表される清涼飲料産業は何年にもわたり、カフェインは（……）これまで通りの望まれる風味を出すのに不可欠であると主張してきた」とジェイコブソンは述べて、飲料産業の巨人をやんわりと揶揄しながら続けた。「FDAは、味へのこだわりは子供の健康上のリスクよりも重要なのかというカフェイン・炭酸飲料論争の渦中にある。

古き良きアメリカ人の発明の才がこの問題を解決したと報告できるのは喜ばしい限りである。コカ・コーラ社は『カフェインフリーとは思えないカフェインフリー飲料』を製造することができるようになったと表明している。（……）コカ・コーラ社がフレーバーにおいてこのような偉業を成し遂げたからには、子供の健康を守るために炭酸飲料でのカフェイン使用を禁止するようにＦＤＡに強く要請する」（このフレーバーの重要性をめぐる論争は、ローランド・グリフィスが２０００年に発表した論文のきっかけにもなった。詳細は第5章を参照してもらいたい）。

ジェイコブソンが最初に提出した請願をＦＤＡが却下するまでに16年かかった。１９９７年に早速、ジェイコブソンは次の請願書を提出した。２つ目の請願書で、ジェイコブソンは、睡眠障害、不安症、依存症といったカフェインの副作用を挙げて、成分表示の改善が必要な根拠を述べた。さらに、食品や飲料の成分表示にカフェインを記載するだけでなく、分量も明示することも義務づけるように具体的に要請した。

この間に、ジェイコブソンとＦＤＡの間に、紳士的ではあるが多少の軋轢が生じた。提案されたＧＲＡＳの見直しに関する１９８１年の書簡に対して、ＦＤＡ長官代理のマーク・ノビッチ博士は、カフェインに対するジェイコブソンの危惧には自分が抱いている危惧と共通するところがあると述べて、「ＦＤＡは入手可能な証拠をすべて慎重に評価し、現時点ではコーヒーと紅茶に警告ラベルをつけることは適切ではないとの結論に至りました。貴殿はこの問題について異なる判断を下しておられると存じますが、ＦＤＡの姿勢が『無責任だ』とする評価は受け入れかねます」と返答している。

しかし、両者の間に生じた仲たがいはほとんど解消されることになる。１９９６年にＦＤＡ長官のデイヴィッド・ケスラーは、ジェイコブソンに米国食品医薬品局の最高の名誉であるＦＤＡ長官特別表彰賞を授与したのである（ケスラーはニコチン問題にメスを入れた長官だ）。賞状には、「マイケル・Ｆ・ジェイコブソン、貴殿は食生活と健康の関係に関する政府、産業界、および一般大衆の理解を深め、公衆衛生の向上に多大な貢献をしたことをここに評する」と記されていた。記念の銅メダルには、アメリカで最初に反カフェイン運動をくり広げたハーヴィー・ワイリーの肖像が浮き彫りにしてあった。

　ＦＤＡは、ジェイコブソンが提出した2つ目の請願に基づいた行動はまだ起こしていない。しかし、ジェイコブソンは30年にわたりカフェイン問題に取り組んできた末に、ようやく一矢報いることができた。２００８年にカフェイン入りアルコール飲料の販売の件で、アンハイザー・ブッシュ社とミラー・ブリューイング社を告訴したのだ。ミラー社は「スパークス」という飲料を「ハイ・ファン（ハイになるほど愉快な）」飲料という「不適切な表現」で売り出したとジェイコブソンは主張した。アンハイザー・ブッシュ社も「ティルト」と「バド・エクストラ」という同様の商品を売り出していた。ジェイコブソンはこれらの製品を「アルコスピード（アルコール入り覚せい剤）」と呼んだ。２社は複数の州司法長官からも圧力がかかったので、ジェイコブソンや州司法長官と和解して、こうした製品の販売を中止した。スパークスやティルトは市場でさほど大きな影響力をもつに至らなかったので、カフェイン入りアルコールがマスコミに叩かれる事態にはならなかった。しかし、カフェイン入りアルコール飲料が市場に大きな影響を及ぼすようになる日がじきにやってきた。中小の飲料会社が次々に市場に参入して、この手のアルコール飲料の製造・販売を始めたのだ。中には顰蹙（ひんしゅく）を買ったブランドもあった。この訴訟事件はＦＤＡが新しいタイプのカフェイン製品の規制に乗り出す契機となった。

カフェイン入りアルコール飲料による死亡事故

２０１０年の秋にセントラルワシントン大学の学生が9名、救急治療室に運び込まれた。学生は「フォーロコ」という名のカフェイン入りのアルコール飲料を1缶飲んだあと、昏睡状態に陥ったのだ。ペンシルベニア州のランカスターでも12名以上が救急治療室に運び込まれている。メリーランド州では21歳の女性がカフェイン入りアルコール飲料を2缶飲んだあと、ピックアップトラックを運転中に衝突事故を起こして死亡した。マンハッタンのベルヴューホスピタルセンターには飲みすぎの若者が何人も運び込まれ、１人は地下鉄の線路に転落した。アメリカ人の健康は突然、新しいタイプの脅威にさらされたようだ。「ブラックアウト・イン・ア・カン（1缶で失神）」と呼ばれたこのアルコール飲料が何週間にもわたって大きく報道された。

フォーロコの７１０㎖缶には１５６㎎（２ＳＣＡＤ）のカフェインと、３５０㎖の缶ビール5本分のアルコールが入っていた。フォーロコの愛好者が言うには、カフェインとアルコールが入っているので、パーティーを開いて一晩中騒いでいることができたそうだ。刺激効果のために、「液体コカイン」と呼ぶ者もいた。

フォーロコは危険な飲料だが、出現するのは時間の問題だった。１９９０年代にエナジードリンクが出現したとき、カクテルを割る飲料として人気が出た。レッドブルとウォッカのカクテルや、「イェーガーボム」と呼ばれるリキュールの「イェーガーマイスター」とレッドブルのカクテルがブレークした。じきに、商才に長けた飲料会社がカフェインを事前にブレンドしたアルコール飲料を売ることを考えついた。ジェイコブソンと州司法長官らの告訴で、アンハイザー・ブッシュ社とミラー社にカフェイン入りアルコール飲料の販売を中止させてまもなく、フォーロコを製造したフュージョン・プロジェクトのような中小の飲料会社が市場に参入し始めたのだ。

救急治療室に患者が続々と運び込まれてきても、メアリー・クレア・オブライエン医師は驚かなかった。予測していたからだ。フォーロコの人気が出る以前から、オブライエンはノースカロライナ州ウィンストンセーラムの救急治療室でカフェイン入りアルコール飲料の飲みすぎで搬送されてきた人の治療にあたっていたのである。観察力の鋭い好奇心旺盛な医者であると同時に、ウェイクフォレスト大学医学部の救急医療の准教授でもあるオブライエンはたちまち、こうしたカフェイン入りアルコール飲料を歯に衣を着せずに批判する人物の1人に数えられるようになった。

2006年にノースカロライナ州の大学10校の4000人を超える学生に対してオブライエンが行なったアンケート調査で、4分の1近くの学生がアルコールにエナジードリンクを混ぜて飲んだことがあると回答している。さらに、アルコールとエナジードリンクを混ぜて飲む学生は、レイプの被害者や加害者になったり、飲酒運転の車に同乗したりといった危険な行動にかかわる可能性が高くなることもわかった(5)。こうした学生は怪我をしたり、治療を要する確率も高かった。オブライエンによると、こうした行動をとるのは、カフェイン入りアルコール飲料で酔うと、酔っているという自覚が薄れるからではないかという。さらに、カフェインにはアルコールによる身体機能の低下を防止する作用がないのに、アデノシン受容体を阻害する作用によって疲労感が緩和されるので、酔いつぶれずに飲み続けることができるだけではなく、危険な行動をする気にもなるのだ。オブライエンは、カフェイン入りアルコール飲料に関する研究の結果、「カフェイン含有量が多いアルコール飲料とアルコールに起因する大怪我の発生率の間には有意な関連があることが示唆された。カフェインが入っているとアルコール飲料の摂取量が大幅に増えることと関連があるのは明らかだ」と述べている。

フォーロコ論争はカフェイン研究を推し進めるきっかけになった。スターバックスコーヒーからエナジーショットまで、さまざまなカフェイン製品のカフェイン含有量を長年測定している法中毒学者のブルース・ゴールドバーガーの研究チームは、ゲインズヴィルで夜遅くバーから出てきた1200人以上の人に聞き取り調査を行なった。[6] 調査の結果は明らかだった。カフェイン入りのアルコール飲料を飲んだ人は、バーを出る際にひどく酔っている可能性が3倍も高く、さらにバーを出たあと、車を運転して帰ろうと思っている可能性も4倍高かった。ゴールドバーガーの調査結果を見ると不安が募るが、カフェイン入りアルコール飲料と危険行動の間に相関関係があることを示しているにすぎず、これだけでは、人気のある薬物2種類（カフェインとアルコール）を混ぜたからこうした危険な行動が引き起こされた、つまり両者の間に因果関係があるとは言えない。たとえば、酔っぱらって運転する可能性が高い人の方が、エナジードリンクが好きなだけだという説明もできるからだ。

カフェイン入りアルコール飲料はローランド・グリフィスの興味も掻き立てた。グリフィスはジョンズホプキンス・ベイビューメディカルセンターで、カフェインとアルコールの摂取量を操作した上で、被験者による自己投与と運動能力の観察を行ない、パラメトリック統計分析を用いた実験を始めた。

救急治療室に搬送される患者が続出して、フォーロコ論争が熾烈を極めた年の前年にあたる2009年に、オブライエンらの研究者と17名の州司法長官がこうしたカフェイン入りアルコール飲料の製造販売を禁止する請願書をFDAに提出した。この請願を受けたFDAは2009年11月に27社の飲料製造会社に書簡を送り、アルコール飲料における使用に関してはカフェインのGRASは認められていないので、科学的証拠や専門家の所見に基づいた製品の安全性の立証責任は製造者にある旨を通知した。しかし、それにもかかわらず、こうした飲料は依然として店頭から姿を消さず、カフェインの介在で急性アルコール中毒になり、救急治療室に搬送されるケースはあとを絶たなかった。

２０１０年11月になって、ようやくＦＤＡはフォーロコなどのカフェイン入りアルコール飲料の製造者にこのような警告書を送った。「貴社の飲料に含まれているカフェイン成分は、貴社の製品を１瓶または1缶以上飲んだ消費者の中枢神経系に影響を及ぼす可能性がある。カフェインにはアルコールの副作用のすべてではないが、一部を相殺する可能性があるため、貴社の製品を飲用することで（……）有害な行動を起こす可能性があるとＦＤＡは考えている」。ＦＤＡは、製品を押収し、製造者を起訴する権限があると主張した。こうしてカフェイン入りアルコール飲料の缶は店頭から姿を消した。

アルコールとカフェイン

アメリカには、アルコールとカフェインを混合してきた長い伝統がある。スパークスやフォーロコよりずっと以前に、コーヒーリキュールの「カルーア」が製造されている。カルーア1杯にはコーヒーの成分であるカフェインが10㎎ほど入っている。さらに、メイン州で根強い人気を誇る「アレンズ・コーヒーブランデー」もある。このコーヒー風味のブランデーはメイン州で一番人気のアルコール飲料であるだけでなく、さまざまなサイズの製品があり、売り上げランキング10位中に4点も入っている。メイン州では年間消費量が１００万本に上り、２０１１年の売り上げはメイン州だけで１１００万ドルを超えている。

このコーヒーブランデーには、フェイスブックのページやトリビュート・ソングができたり、「ロックランド・マーティニ」とか「ゴリラジュース」とかいったあだ名がつけられたりしている。バーの常連客は「アレンズとミルク」「ミルクドリンク」「ブランデー」、またはただ「アレンズ」と言って注文する。「ソンブレロ」と呼ぶ人もいるが、どれも背の高いグラスにコーヒーブランデーとミルクを同量入れ、氷を加えた飲料のことを意味する。「バーント・トレーラー（燃えたトレーラー）」という最も不気味なあだ名は、メインの田舎でコーヒーブランデーを飲みすぎたあとに起こる狂乱騒ぎに由来する。ちなみに、「バックファースト・トニック・ワイン」というスコットランドで人気のあるカフェイン含有量の多いアルコール飲料に、「レックザフーズ・ジュース（家壊しジュース）」という似たようなあだ名がついているのは不思議な一致だ。[7]

コーヒーブランデー愛飲者の中には、コーヒーブランデーを飲むと元気が出るので、パーティーを開いても一晩騒いでいられると言う人もいる。しかし、マサチューセッツ州サマーヴィルでコーヒーブランデーを製造しているM・S・ウォーカー社のゲーリー・ショー副社長は、それは思い違いだと言う。自然のコーヒーで風味をつけた副産物として、カフェインが多少は入っているが、正確な含有量はわからないそうだ。

コーヒーブランデーは風変わりな特産品にすぎないのではない。FDAはカフェイン飲料に区別を設けており、飲料にカフェイン入りコーヒーを添加するのは自然の風味づけだが、カフェイン粉末を混合するのはまったくの別物であるとしている。しかし、これから見ていくように、この区別は境界がぼやける一方なのだ。

フォーロコ事件は規制の道を開いたが、FDAはノンアルコール製品に関して有効なカフェイン基準を設ける好機とは捉えなかった。ＦＤＡはアルコール入りエナジードリンクの製造会社がカフェインの規制値を上回るカフェインを使用したと主張したのではなく、アルコール飲料に添加されたカフェインは濃度にかかわりなく、ＧＲＡＳだと認めないと主張しているのだ。ＦＤＡは飲料に含まれる安全なカフェイン量に関する新しい指針も、カフェイン成分の望ましい表示方法も示さなかった。

いずれにしても、ＦＤＡはすぐにそれどころではなくなった。モンスターが現れたのだ。

モンスターエナジーの登場

「モンスターエナジー」の缶を開けると、まず炭酸が出てくるシューという音が聞こえる。コップに注ぐと、ライトエール（色の淡いビール）のような色をしている。口当たりは……そう、慣れ親しんだ味と言おうか。金属っぽくて、シロップのように甘く、オレンジキャンディのかかったバニラアイスのような感じもある。確かに、熱いコロンビアコーヒーとはまったく違うが、慣れることはできる味だ。何百万人ものアメリカ人がすでに慣れている。

モンスターエナジーの缶には、「野獣を解き放て」というキャッチフレーズとともに、３本の爪跡のロゴが緑の蛍光色で鮮やかに描かれている。この飲料は突然姿を現し、どこでも目にするようになった。「ビバレッジダイジェスト」誌によると、２０１１年に米国のエナジードリンクの売り上げ量で、モンスターがレッドブルを抜いたということだ。飲料産業はマーケティングに長けていると言えるが、モンスターの右に出る会社は少ないだろう。

モンスターはハンセン・ナチュラルズ社というカリフォルニアのジュース会社が１９９７年に「ハンセンズエナジー」という名で売り出した製品から進化したものだ。奇しくも、この同じ年に、レッドブル社が米国でレッドブルの販売を始めている。最初はレッドブルが競争相手のハンセン社を打ちのめす勢いだったが、ハンセン社はまもなく市場で頭角を現し始めた。最初はハンセン社の売り上げは低迷していたが、２００２年にカリフォルニアのベイエリアにあるマクリーン・デザインという会社に依頼して販売戦略を練り直してからは、右肩上がりに伸び始めた[8]。

マクリーン社はモンスターという製品名、記憶に残るキャッチフレーズ、目立つロゴを販売戦略の三本柱に据えた（爪跡のロゴは高校生の間でも非常に人気のあるタトゥーになった）。さらに、実証済みのアメリカの伝統的なマーケティングに従って、製品の大型化も図った。モンスターをレッドブルと同じ価格で、倍の大きさにしたのだ。そして、競合他社と同じように、ヘビーメタルバンドとアクションスポーツの大会とビキニのモデルを宣伝に用いて、若い男性に売り込んだのである。

カフェイン濃度の高い製品の販売対象を若い男性にするのは、生理学的に理にかなっている。バッファロー大学のジェニファー・テンプルは、10代の若者に及ぼすカフェインの強化作用の性による違いを研究している。二重盲検法でプラセボの対照群と比較した結果によると、男性の方がカフェイン入り炭酸飲料を好むようだ（強化は同じ行動をくり返す可能性を高めることを思い出してほしい）。「研究結果は、男子の方がカフェインの強化作用を受けやすい可能性を示唆している」とテンプルは記している[9]。

モンスターの販売戦略が生理学に基づいたものかどうかはわからないが、うまくいったのは確かだ。7年間で、10億ドルを売り上げるブランドに成長した。２０１２年の初めまでには、モンスターはハンセン社の売り上げの90％を占めるまでになり、会社名をモンスタービバレッジ・コーポレーションに変えることにした。野獣がナチュラルジュースの会社を飲み込んでしまったのである。２０１２年にはモンスターは24億ドル近い売り上げを記録した。

エナジードリンクの宣伝戦略

モンスターの印象的なキャッチフレーズとロゴは、飽和状態にある市場でカフェイン飲料の販売を手がけている業界の長い伝統に沿うものだった。宣伝とカフェインは切っても切れない関係にある。アメリカ人がカフェインを好きなのは確かだが、もう少し好きになれとコマーシャルで絶えずせきたてられているのだ。実際に、街角にある小さな食料品店でもコカ・コーラやペプシの目立つロゴを見かけないことはまずないが、こうした状況はアメリカ国内に限ったことではない。

メキシコでは、街道沿いのどの宿屋でも、コカ・コーラの瓶を象った意匠の中に「トマ・ロ・ブエノ！（美味しいものを飲みなよ！）」と書かれたポスターや、「レフレスカ・トゥ・ムンド（スカッと爽やか、ペプシコーラ）」というキャッチフレーズ（最後のOという文字は、ペプシの3色のロゴマークになっている）を見かけた。中国の石家荘では、スナック食品を売っているキオスクの上に大きなコカ・コーラの旗が立っていた。

FDAにカフェインに関する規則の話を聞きにメリーランド州へ行ったとき、カフェイン入りジェルストリップを製造しているシーツ社のビルボードに迎えられた。ちなみに、NBA（全米プロバスケットボールリーグ）のスター選手であるレブロン・ジェームズがこの会社の共同出資者になっている。ボルティモアの東側にあるローランド・グリフィスの研究室の近くには、マクドナルドの「朝食の相棒（コーヒー1ドル均一）」の大きな広告板が立っていた。また、ネイティック陸軍研究センターからボストンへ車で向かう途中では、「SKエナジー」の広告板が目に入った。大物ラッパーの

「50セント」が開発したエナジーショットだ。

カフェインがなぜ文化の一部となったのかを理解するには、カフェイン産業の規模を知るのが一番だろう。その規模を知ることで、カフェイン規制の担当機関が抱えている問題もうかがえる。

カフェイン飲料の広告は「ニューヨークタイムズ」紙も含め、身の回りに溢れている（スターバックスは2011年に2日間、「ニューヨークタイムズ」のデジタル版の単独スポンサーをやってのけたが、紙媒体の新聞にも一面広告を何回も出しているので、広告主というよりはスポンサーに近い）。ファイブアワー・エナジーは、アメリカ公共ラジオ局（NPR）の「オール・シングズ・コンシダード」という時事解説番組のスポンサーになっている。

これまでは市場争いはコーラとコーヒーの一騎打ちだった。1970年代の初めに熾烈を極めたが、その後はコーラが1人あたりの消費量でコーヒーを抜き、今日に至っている。『刑事コロンボ』や『人気家族パートリッジ』のテレビドラマの間に、「世界にコークを買ってあげたい」という覚えやすいコマーシャルがファン・バルデスと激戦を演じたのはこの頃である。1980年代の初めには、全米コーヒー協会がデヴィッド・ボウイ、カート・ヴォネガット、ロックバンドのハート、女優のシシリー・タイソンを起用した「コーヒー・アチーヴァーズ」のテレビ・キャンペーンで、新世代のコーヒー好きの心を掴もうとした。しかし、現在は販売対象をずっと絞り込んでいる。たとえば、モンスターはマスメディアに広告を出さないが、インターネット上で大きな存在感を示し、アクションスポーツ大会の主催者やアスリートのスポンサーになることで、宣伝活動を行なっている。

オレゴン州のポートランドにあるワイデン＋ケネディ社という大手広告代理店は、「ジャスト・ドゥ・イット」というナイキのキャッチフレーズを生み出したことでよく知られているが、コカ・コースターバックスの広告制作を長年担当していた[10]。広告制作に関して意見が合わず、２００８年にスターバックスの宣伝事業から撤退するが、この事例は現代のカフェイン経済の中心がどこにあるのかを如実に示している。２００７年のスターバックスの広告費は３７００万ドルだったが、コカ・コーラの方はその11倍の４億１１００万ドルに上っているのだ。

グリーンマウンテン・コーヒー・ロースターズ社はニューイングランドの広告代理店に業務を委託している。グリーンマウンテン社の広告制作を担当したニューヨークのブランドバズ社は、「１杯ごとに新たな体験を」という独創的なキャッチフレーズを生み出した。ボストンのブランド・コンテント社という広告代理店はキューリグ社の広告制作を担当している。グリーンマウンテンやスターバックスといったグルメコーヒーに顧客が逃げないように、フォルジャーズ・コーヒーはニューヨークのサーチ＆サーチ社に依頼して、テレビ・コマーシャルや印刷物、インターネットでＫカップ仕様の各種グルメコーヒーを大々的に宣伝している（この広告代理店は以前、「１杯で目覚めもうれしいフォルジャーズ」というキャッチフレーズを生み出した会社だ）。

ダンキンドーナツは毎日４００万杯のコーヒーを売り上げているが、それをさらに伸ばすために、２０１１年にボストンのヒルホリデー社という老舗の広告代理店に数百万ドル規模の広告キャンペーンを依頼した。一方、マクドナルドは店内販売のマックカフェを売り込むために、１９７０年代に朝食用のサンドイッチを売り出して以来最大となる１億ドルの広告キャンペーンを２００９年に大々的に展開した[11]。

さらに、製品のプロダクトプレイスメント（タイアップ）広告は頻繁に行なわれ、映画の小道具としてよく登場している[12]。オリヴァー・ストーン監督が『ウォールストリート』を制作したとき、スターバックスは映画に自社のコーヒーを起用してもらおうとしたが、ダンキンドーナツに先を越されていた。また、この映画は銀幕史上で最初にエナジーショットを登場させたものかもしれない。1人の俳優がファイブアワー・エナジーショットを飲み干すシーンがあるが、小さなラベルがはっきりと見えていて、いかにも不細工なコマーシャルのように見える。ファイブアワー・エナジーは雑誌や新聞でも広告キャンペーンを果敢にくり広げ、高齢者を対象にした全面広告を「AARP（全米退職者協会）」誌に出している。一方、若年層を対象にした例では、『トドラー&ティアラ』というテレビの美少女コンテスト番組で人気の出た〝ハニーブーブーチャイルド〟という6歳の子役タレントが、今度は自分が主役になったリアリティ番組に出演して、自分で「ゴーゴージュース」と名づけたカフェイン飲料で気合を入れている。

2007年には、「アドバタイジング・エイジ」誌の推定によると5500万ドルに上る費用をかけて、ペプシコ社に委託されたBBDO社が米国内で「ペプシマックス」の販売促進キャンペーンをくり広げた。このキャンペーンにはスーパーボウルでの広告も含まれていて、気が利いてはいるが、商品が今ひとつわかりにくい広告だった。ペプシマックスはダイエット炭酸飲料として男性向けに発売されたが、まもなく製品名から「ダイエット」の文字が消えた。しかし、すでに飽和状態にある市場で、どうしてそれほどの費用を投じて新しいコーラを売り出したのだろうか？

最初の広告キャンペーンにその手がかりがある。テレビCMでは、心地悪そうにウトウトしていた人たちがペプシマックスを飲むと跳ね回り始め、「高麗人参とカフェインたっぷり、ダイエットペプシマックス」というナレーションが流れるのだ。カフェインの含有量が他のコーラより多いが、エナジードリンクよりは少ない飲料を製造したことで、ペプシコはFDAの新規則の脅威に対して危険の分散化を図ったのである。

ご記憶のように、ＦＤＡはコーラのカフェイン許容量を３５０㎖あたり71㎎とガイドラインで定めている。ペプシコ社はペプシマックスに69㎎のカフェインを添加することにした（20年前に発売された「ジョルトコーラ」と同量だ）。ＦＤＡがＧＲＡＳ違反を厳しく取り締まる方針を打ち出したとしても、ペプシコ社はギリギリではあるが、ＧＲＡＳ基準に準拠した製品を販売することができるのだ。コカ・コーラ社も同様の戦略に出たことがある。ＧＲＡＳ基準ギリギリのカフェイン量を使用した「ヴォールト」という製品を販売したのだが、評判がよくなかったため、製造を中止した。

「ダイエットペプシマックス」の広告は異例だった。カフェインに言及しているからだ。カフェイン入り製品の広告はたいてい、製品の主役を演じている成分についての言及を申し合わせたように避けている。たとえば、スターバックスの広告でカフェインに触れているものはほとんどない。スターバックスのハワード・シュルツＣＥＯは著書の『スターバックス再生物語』（月沢李歌子訳、徳間書店）で、コーヒーの不思議な魅力について大いに語っているが、カフェインについてはそっけなく一度触れただけである。エナジードリンクの製造会社は、飲料に含まれるビタミンＢ群、タウリン、アミノ酸、Ｌ－カルニチンといったカフェイン以外の成分に言及することで、カフェイン問題をぼやかそうとする傾向がある。問題は、こうしたカフェイン以外の成分には刺激作用がないことだ。

カフェインに関する入手可能な文献を調べたハリス・リーバーマンらは、「現時点では、こうした飲料に配合されているカフェインの効果以外に、それらの摂取が肉体的・精神的『エネルギー』を増加させることを裏付ける確たる証拠はほとんどない」と記している。[13] 言い換えれば、カフェイン以外の成分は、表示の見映えをよくしたり、カフェインから気をそらさせたりするための飾りにすぎないということだ。

カフェインの役割を軽く扱うのは欺瞞的だが、理解はできる。カフェインは薬物なので、製品の売りが薬物だと認めると、規制の危険と倫理的危険を冒すことになる。しかし、商業界でカフェインが重要な役割を果たしていることを一般大衆の目からそらさせたい理由がもうひとつある。スターバックスがカフェインの重要性を認めたとしたら、1杯のコーヒーを4ドルで売ることが難しくなるだろう。スターバックスのコーヒーを飲んでいた人が「ジェットアラート」錠剤に乗り換えるかもしれないからだ（ダブルラテ1杯の値段よりも少ない金額で100錠も買うことができる）。スターバックスのエナジードリンク、「リフレッシャーズ」シリーズにはカフェインが50mg入っているが、「ダイエットマウンテンデュー」ならその半額で買うことができるので、取って代わられるかもしれない。

議員と監督機関がエナジードリンクとエナジーショットの危険性を警告し始めた2012年の秋に、ファイブアワー・エナジーの開発・販売で巨万の富を築いたマノイ・バーガヴァはCBSニュースのインタビューを受けた[14]。CBSニュースのジョン・ラプーク博士にファイブアワー・エナジーの成分を尋ねられたバーガヴァは、「主成分はアミノ酸で、それにカフェインが少し入っている」と答えている。

「カフェインはどのくらい入っているのでしょうか？」

「スターバックスのミディアムサイズくらいだね」

バーガヴァにはこの質問に口が重くなる理由はまったくなかった。NVE製薬のシックスアワー・パワーやコカ・コーラ、モンスターなどと同様に、ファイブアワー・エナジーも飲料に混合する粉末カフェインの量を正確に量っている。ファイブアワー・エナジーのカフェイン成分を分析した「コンシューマーレポーツ」誌は、1缶のカフェイン含有量を215mg（3SCAD）と記している。350mlカップのスターバックスコーヒーに含まれる量と同程度だ。しかし、バーガヴァはコーヒーになぞらえたり、表示を不明瞭にしてお茶を濁すという長い伝統に従っていたのだ。

第15章 ラベル表示の裏で

２０１１年12月のすがすがしく晴れた日に、メリーランド州カレッジパークにあるセブンイレブンで、アメリア・アーリアは冷蔵ショーケースを覗き込んだ。そこには無数のエナジードリンクが並び、それぞれ独自のラベル表示がしてあったが、明快な表記はあまりなかった。アーリアは「モンスターエナジー・アソールト」を取り出すと、缶に記された表示を見せてくれたが、カフェインを含む「独自のエナジーブレンド」と書いてあるだけだった。これでは、カフェインの含有量を知りたくても、知りようがない。

アーリアはメリーランド大学公衆衛生学部の青少年健康発育センターの所長を務めている。エナジードリンクとかかわることになったのは偶然だった。長期にわたる研究の一環として大学生に聞き取り調査を行なったとき、エナジードリンクを飲む学生が半数もいることを知って驚いた。しかし、じきにエナジードリンクの研究は公衆衛生ではまったく新しい研究分野であり、それまでほとんど行なわれていないことがわかった。

私がカレッジパークを訪れたのは、エナジードリンク市場と、特にそうした製品に関する規制の不備について知識を得るためだった。アーリアの研究室から200メートルほどの距離にあるセブンイレブンのエナジードリンクを見て、お客に話を聞いてみようということになった。昨今はどこのコンビニエンスストアでも、カフェイン製品を簡単に手に取ることができる。カウンターの脇にはエナジーショットが置かれ、通路沿いにはコーラが積み上げられ、通路の棚には市販の医薬品とともにカフェイン錠剤が並べられ、大きなカウンターにはさまざまな種類のコーヒーが用意され、壁一面を占める冷蔵ショーケースにはカフェインの入ったコーラ、エナジードリンク、缶コーヒーがぎっしり詰まっている。コンビニエンスストアは現代アメリカ人のカフェイン欲を示す記念碑的存在だ。

私たちが話を聞いた大方のお客は、エナジードリンクに入っているカフェインの量を知らないようだった。「エクストリームショック」というエナジードリンクを買おうとしていた若い男性は、私の問いを不快に思ったようだ。「ああ、どのくらい入っているか知っているさ。200%くらいだ。コーヒー2杯分くらいかな。ラベルは読んだよ。何か問題でも?」と不愉快そうに言った。新しいエナジードリンクがたくさん出回っているが、米国食品医薬品局（FDA）がカフェイン量の表示を義務づけていないので、含有量を知らない消費者が多いとアーリアは話した。含有量の表記は、適切な摂取量を決めたい場合に最低限必要となる情報だ（清涼飲料でも、カフェイン含有量の表記は義務づけられていないが、2007年にコカ・コーラ社とペプシコ社はカフェイン含有量の表記を始める方向だと地味に発表した）。

2011年にアーリアは、フォーロコを批判したメアリー・クレア・オブライエンと一緒に「ジャーナル・オブ・アメリカン・メディカル・アソシエーション」にコラムを書き、エナジードリンクが睡眠、血圧、依存症の症状に及ぼす影響や、酒と混ぜて飲むことに関する懸念を表明するとともに、ラベルの表示方法の改善も求めた。[1]「消費者が摂取しているカフェインの量を知ることはよいことだと思ったのです」とアーリアは話した。少なくとも、カフェインの影響を受けやすい人や妊娠中の女性に対する表記の義務づけと、エナジードリンクに使用するカフェイン量の制限をFDAに求めているという。

私がアーリアの話を聞いていた頃、米国清涼飲料協会（ABA）はエナジードリンクのガイドラインを策定していた。[2]「エナジードリンクの適切な表記と販売に関する指針」で、ABAは「エナジードリンクの表示はABAが設定したカフェイン表示の任意形式に従い、その飲料に含まれているすべてのカフェインの量を、たとえば『カフェイン含有量XX mg/8 fl. oz.（8オンスあたりX㎎）』のように明記しなければならない」と述べている。また、カフェインの影響を受けやすい人向けに、「エナジードリンクの表示には、『子供、妊娠中や授乳中の女性、あるいはカフェインの影響を受けやすい人には向いていない／お勧めできない』という注意書きを添えるべきである」と提唱している。

さらに、エナジードリンクを学校で販売しないことと、製造者がエナジードリンクをアルコールと混ぜるのを宣伝しないことも提唱しているが、ガイドラインの遵守は任意であることも明記している。

私の問い合わせに対して、ABAの広報担当者トレーシー・ハリデーはカフェイン表示に関して回答してくれた。「当業界の飲料は必ずFDAの規則に則ってラベル表示を行なっています。また、法で義務づけられていないことにも積極的に対応している例もたくさんあります。カフェインの表示もその一例です。実際、消費者の皆さまのご希望にお応えして、当協会に所属する会社の多くが数年前からカフェインの含有量を自主的に表示しています。消費者の皆さまには、お選びになった食品や飲料の表示をお読みになるだけで、さまざまなことがおわかりいただけると存じます。エナジードリンクがFDAの規制対象になっていないと述べている人たちは、無謀にも誤った情報を広めているのです」

アーリアは自主的に表示しようとする努力を高く評価しているが、まだまだ道のりは長いと感じており、「エナジードリンクよりも園芸用の芝の種子の方がましな表示をしています」と述べた。

カフェインに関するFDAの規則

セブンイレブンを訪れたあとで、私はFDAのカフェイン規制の専門家であるスーザン・カールソンに会いに行った。アーリアの研究室からわずか数キロの距離にある巨大なオフィスパークにFDAの食品安全・応用栄養センター（CFSAN）が入っており、その一角にカールソンのオフィスがある。アーリアもカールソンも博士号をもつ科学者で、カフェインに強い関心をもっている。2人ともカレッジパークで働いているが、互いに名前を知っているだけで、顔を合わせたことはない。私はつい、2人がセブンイレブンの前を車で通りがかりにすれ違うところを想像してしまった。

カールソンはCFSANの食品添加物安全部に所属する公衆衛生の専門家である。カールソンはエナジードリンクの表示問題についての話を始める前に、FDAはエナジードリンクの規制案すら作成していないとはっきり述べた。

厄介なことに、エナジードリンクは食品として販売されているものと、飲料として販売されているものがある。私は具体的な話がしやすいように、茶色い紙袋にエナジードリンクを数種類入れて持参した。持参したレッドブルには、食品に分類される「栄養成分表示」が記載されている。一方、「ロックスター・ローステッド」というコーヒー味のエナジードリンクも持参したが、その缶には「栄養補助成分表示」が記載されている。この表示は、この製品が食品ではなく栄養補助食品（サプリメント）として、1994年に制定された「栄養補助食品健康教育法（DSHEA）」で規制されていることを意味している。さらに、「スターバックス・ダブルショット・エナジー」も1缶買ってきた。カフェインを添加して強化したコーヒー飲料で、店頭ではロックスター・ローステッドと一緒に冷蔵ショーケースに並んでいるが、食品として販売されている。

FDAは栄養補助食品と飲料（食品）の区別を明確にするために、2009年に文書を作成した。カールソンによれば、その文書には「炭酸飲料、ボトルウォーター、果汁、アイスティーなどの飲料が入った容器に類似する瓶または缶に液体製品が入っていれば、その液体製品は従来の食品としての使用を目的にしているとみなされる」という一文が入っているという[3]。

別の言い方をすれば、ロックスター、モンスター、Ampをはじめとするエナジードリンクの多くは、不適切に販売されているのだ。この点を質すと、カールソンは「2009年の文書は指針にすぎないので、強制力はないのです」と述べて、こうした飲料は実際にはFDAの規則に抵触してはいないと話した。

カフェインに関するFDAの規則は、濃度が200ppm以下と規定するGRAS基準だけだとカールソンは述べた。カフェイン濃度のGRAS基準値を超えても合法だと飲料製造会社が言っていられる理由が、私にはまだわからなかった。するとカールソンは、基準値を超えた場合には、製造会社はその製品が安全であることをFDAに立証しなければならないのだと説明した。

つまり、たとえばカフェイン入りコーラを販売する場合、カフェイン濃度が200ppmというGRASの基準値を下回っていれば、その製品の安全性を立証する必要はない。一方、製造したコーラのカフェイン濃度が基準値を超えた場合、自己責任になる。罰せられることはおそらくなく、製品の安全性を立証する責任は製造者の側にある。さらに、エナジードリンクやジュースに含まれるカフェイン濃度がGRASの基準値以下であっても、この基準がマウンテンデューやサンキストのようなコーラではない飲料にも適用されるのかどうかは確認すべきだ。

話を聞き終わって帰るときに、カールソンのオフィスに持参した飲料を置いてきた。新製品が次々に売り出されているので、カールソンが見たこともない製品もあったからだ。

カナダのカフェイン規制

2010年までにはカナダでもカフェインは物議を醸しており、製造会社はプレッシャーを感じ始めていた。「カナディアン・メディカル・アソシエーション・ジャーナル」誌はエナジードリンクの規制を求める論説を掲載して、「エナジードリンクはカフェインの含有量が多いので、カフェインを効率的に摂取できる。カフェインの入ったエナジードリンクは飲料の域を出て、口当たりのいいシロップとして摂取される医薬品の域に達している」と述べている[4]。

FDAがカフェインに対していわば自由放任主義的政策をとっている間に、カナダの監督機関は責務を果たしていた。2013年に施行された法規で、1杯分の容器のエナジードリンクに含まれるカフェイン量は180mgを超えてはならないことが義務づけられた。さらに、エナジードリンクはカフェインの含有量を明記して、栄養補助食品ではなく食品として販売することも義務づけられている。

また、アルコールと混ぜることに対する警告の表示、ならびに子供、妊娠中や授乳中の女性、カフェインの影響を受けやすい人には適していないことを明記した表示も義務づけられている。

こうしたカナダの規定は、清涼飲料に含まれるカフェインに関する規制を踏まえて策定された。ちなみに、清涼飲料に関しては、コーラタイプの飲料に含まれるカフェインの量は200ppm（FDAのGRAS基準値と同じ）に、マウンテンデューのようなコーラ以外の清涼飲料では150ppmに制限されている。また、カナダでは、果汁や非炭酸飲料にカフェインを添加することは禁じられている。

一言でいえば、米国のカフェインの規制推進派がFDAに望んでいるカフェインの規制管理を、カナダ保健省はすでに行なっているのだ。カフェイン規制の現状を検討するために設置された委員会が、カフェインのさらなる規制強化を求めているのは興味深い。委員会は提言で、エナジードリンクは「刺激薬物入り飲料」と名称を改めることと、1杯分のカフェイン含有量を80mgに制限すること、およびカナダ保健省はカフェイン飲料の飲用をアルコールと同様に成人に限定すべきであると求めている。

欧州連合（EU）も独自の規定を設け、1ℓあたり150mgを超えるカフェインを含む飲料はカフェイン含有量を明記し、「高濃度のカフェインが含まれています」と表示しなければならないと義務づけている。さらに、「こうした表示は製品名と同じ面に記載しなければならない」と規定して、目に触れにくい缶の裏に記すことを禁じている。

一方、米国でもエナジードリンクに対する批判は続いている。たとえば、2011年に米国小児科学会は報告書を発表し、「厳格な文献調査とその解析の結果、エナジードリンクに含まれているカフェインなどの刺激物質は、子供や青少年の食生活にはふさわしくないことが判明した」という結論を

出している。(5)

右往左往するカフェイン規制

米国政府のカフェインに対する規制が一貫性に欠けているのは明らかだが、地方レベルの対応はもっと杜撰(ずさん)だ。たとえば、ニューハンプシャー大学はエナジードリンクに対する朝令暮改的な規制処置で表彰に値するだろう。(6) 2011年9月15日に、総務部のデイヴィッド・メイ事務局長補佐は、健康上の懸念を理由に、1月までに校内の売店からエナジードリンクを撤去すると発表した。メイ事務局長補佐はプレスリリースで、「つい最近、エナジードリンクを飲用した学生が病院へ搬送される事件が校内で発生した」と述べている。

レッドブル・ノースアメリカのステファン・コザックCEOは、ニューハンプシャー大学のマーク・ハドルストン学長に面会を求める書簡を送った。その書簡には、「レッドブルは現在、160ヵ国以上で販売されています。去年だけで40億本を超す缶やボトルが世界で消費されており、米国国内で消費された缶は15億本に上ります。レッドブルは250㎖缶に80㎎のカフェインが含まれていますが、このカフェイン含有量はコーヒー1杯分よりも少ないのです。レッドブルはカフェインの含有量を自主的に明記しております」と記されていた。

ハドルストン学長は1週間後の9月30日に、コザックCEO宛てにこう返事をしている。「学生食堂や売店からエナジードリンクを撤去するわが校の方針に関する書簡を拝読いたしました。実のところ、わが校の学生のエナジードリンク乱用の実態を示す明白な証拠が不十分なため、学生の便宜を図る上でも、一部のエナジードリンクの販売を継続することを決定しました。本日、この勧告を行なう予定でおります」。これで、２週間にわたる気まぐれに終止符が打たれ、ダラムにある大学の売店にレッドブルが残ったのである。

しかし、じきにカフェイン入りエナジードリンク製品は、議員から非難を浴び始める。チャック・シューマー上院議員の要請により、ＦＤＡは２０１２年2月に「エアロショット」というカフェイン吸入器を製造している会社に警告書を送付した。この吸入器はハーバード大学のデイヴィッド・エドワーズ教授が開発したもので、プラスチック製のリップスティック型の容器に、微細な粉末カフェイン１００㎎とビタミンB群が詰められている。エドワーズは多才な人物で、小説を書いたり、パリでル・ラボラトワールというアートデザインセンターを経営したりしている。以前には、「ル・ウィフ」と名づけたチョコレートに似た香りを吸い込む同じような吸引器を開発して、「吸引できる食品」と宣伝した。しかし、香りを吸い込むことと薬物を吸引することはまったく次元が異なる。

ＦＤＡはエアロショットが宣伝資料でカフェイン吸入器と呼ばれていることに言及し、「貴社の製品は吸引を目的としていると宣伝する一方で、経口摂取用だとも謳っている」と指摘した。栄養補助食品は経口摂取されるべきものであり、「吸引と経口摂取の両方を目的にすることは不可能であるから」、エアロショットの表示は誤りで、誤解を招きやすいとＦＤＡは述べている。

さらに、4月にはイリノイ州選出のディック・ダービン上院議員がＦＤＡのマーガレット・ハンバーグ長官にエナジードリンクの規制を要請した。ハンバーグ長官に宛てた書簡で、ダービンは若年層に向けたエナジードリンクの販売方法に懸念を表明し、「モンスターエナジーのウェブサイトでは、『ふつうのエナジードリンクの2倍のゾクゾク感』があり、『このヤバさを経験したら誰もがハマる』と宣伝している」と述べた。

ロックスター・エナジーの表示問題

その間、エナジードリンクは食品として販売されていたが、栄養補助食品表示が記載されていた。FDAは2012年5月にあるエナジードリンク製造会社に警告書を送付したが、それはカフェインに関する警告ではなかった。FDAはロックスター社のラッセル・ウェイナーCEOに宛てた書簡で、2012年1月3日にテネシー州の工場で行なわれた立ち入り検査で、「ロックスター・ローステッド」というコーヒー味のエナジードリンク製品の表示に問題があることが判明したと指摘している。まず、飲料（食品）として販売されているにもかかわらず、栄養補助食品として表示されている。次いで、認可されていない成分が含まれていると言及しているが、それは過剰なカフェインではなく、イチョウ葉エキスだった。

ウェイナーもカフェイン産業の一風変わった実業家だ。ふつうの男性がシャツを買うよりも気軽に不動産を売買したり、ハリウッドやマイアミの自宅で派手なパーティーを開いたり、ビキニのモデルと一緒に写真に写ったりして、若き日のヒュー・ヘフナー（「プレイボーイ」誌の創刊者）を彷彿させる。若者向けの雑誌を読むようなアメリカ人男性にとって、ウェイナーは憧れの人物である。これ見よがしの派手な消費行動やモデルとの写真で注目を浴びるウェイナーは、かつてコーヒーの宣伝に登場した高潔なファン・バルデスとは正反対の存在だ。

しかし、ウェイナーはとんとん拍子に成功したのではない。2000年に30歳になったが、それまでにカリフォルニア州議会選挙に2回出馬して落選しているし、父親（民族植物学者から過激な暴言を売り物にするラジオパーソナリティーに転身したマイケル・サヴェッジ）とともに、保守主義的な

「ポール・リヴィア協会」を設立したが、誰にも相手にされなかった。また、シカゴで健康食品やハーブを学び、カリフォルニアの実業家が減糖コーラを製造するのに一役買うが、その事業はまったくの失敗に終わってしまう。しかし、ウェイナーにはまだ秘策があった。レッドブルの成功に気づいていたウェイナーは、２００１年に「ロックスター・エナジードリンク」を売り出したのだ。

ロックスター発売当初、ウェイナーは保守的な信条をだれはばかることなく公言していた。その後は控えめにしているが、ウェイナーの会社は反同性愛主義者のサヴェッジとのつながりが深いために、ゲイやレズビアンの団体からボイコットを受けている。こうした問題があるにもかかわらず、ウェイナーはロックスターを業界の大手に育て上げた。２００９年にコカ・コーラ社と流通取引をやめてペプシコ社と提携すると、２０１０年の売り上げは20％増加し、４４００万ケースを販売した（ロックスターが売り上げた飲料に含まれているカフェインの総量は80トンに上る）。ロックスターはモンスターやレッドブルに並ぶ10億ドルブランドである。

話をFDAの２０１２年の警告書に戻すと、FDAはロックスター社にエナジードリンクを従来の食品として表示し直し、イチョウを成分から取り除くように要請した。その年の7月に、イチョウ葉エキスが入った製品を処分したことを確認するために、FDAの職員がロックスターの製造工場を立ち入り検査した（缶詰めが終了していた製品の一部は輸出が認められていた）。しかし、問題がすべて片付いたのは12月になってからだった。

メリーランド州カレッジパークにあるFDAの食品安全・応用栄養センターで私がインタビューしてからちょうど1年後の２０１２年12月5日に、スーザン・カールソンはロックスター社のコーヒー味のエナジードリンクに関する懸念を解消するために開かれたFDAの会議に出席した。ロックスター社は、自社の代表として3名を会議に送った。食品医薬品分野では米国最大を誇るハイマン・フェルプス・アンド・マクナマラ法律事務所からリカード・カーベージャルとダイアン・マッコール、そして製品検査専門の多国籍企業インターテク・カントクス社の代表としてカナダからラリー・マクガーが出席した。一方、FDA側にはもっと多くの人員が控えていた。エナジードリンクに対するFDAの関心が高まっているのを示すかのように、15名を数えるFDAの職員、研究者、弁護士が電話会議という形も含めて参加した。最終的に、ロックスター社は自社のエナジードリンクを栄養補助食品ではなく、食品として表示することに同意した。それから数ヵ月のうちにモンスターも同様にすることに同意した。

エナジードリンクによる死亡事故

実は、この会議が開かれる何ヵ月も前から、エナジードリンク製造会社に対する風当たりは強まっていたのだ。

2012年の夏に、ニューヨーク州司法長官エリック・シュナイダーマンは、モンスター、ファイブアワー・エナジー、およびAmpを製造している各社に召喚状を発し、虚偽広告や不正確な表示に関する情報を求めた。

8月にFDAの法務部次長ジーン・アイアランドは、ダービン上院議員の懸念に5ページに及ぶ書簡で返答し、その件については了解したと述べている。その書簡でアイアランドは、食品と栄養補助食品を区別する指針やロックスターのウェイナーに対する警告、関心が集まっている死亡事故に言及している。

アイアランドは、「2012年5月16日付の書簡でハンバーグ長官がお伝えしたように、アナイス・フォーニアさんの時ならぬ死に関して、FDAはモンスターエナジードリンクの販売会社から重篤な有害事象の報告を受けました。さらに、亡くなられたフォーニアさんの家族からも自発的な有害事象報告を受けています」と記している。

有害事象の報告はFDAの食品安全・応用栄養センターが消費者の自発的な苦情を収集したものなので、決して包括的なものではない。ひとつには、FDAが述べているように、「報告された通りに情報を伝えているだけで、その製品がその出来事を実際に引き起こしたのかどうかに関するFDAの結論を示すものではない」からだ。

メリーランド州ヘイガースタウンに住む14歳のフォーニアは、2011年12月16日に710mℓ缶のモンスターエナジーを飲み、さらに、翌日の夕方に友達と一緒にヘイガースタウンのバリー・モールへ遊びに行き、そこの菓子屋で買った710mℓ缶のモンスターを飲んだ。どちらの缶にも、カフェインが240mg（3SCAD）入っている。710mℓ缶のモンスターは半端な大きさではない。ビッグサイズの製品には、ほかに「メガモンスターエナジー」というスクリューキャップタイプのものがある。さらに大きいのはモンスターエナジーBFCという製品で、こちらは普通のプルトップ式の缶だ。ちなみに、BFCとは「big friggin' can（チョーデカ缶）」というスラングを縮めた語だとティーンエイジャーには知られている。

モールから帰ってきて数時間後、家で家族と映画を見ているときに、フォーニアは心臓が止まり、意識を失った。病院では昏睡療法を用いて治療にあたったが、それから6日後に、ジョンズホプキンス病院で生命維持装置が取り外され、フォーニアは死亡した。検死医は死因を「エーラス－ダンロス症候群を背景とした僧帽弁調節を悪化させるカフェイン中毒による心臓の不整脈」と発表した。

　この事例は、エナジードリンクやエナジーショットと公に関連づけられた最初の死亡事故ではない。２００８年にレッドブルを飲んだあとで死亡したトロントに住む10代のブライアン・シェパードや、２０１０年にメンフィスでファイブアワー・エナジーショットを飲んで死亡したアントニオ・ハッセルの事故は新聞でも報道されたが、フォーニアの死亡事故はもっと注目を浴びた。おそらく、フォーニアが10代の女子で、死亡事故の起きたのがエナジードリンクに対する社会的関心が高まっていたときだからだろう。

　２０１２年11月に、「ニューヨークタイムズ」紙がエナジードリンクやエナジーショットに関連した有害事象を報道し始めると、ＦＤＡはモンスター、ロックスター、ファイブアワー・エナジーの各製品に関連する8年分に近い有害事象報告の包括的なリストを発表した。ファイブアワー・エナジーのみでも13件の死亡事故を含む、93件の有害事象が記載された恐ろしいリストだ。こうした製品のせいで死亡事故が引き起こされたのかどうか知る由もないが、世間の不安を掻き立て、ＦＤＡが調査に乗り出すきっかけになるには十分だった。

　有害事象報告のリストに添えた文書で、ＦＤＡは「『エナジーショット』や『エナジードリンク』として販売されている製品を飲用する場合は、事前に医療関係者と相談することを勧める」と注意を促している。ＦＤＡがコーラやコーヒーを飲用する前に医師に相談することを勧めていないことを考えると、これは注目に値する。いや、劇的とさえ言える。

エナジードリンクと健康問題

エナジードリンクに起因する健康上の問題を解明することは、一朝一夕にできるものではない。コカインは慣れない者が使用すると、わずか1gで命取りになる場合があるが、カフェインはそれほど強力ではない。しかし、侮れるほど弱くもない。大人の致死量は10g（大さじ1杯）前後と昔から考えられているが、その半分の量でも命取りになる場合があると言う人もいる。[7] もっとも、半分の量でも摂取するのは容易なことではない。5gのカフェインを摂取するためには、スターバックスのコーヒーならばグランデサイズのカップで16杯、紅茶ならば100杯飲み干す必要があるのだ。新しく出た製品の方がカフェイン濃度が高いので過剰摂取しやすいが、それでも容易ではない。たとえば、1缶にカフェインが250mg入っている「ロックスター2Xエナジー」ならば、少なくとも20缶飲み干す必要がある。

カフェイン製品を摂るときに、必要以上にカフェインを摂取してしまい、心拍数の増加など不快な思いをする可能性がある。エナジーショットを飲んだある若い男性は、「心臓発作を起こすかと思った」と話していた。確かにそのように思えるかもしれないが、少しくらいならカフェインを摂りすぎても心臓の機能を損なうことはない。

不整脈（心拍のリズムが不規則になる疾患）を患っている人でも、カフェインが問題になることはほとんどない。ダニエル・ペルチョヴィッツとジェフリー・ゴールドバーガーは2011年の「アメリカン・ジャーナル・オブ・メディシン」誌に、危惧する根拠が見つからなかったという文献調査の結果を発表し、「入手可能なデータを見ると相反しているので、カフェインの摂取と不整脈に関してどのような助言をすればよいか確信がもてない医師が多いのは無理もない。不整脈の危険がある患者はカフェインの摂取を控えることが望ましいというのが常識になっているが、この常識を裏付ける証拠が不明なのだ」と記している。(8)

2人の研究者は「不整脈を患っている患者やその疑いのある患者の多くは、適度な分量であれば問題はないので、カフェインの摂取を制限する必要はない」と締めくくっているが、この結論はにわかには信じがたいだろう。ゴールドバーガーがレッドブルの顧問を務めているだけでなく、カフェインは心臓に悪い影響を及ぼしかねないという認識が一般にもたれているからだ。これまでに数多くの調査研究が行なわれているにもかかわらず、適度なカフェイン摂取と心臓の疾患や障害との関連は、ほとんど見出せていない。しかし、最近の研究で、遺伝的にカフェイン代謝の速度が遅い人では、コーヒーと軽度な心臓発作の関連が示唆されている。(9)

心臓以外の健康に関する懸念は取るに足らないが、件数は多い。２０１１年の報告書によると、エナジードリンクがらみで救急治療室に搬送された件数は２００５年から２００９年の間に10倍に増加した。その後、２０１３年に発表された報告書によれば、２００７年の搬送件数は１万６８件だったが、２０１１年には倍の２万７８３件に増えていることがわかる。男性の方がエナジードリンクで問題を起こしやすく、搬送された患者は18〜25歳の年齢層が最も多かった。さらに、政府の「薬物乱用警告ネットワーク（ＤＡＷＮ）」の報告によれば、救急治療室に搬送された患者の大部分はエナジードリンクだけしか飲用していないものの、かなりの患者が薬物も併用していたことが判明した。患者の27％が薬剤（その３分の１は「リタリン」や「アデロール」のような中枢神経系刺激薬）を服用しており、13％はアルコールを飲用していた（エナジードリンクとの併用はフォーロコで大問題になったものだ）。５％はマリファナを使用していた。

モンスターはいち早く対応し、緑の蛍光色が鮮やかな爪跡のロゴで飾ったプレスリリースを発表した。「DAWN報告もエナジードリンクのカフェイン含有量を150㎖カップのコーヒーの含有量と比較しているが、誤解を招きかねない。コーヒー飲料の大半はそれよりずっと大きいカップで飲用されているので、カフェインの含有量はエナジードリンクと同じか、たいていはエナジードリンクよりも多い。実際、有名ブランドのグルメコーヒーはたいてい1オンス（約30㎖）あたりのカフェイン含有量が20㎎を超えている。つまり、480㎖のミディアムカップのグルメコーヒーには、少なくとも320㎎のカフェインが含まれているのである」と述べた。

モンスターはグルメコーヒーに入っているカフェイン量を少しばかり誇張したかもしれないが、大した問題ではない。フォーニアが摂取した240㎎のカフェインが致死量になるのなら、スターバックスのコーヒーで少なくとも数名の死者が出ていると考えて差し支えないだろう。350㎖や480㎖のカップにはこの量のカフェインが含まれているからだ。しかし、スターバックスのコーヒーに関してFDAが受けた41件の有害事象報告のうち、救急治療室の搬送を必要としたのは数件にすぎない。一方、この同じ8年間に、エナジードリンクやエナジーショットは大きな懸念を呼び起こしている（ファイブアワー・エナジーに関しては93件、モンスターは40件の有害事象が報告されている）。しかし、スターバックスの有害事象報告の中に、入院が必要になった心臓異常を詳しく説明している事例が1件あり、「頻脈性不整脈、血中カフェイン濃度の増加、心筋酵素の増加、トロポニンIの増加、心筋梗塞」という記述を読むと恐ろしくなる。

それでは、フォーニアの死因はなんだろうか？　さらに、エナジードリンクによるその他の健康問題の原因は何だろうか？

前者は、医学の世界で「二つの事例はともに事実だが、関係はないかもしれない」と呼ばれる状態に当てはまるだろう。エナジードリンクを飲んだあとで、心臓の不調を訴える人がある。それは間違いないが、不調の原因がエナジードリンクなのか？　あるいは無関係なのか？　関連があるかもしれないと考えることによって、医学的研究で「確認バイアス」あるいは「サンプリングバイアス」と呼ばれる偏りがもたらされる。データは研究対象の集団全体からまんべんなくとるのが望ましいが、特定の条件をもつサブグループ（小集団）からとった数が多すぎると、データセットの中に偏りが生じて結果を歪めてしまうのだ。カフェインの例でいうと、エナジードリンクやエナジーショットを飲んだあとで心臓発作に見舞われた人は、コーヒーを飲んだあとで心臓発作を起こした人よりも、飲んだ製品と心臓発作を結びつけられやすいのかもしれない。この説明はわかりやすいだけでなく、エナジードリンク産業が喜びそうなものでもある。とはいえ、フォーニアの場合には、検死医がカフェイン中毒を死因に挙げている。

さらに、エナジードリンクの成分のどれかが、カフェインと一緒に摂取すると身体に有害な作用を及ぼすという恐ろしい可能性もないわけではない。エフェドラ（麻黄）と一緒に摂取して、死亡事故が起きた事件があった。専門家は詳細な調査研究が必要だと述べているが、エナジードリンクにはカフェイン以外にも健康上の問題を引き起こす成分が入っている可能性もある。

エナジードリンクを多量に飲用すると、脳卒中や発作を起こす場合があることを示唆する報告がある。エナジードリンクを多量に飲用したあとで発作を起こした４人の患者について、アリゾナの神経科医２人が報告したものだ。[10]　１人の男性は空きっ腹に７１０㎖のロックスターを２缶続けざまに飲んで脳卒中を起こした。１人の女性は常用しているカフェインを主成分とするダイエット錠剤を服用した上に、710㎖のモンスターを1缶空けたあとで、救急治療室へ搬送された。どの患者も、エナジードリンクをやめたら元気になったようだ。「エナジードリンクの飲用をやめたあとは、患者から発作の再発の報告は受けていない。カフェインやタウリン、ガラナの実のエキスが多量に含まれたエナジードリンクを大量に飲用したことで、発作が引き起こされたと思われる」と2人の医師は記している。[11] イタリアやトルコでも、エナジードリンクを飲んで脳卒中を起こした事例が報告されている。

さらに、オーストラリアからは珍しい事例が報告されている。28歳の男性がレッドブルを飲用しながらモトクロスのレースに1日参加したあと、心拍停止に陥った。この男性は7時間でレッドブルを7缶か8缶飲んだ。相当な量だと思われるかもしれないが、カフェインの量は640㎎にすぎず、致死量とみなされている量の10分の1である。激しい運動とカフェインとタウリン（レッドブルをはじめ、多くのエナジードリンクに添加されている）が組み合わさると、人によっては致命的な心臓発作を引き起こす危険があるのではないかと、報告書に記されている。[12]

エナジードリンク裁判

2012年10月17日に、弁護士団がカリフォルニア州のリバーサイド郡上位裁判所に、「ウェンディー・クロスランドとリチャード・フォーニア（個人として、またアナイス・フォーニアの遺族として）対モンスター・ビバレッジコーポレーション」という民事訴訟を起こした。

訴訟には過失や不法死亡など7件の告訴が含まれていたが、その要点は、「『モンスターエナジー』のデザイン、製造、マーケティング、流通、警告、販売における被告の怠慢が直接的な主因となって、最終的にアナイス・フォーニアを死に至らしめた心臓の不整脈を引き起こした」ということだ。

弁護士団がマスコミ向けに発表したプレスリリースには、母親のウェンディー・クロスランドの言葉が引用されている。「FDAが缶入り炭酸飲料のカフェインは規制できるのに、こうした大量に出回っているエナジードリンクの規制はできないと知ってショックでした。モンスターやロックスター、フルスロットルといったエナジードリンクは、その派手な色や名前で、管理能力や責任能力がない10代の若者を販売の対象にしています。こうした飲料は私の娘のような若い成長期の青少年にとって死の落とし穴です」

当時はハリケーン・サンディの大災害があったり、スーザン・ライス国連大使によるリビアの米領事館襲撃事件についての発言が責任問題に発展したりと問題が多かった時期だが、その2つの事件の間にあたる11月15日に、ダービン上院議員とブルーメンタール上院議員は議会で発言してエナジードリンク産業の規制強化を求め、フォーニアの事例に言及した。

モンスター側は医学的証拠を疑問視するプレスリリースで応じた。モンスターは、フォーニアはエナジードリンクやスターバックスのコーヒーを常飲していたと主張し、カフェイン中毒という検死報告は、フォーニアがエナジードリンクを飲んだという母親の証言だけに基づいたもので、血液検査に基づくものではないと述べている。さらに、フォーニアの心臓疾患について詳述し、エーラス－ダンロス症候群、壁内冠状動脈の肥厚、心筋線維症が含まれると記している。

フォーニアの訴訟事件はモンスターに少なくとも深刻なイメージダウンをもたらしていたが、さらに関連する問題が同時進行していた。2012年の春のことだが、公開されているモンスター社の株価は高すぎるのではないかと投資家が考え始めたのだ。4月に「ウォールストリートジャーナル」誌が、コカ・コーラ社がモンスターと買収交渉を行なっていると報じた。すでに一部の地域では、コカ・コーラ社がすでにモンスターの流通を取り扱っていたのだ。しかし、新聞の報道によると、この記事でモンスターの株価が高騰したため、コカ・コーラ社は交渉を打ち切ったということだ。

その年の夏までには、敵の弱点を嗅ぎつけていたヘッジファンドもあった。オルタナティブ・リサーチ・サービス社（ヘッジファンドに情報提供を行なうコネチカットの調査会社）のロバート・マッカーサーは、20ページの定期的報告書に入手可能なエナジードリンクに不利な情報をすべてまとめて発送した。

投資家は確かに慎重になってきた。11月の上旬の第３四半期の収益報告で、モンスター社のロドニー・サックスはモンスター飲料の安全性と規制の現状に対する危惧をまず口にした。サックスは、「最近、一部のマスコミは、弊社の飲料が食品ではなく、栄養補助食品として表示されていることに注目している。だが、弊社の飲料に関しては、これは〝言いがかり〟だ。弊社の製品は食品として表示しようと思えば、そのように表示して販売できる」と述べて、ラベル表示の曖昧な領域にまで言及している。

さらに、サックスはコーヒーを引き合いに出して、「４８０㎖缶のモンスターに入っているカフェインの量は、同じサイズのカップに入ったグルメコーヒーの半分である。７１０㎖缶のモンスターでさえ、カフェインの含有量は２４０㎎だから、平均的な４８０㎖のカップのグルメコーヒーよりも30%ほど少ない。（……）全国で販売されている清涼飲料のマウンテンデューなら、エクストララージサイズでさえ、カフェインの含有量は２３４㎎ほどである」と投資家に述べた。しかし、サックスは、「第３四半期の総売り上げが過去最高の６億３２００万ドルに上った」という朗報を投資家に伝えることができた。

2013年5月には、モンスターはもう1件の訴訟事件を抱えていた。サンフランシスコ市のデニス・ヘレラ市弁護士が、不当、違法、虚偽商法でモンスター社を告訴したのだ。ヘレラ弁護士は健康上の懸念を列挙して、モンスター社は「エナジーブレンド」について根拠のない主張をしているが、実際に主役を担っているのはカフェインだと述べた。特に指摘したのは、モンスター社が子供向けに自社の製品を販売していることで、次のように主張している。「エナジードリンクの飲用が青少年に危険をもたらし、モンスター社自身がそうした危険性を警告する表示を商品に記載しているにもかかわらず、モンスター社は青少年のスポーツ大会を後援したり、モンスター・アーミー(モンスターのアスリート支援プログラム)のウェブサイトで6~17歳の青少年のプロフィールを派手に取り上げたりして、自社の製品を子供や10代の青少年に積極的に売り込んでいる。さらに、子供や10代の青少年に対して、危険を伴う過激なスポーツ、音楽、ゲーム、ミリタリーテーマ、ほとんど裸同然の〝モンスターガール〟などを売り物にした〝ライフスタイル〟を煽っている。こうしたものに的を絞った宣伝活動の直接的な結果として、モンスター製品は青少年の間で人気を博し、売れ筋商品になっている」

2013年6月、エナジードリンクのマーケティングは米国医師会の関心も呼んだ。医師会は政策会議で、18歳未満の青少年に対する刺激効果の強いカフェイン飲料の販売禁止を支持すると表明した。

モンスター側はテレビでお馴染みのボブ・アーノットに助けを求めた。アーノットは健康や運動について多数の著書があるスポーツマンのジャーナリストで、医学博士である。かつて「ドクター・スポーツ」と呼ばれ、CBSやNBCテレビの医療関係のリポーターを務めたり、『ドクター・デンジャー』というケーブルテレビの番組を担当したこともある。

モンスターが批判の矢面に立たされている間、コーヒー産業はモンスターをはじめとするエナジードリンク業界から圧力を受けていた。ひとつには、好みにうるさい購買層の間で、お気に入りのカフェイン摂取手段として、コーヒーはエナジードリンクに水をあけられてしまったからだ。

２００７年に現役陸軍兵士のカフェイン利用に関する調査に着手したとき、ハリス・リーバーマンらは兵士の嗜好が急速に変わりつつあることを予想していなかった。[13] あの１８９６年の報告書が「アメリカ兵は少数の例外を除き、コーヒーを、しかも大量に飲みたがる」と指摘しているように、コーヒーは兵士の大好きな飲み物と昔から相場が決まっていたからだ。

リーバーマンの研究チームは米国国内の９ヵ所と海外の２ヵ所の基地で、９９０名の兵士を対象に調査を行なった。カフェイン入り製品をどれくらいの頻度で摂取するかという質問のほか、兵士の人口統計学的情報と食生活に関する情報を知るための質問事項など、合わせて43項目について回答を求めた。

予想通りの結果もあった。たとえば、兵士の82％は少なくとも1種類のカフェイン製品を毎日摂取していた。この数値はおおむね大半のアメリカの成人から予測されるものだ。カフェイン常用者では、男性が３６５㎎（ほぼ５ＳＣＡＤ）、女性が２１６㎎（約３ＳＣＡＤ）を毎日摂取していた。

カフェインの摂取手段では、コーヒーが依然として最も一般的で、清涼飲料がそれに次いだ。紅茶は全体的に非常に少なかったが、ボトル入りのアイスティーはホットティーの2倍だった。ここまでは何ら意外ではない。「男女ともコーヒーが最大のカフェインの摂取手段である。（……）エナジードリンクがそれに次ぐが、その摂取量は男性が女性の4倍を超える」とリーバーマンらは報告している。

調査結果が興味深くなるのはここからだ。男女ともエナジードリンクよりも炭酸飲料の方が飲用頻度は高いが、男性兵士の方がエナジードリンクから摂取するカフェインの総量は多い（飲料会社が販売対象を男性に絞っていることを考えると、男性の方がエナジードリンクの消費量が多いことは驚くには当たらない。ビキニ姿のモデル、アクションスポーツ大会、ヘビメタ音楽はどれも男性をターゲットにしたものだ）。調査をした兵士の集団によっては、エナジードリンクがコーヒーを追い抜いていたこともわかった。年配の兵士の方が若い男性兵士よりもコーヒーとカフェインの消費量が多いが、18〜24歳の若い男性兵士では、コーヒーよりもエナジードリンクからカフェインを多く摂取していた。

エナジードリンクがコーヒーに取って代わることは絶対にないと主張する人には、「アメリカ人の一部ではすでに取って代わっている」と言い返すことができる。

第16章　決着

２０１３年5月1日に、米国食品医薬品局（ＦＤＡ）の食品・動物用医薬品部のマイケル・テイラー副局長のもとへ、食品産業のお偉方の一団が押しかけた。リグレー社のケーシー・ケラー、そのリグレー社を所有するグローバル企業マース社のブラッド・ファイゲル、マシアス・バーニンガー、ジョン・ルーケ、さらに清涼飲料業界を代表して長年ＦＤＡに対するロビー活動を行なってきたパットン・ボッグス法律事務所のスチュアート・ペイプが顔を揃えていた。

一行が緊張しているように見えたとしても、無理もなかった。4月29日にテイラーが、「ＦＤＡは食品添加物としてのカフェインの安全性を調査する」と１９８０年以来初めて発表したのだ。「ＦＤＡが食品添加物としてカフェインの使用を明確に承認したのはコーラに関してだけで、それは１９５０年代のことである。現在は当時とは状況が大きく変わっている。カフェインが天然成分として含まれている食品以外や、ＦＤＡがコーラのカフェイン使用を承認したときには予想もしていなかった製品で、子供や青少年がカフェインにさらされる恐れがある」とテイラーは声明書で述べている。

驚いたことに、FDAが調査に乗り出すきっかけを作ったのは、カフェイン含有量が多いエナジードリンクの類でも、レブロン・ジェームズが宣伝しているジェルストリップでも、ジェリー・サインフェルドがかつて「自家製覚醒剤入りハワイアン・パンチ・ジェロショット」と評したファイブアワー・エナジーショットでもなかった。それはガムだったのである。

リグレー社が4月に発売した「アラート・エナジー・カフェインガム」は、大いに注目を集めていた。カフェイン製品に目がないカフェイン愛好者をターゲットにした販売戦略がうまく行ったのだ。セブンイレブンと提携して、「USAトゥデー」紙に「セブンイレブンに立ち寄って、『スキニー・ソルテッド・カラメル・モカコーヒー』を1杯注文すると、アラート・エナジー・カフェインガムがもらえる！　コーヒーとガムで今日も一日元気に過ごそう」という広告を出したのだ。

カフェイン入りガムは目新しいものではない。2004年には「ジョルトガム」が売り出されているし、2013年には軍で配給されている「ステイ・アラートガム」が民間でも買えるようになっていた（リグレー社のアラート・エナジーガムの発売と同時に、こちらは「ミリタリー・エナジーガム」と名称が変更された）。モンスターエナジーの安全性について懸念の声が上がったとき、ジャバ・ガム社はそれに付け込んで、「ご心配なく、うちはモンスターではありません」というキャッチフレーズを使ったくらいだ（「ジャバ・モンスター」という製品がモンスターエナジーのラインナップにある）。

カフェイン入りガムの問題点は、カフェインが入っていない普通のガムと見分けがつきにくいことだ。2011年5月に、南アフリカの小学校で600人を超える児童が「ブリッツ・カフェイン・エナジーガム」を噛んだあとで気分が悪くなる事件が起きた。賞味期限が切れたために近くの農場に捨てられていたのを、拾い上げられたのだった。

いずれにせよ、FDAの重い腰を上げさせたのはガムだった。テイラー副局長が声明を出したのは月曜日だったが、水曜日にはリグレー社とマース社の代表団がテイラーに面会に来ていた。1週間後の5月8日には、リグレー社は「弊社はFDAと話し合いをもち、わが国の食品にカフェインが浸透していくことに対してFDAが抱いている懸念について認識を深めることができました。カフェイン製品の適切な使用と量に関して、消費者と産業界にとってよりよい指針を策定するためには、規制の枠組みを変更することが必要です。こうした取り組みに対する協力の一環として、またFDAに敬意を表して、『アラートガム』の製造、販売、マーケティングを中止いたしました」と述べて、製品を市場から引き上げることを発表した。

テイラーはリグレー社の英断を高く評価して、「食品業界の他社にも同様の自制を期待している」と述べた。

しかし、その後、カフェイン入りの食品業界に大きな自制の動きは見られなかったようだ。FDAは馬が小屋から逃げ出したあとで、小屋の扉を閉じようとしていたようなものだし、逃げ出した馬は開拓時代の西部のような規制の及ばないところを傍若無人に駆け回っていたのだ。この時点で跋扈(ばっこ)するカフェインを囲いに追い込むことは、一度出した歯磨きをチューブに戻すのがしごく簡単に思えるほど難しいことだった。

一方、カフェイン産業はFDAの出方に強い関心をもっていた。リグレー社がガムを店頭から撤去した2週間後に、食品産業の代表団が新たにテイラーに面会に来た。米国清涼飲料協会がジム・マクリーヴィ、トレーシー・ハリデー、スーザン・ニーリー、パティ・ヴォーン、ディック・アダムソンの5名を派遣したのだ。また、マース社のデイヴィッド・カメネツキーも現れた。さらにスチュアート・ペイプも再訪した。テイラーは調査対象として清涼飲料には言及していなかったが、協会にはモンスター、レッドブル、ロックスターなどのエナジードリンク製造会社が所属している。モンスターの流通を取り扱っているだけでなく、「NOS」と「フルスロットル」という自社製品のエナジードリンク製造しているコカ・コーラ社と、ロックスターの流通を手がけ、「Amp」を製造しているペプシコ社も協会の一員である。もちろん、協会は粉末カフェインに関する規制に目を光らせている。協会に所属する企業が、年間に数千トンにも上る粉末カフェインを使用しているからだ。

FDAはカフェインをどう扱うのか?

私がテイラー副局長に話を聞きに行ったのは、リグレー社がガムを撤去した1ヵ月後、米国清涼飲料協会の代表団が押しかけて数週間後のことだった。FDAはメリーランド州ホワイト・オークの広大な敷地の中にある。テイラーは気さくな人柄で、実務肌の人物だった。同時に気になっている懸念が2点あるという。ひとつは、新手のエナジー製品が従来のカフェイン製品の範囲を逸脱していて、伝統的なコーヒーや紅茶、チョコレートとは大違いであること、その一方で、食品業界は食品添加物の規制をあからさまにかいくぐっていることだ。

「この先へ進む前に、公衆衛生と消費者保護の観点から、質しておかなければならない疑問がいくつかある」とテイラーは述べた。

レッドブルがいわば扉を少しずつ開けていい市場を見つけると、レッドブルのあとから2匹目、3匹目のドジョウを狙う連中がそこへ殺到してきた。私がそう述べると、テイラーも徐々にこうした事態になったと賛同し、「エナジードリンクは、カフェインの含有量は増強されているが、清涼飲料（つまり栄養飲料でない飲み物）を発展させたものだ」とエナジードリンク業界は反論するかもしれないと述べた。「たとえばキャンベル社の『Ｖ８フュージョンジュース』というカフェインの入った健康栄養食品は、本質的に問題になるような製品ではない。子供たちが興味をもつ製品ではないからだ。飲料の次には固形食品が出てきて、それから『ＭｉＯエナジー』といったさまざまなタイプのカフェイン製品が登場し、そして今度はガムが現れたわけだ」とテイラーは話した。

しかし、テイラーの説明でよくわからない点があった。カフェイン入りガムは格別に新しい製品ではないのに、なぜＦＤＡが規制に乗り出すきっかけになったのだろうか？　テイラーによれば、規模の問題も関係しているとのことだった。「食品業界の中で、いわば無名の中小企業がこうしたことを行なっていた段階から、米国を代表するような大手食品企業がこうした製品を売り出すようになったという大きな移行が見られたからだ。食の安全の観点から、ＦＤＡの対処が適切かどうかを確かめるために、ここでちょっと立ち止まる必要があると示しておきたかった」とテイラーは述べた。ニュージャージーの小企業が「ジョルトガム」というカフェイン入りガムを製造することと、リグレー社のような世界的大企業が類似の製品を売り出すこととはまったく別の問題だということだ。

テイラーによれば、エナジードリンクとは言えない新手の製品は特に規制が難しいそうだ。私は持参したカフェイン製品を袋から出して、テーブルの上に並べた。その中に、小さなプラボトルに入った、イースターエッグを染めるのによく使われる食品着色剤に似た製品もあった。食品業界の大手、クラフト社の「ＭｉＯエナジー」だ〔ボトルをギュッと押して濃縮液を水に数滴垂らし、薄めて飲む製品〕。クラフト社はこの「液体エンハンサー」の発売時にプレスリリースで、「ＭｉＯを水に注ぐと、鮮やかな色彩の渦巻き模様が広がり、お好みの美味しい飲み物ができあがります。（……）MiOエナジーは従来タイプのMiOが進化した製品です。240㎖の水で希釈する1回分で、60㎎のカフェイン（180㎖カップのコーヒーに含まれているカフェインと同量）とビタミンBが摂れます」と説明している。一方、テレビのコマーシャルでは、この製品を「いつでもどこでも摂れるエネルギーの素」と呼んでいる。

MiOエナジーは基本的にはカフェイン粉末と人工香料を混ぜた、いわば化学物質を濃縮したシチューのようなものだ。32㎖入りのミニボトルに720㎎（ほぼ10SCAD）のカフェインが入っている。独創的で便利だし、指示に従って飲用すれば、味もよい。一言でいえば、化学香料とカフェインを混ぜたこの製品は、濃縮されたダイエット清涼飲料の素みたいなものだ。しかし、これはFDAが1958年にカフェイン基準を設けたときには予想もしていなかった製品だ。この製品が問題になる一例として、中身をすべて一度に飲むことは簡単だという点が挙げられる。子供がこれを一気飲みするところをビデオにとり、ネット上に挙げている例が数多くあるのだ（顔つきから察すると、濃縮された酸味がチャレンジの対象になっているようだ）。

カフェインのラベル表示の進展

テイラー副局長がカフェイン調査の実施を発表したちょうどその頃、米国精神医学会の『DSM－5精神疾患の診断・統計マニュアル』（2013年改訂版）が出版され、大きな反響を呼んだ。第5章で触れたように、ローランド・グリフィスが長年、提言し続けていたカフェイン離脱症状の診断が付け加えられ、マスコミで大きく取り上げられたのだ。「カフェイン切れ症状は精神障害」という見出しもあった。興味本位の報道もあったが、カフェイン離脱症状とその対処法をまじめに取り上げた報道もあった。遅ればせながら、ようやくカフェインに注意と敬意が払われるようになったようだ。

一方、清涼飲料業界も、煮え切らないながらも徐々に、製品にカフェインが入っていることの重大性を認めたり、少なくともカフェイン製品に刺激効果があると認めたりする方向へと動きが見られるようになった。アラート・エナジー・カフェインガムの販売は不運な結果に終わってしまったが、リグレー社が製品の表に「カフェイン」と表示したことは称賛に値する。2013年の初頭に、ペプシコ社は「マウンテンデュー・キックスタート」を発売した。[2] ペプシコ社のグレッグ・ライオンズはその製品を「炭酸入り果汁飲料」と呼び、「朝に飲む従来の飲み物に代わる製品を探しているという声が、お客様から寄せられていました。本物の果汁入りで、美味しく、一日を元気よく始めるのにふさわしい量の刺激が得られる飲料が求められていたのです」と語った。

注目に値することに、ペプシコはキックスタートのカフェインを隠すことはしなかった。缶の表面に記された果汁5%という表示の隣に、カフェインと太文字で表示したのだ。キックスタートは500㎖缶に92㎎のカフェインが含まれているが、これも適当に選ばれた分量ではない。ペプシマックスと同様に、キックスタートもカフェインの含有量が200ppmというFDAのカフェイン基準をわずかに下回るように調合されているのだ。

「カフェイン」という語を表示したことから、ペプシコ側にはっきりとはわからないが大きな変化が起きていることがうかがえる。おそらく、エナジードリンクに対する関心の高まりがきっかけになっているのだろう。カフェインは闇から姿を現し始めたのだ。

2012年に開かれた投資家のシンポジウムで、ペプシコ社のヒュー・ジョンストン最高財務責任者（ＣＦＯ）は会社の「エナジードリンク戦略」について詳しく説明し、自社ブランドのＡｍｐと、流通販売を担当しているロックスターのテコ入れのために、新製品として「スターバックス・リフレッシャーズ」をエナジードリンク市場に新規参入させると発表した。さらに、カフェイン入り清涼飲料はエナジードリンクであるとはっきり位置づけて、マウンテンデューは「多くの点で元祖エナジードリンクである」と述べた。これは１９８０年代とは大きく異なる公式見解である。当時のマウンテンデューもカフェインの含有量は現在と同じだったが、業界はカフェインはフレーバー（食品香料）にすぎないと主張していたのだ。

　ペプシコ社は長年にわたって、カフェイン製品の開発に力を入れてきたが、思わしい成果は上げられなかった。１９９６年にエナジードリンクの草分け的存在である「ジョスタ」を発売したが、このガラナ入りカフェイン飲料は１９９９年までには製造が中止された。また、「ペプシ・コナコーヒーコーラ」も１９９０年代の半ばに行き詰まってしまった。

　しかし、２０１２年には、ペプシコ社の業績は回復していた。[3] ３製品の売り上げが10億ドルの大台を突破したと発表したのだ。「ダイエットマウンテンデュー」「ブリスク・アイスティー」、スターバックスのＲＴＤ（チルドカップ）飲料はペプシコの２２０億ドルブランドになった。この３つの新製品（ダイエット炭酸飲料、紅茶、コーヒー飲料）に共通するものはたったひとつ、カフェインだけだ。しかし、カフェインが共通しているのはこの３つの製品だけではない。ペプシコ社の10億ドルブランドには、その他にペプシ、ダイエットペプシ、ペプシマックス、マウンテンデュー、リプトンがあるが、どれにもカフェインが入っている。

　コカ・コーラ社の10億ドルブランドも、コカ・コーラ、ダイエットコーク、コカ・コーラゼロ、日本コカ・コーラによる「綾鷹」というボトル入り茶と「ジョージア」ブランドの缶コーヒーといったカフェイン飲料が占めている。ちなみに、こうしたカフェイン飲料は2012年には480億ドルの売り上げに貢献している。コカ・コーラ社の「ミニッツ・メイド・エンハンスト・ジュース」には「活力向上のために、37〜43㎎の天然カフェインが含まれています」と表記されている。ここでも、カフェイン表記の長年の伝統が破られているのだ。350㎖のコカ・コーラには34㎎、同サイズのダイエットコークには46㎎のカフェインが入っているが、こうしたカフェインは風味づけにすぎないと、コカ・コーラ社は長年にわたって主張していたのである。

コカ・コーラ社は2013年に、「カフェインは少量なら問題はありません。眠気を覚まし、注意力を高めてくれます。しかし、摂りすぎると、不安症、神経過敏、睡眠障害、血圧上昇、動悸、筋肉の痙攣を引き起こす可能性があります」と、サンドラ・フライホファー医師がカフェインについて少し突っ込んだ話をしているビデオをウェブサイトに載せた[4]。

このビデオがエナジードリンクに対するコカ・コーラ社の姿勢を若年層に示すことを意図しているのは明らかである。フライホファーは、4〜12歳の子供は1日にカフェインを45〜85㎎以上摂るべきではないと述べているからだ（しかし、この分量でも非常に多いと思われる。たとえば、体重20㎏の6歳児が75㎎のカフェインを摂るのは、82㎏の大人が4SCAD摂るのに相当する）。「しかし、カフェインが大量に含まれたエナジードリンクは、青少年や子供の飲み物としてふさわしくないのは明らかです」とフライホファーは締めくくっている。

スターバックスのエナジードリンク

話をFDAのオフィスに戻そう。私は持参したカフェイン飲料をもうひとつ袋から取り出してマイク・テイラー副局長に見せた。それは「リフレッシャーズ」と名づけられたスターバックス製の風変わりなハイブリッド飲料だった。

スターバックスは現代のカフェイン商人の中で抜きん出ている。国際的に認められたブランドであり、カフェのチェーン店を世界各地に展開する一方で、缶やチルドカップに入ったカフェイン飲料も数多く開発し、急成長を遂げている。さらに、「タゾ」や「ティーヴァナ」ブランドの茶も開発している（2012年の後半には、後者の開発に6億2000万ドルを費やしている）。焙煎して挽いたコーヒーをスーパーマーケットで大量に販売し、「シアトルズ・ベスト・コーヒー」という大衆向け製品の袋入りや缶入りも揃えている。また、自社専売のコーヒーポッドのシリーズも開発している。2013年の初めには、「ベリズモ」というコーヒーマシンがスターバックスの店舗でポッドが4箱ついて199ドルで販売されていた。

一方、スターバックスの店舗販売のコーヒーは、トレードマークになっていたダークロースト（深煎り）から脱皮を遂げていった。初めの頃、スターバックスが売りにしていたコーヒーは一律に深煎りで、焦げてさえいたので、「チャーバックス（焦げバックス）」というあだ名をつけられた。その後、「パイクプレイス・ロースト」というミディアムローストのコーヒーを発売し、次に、さらに軽い浅煎りコーヒーを開発した。この製品はほとんどコーヒーの味がしないので、クリームと砂糖を入れるためのカフェイン入り湯のように思えた。そう思えるのは、「弊社のブロンド・ローストは、まろやかな味わいを引き出すために焙煎時間を短縮して、高品質で親しみやすく、完璧にバランスが取れた、クリームと砂糖の相性が抜群のあっさり味のコーヒーとして創り出されました」というスターバックスのプレスリリースの資料を読んだせいかもしれない。スターバックスはさらに甘党のために、店頭売りの「バニラブロンド」というあらかじめバニラシロップを入れた浅煎りのコーヒーを売り出した。

　さらに、スターバックスは付加価値のついたシングルサーブ（１杯用）コーヒーの市場に意外な方向から参入した。インスタントコーヒーを発売したのだ。「ヴィア」という「焙煎し、微細挽きのナチュラルインスタントコーヒー」は、グルメコーヒーと大衆向けコーヒーの面白いハイブリッド製品である。スターバックスのコーヒーの例に漏れず、このヴィアにも美辞麗句を連ねた宣伝文句がついている（「コロンビアの火山に育まれた肥沃な土壌で育ったこのコーヒーは、その故郷と同じように個性的です。スターバックスの『ヴィア・レディー・ブルー・コロンビア』はまろやかなコクとジューシーな口当たりとナッツのような独特な風味を一瞬にしてお届けします」）。しかし、この宣伝文句は口先だけのものではない。スターバックスはインスタントコーヒーにありがちな酸味を、完全ではないものの大幅に取り除いているようなのだ（その酸味を吐瀉物の味と表現したバリスタがいた。不愉快な譬え（たと）えだが、的を射ている）。

　ヴィアが大成功をおさめ、中国でも漢字で表示されたものが買えるほどの売れ筋商品になったので、スターバックスは２０１２年にジョージア州のオーガスタに、年間４０００トンのインスタントコーヒーを生産できる広さ１・６ヘクタールを超える工場を建設した[5]。年間の生産量が４０００トンということは、１杯に使われるコーヒーはわずか３・３ｇにすぎないので、１年間に10億杯以上のインスタントコーヒーを生産できるのだ。１杯分の小売価格は１ドル近くする（１８５９年にオーガスタのホテルでアヘンチンキの過剰摂取で倒れた客が出たときには、「薄いコーヒー」しか手に入らなかったが、この工場のおかげで濃いコーヒーが飲めるようになるといいと願うばかりだ)。

スターバックスはシングルサーブのコーヒー製品からエナジードリンクの市場に目を転じて、今度はリフレッシャーズを開発した。2012年に発売されたスターバックス・リフレッシャーズは、鮮やかな色彩の缶に入ったエナジードリンクだ。モンスターのどぎつい爪跡とは対照的なこのデザインは、女性を対象にした商品のように見受けられる。缶コーヒーの場合と同様に、スターバックスはペプシコと提携して、リフレッシャーズ製品を製造している。

この製品を発売したとき、スターバックスはプレスリリースで、「スターバックス・リフレッシャーズは、コーヒーの生豆から抽出したエキスを使うというまったく新しい画期的なコーヒー体験によって、コーヒー市場に進化をもたらします。カフェインと果汁から得られる自然なエナジーを引き出し、喉の渇きを癒す、低カロリーで美味しい飲料になりました」と述べている。さらに、スターバックスは力強く芳醇な深煎りコーヒーを一般大衆に販売していた会社とは思えないような奇妙な約束をしている。「コーヒーの味はまったくしません。約束します。ふだんのコーヒー味からの気分転換です」と、スターバックスのブライアン・スミスはウェブサイトで述べているのだ。

コーヒーの味がまったくしない甘い炭酸飲料の何が「まったく新しい画期的なコーヒー体験」なのだろうか? リフレッシャーズとスターバックスのコーヒーの共通点はカフェインだけだ。リフレッシャーズに関して、スターバックスは思わせぶりな言葉を弄び、はぐらかしに新たな境地を開いたのだ。リフレッシャーズの缶は「コーヒーの生豆から抽出された自然のエナジー」を約束しているが、表示のどこにもカフェインという文字は見られない。スターバックスが言葉巧みに理屈をこね、カフェインという言葉のまわりでアクロバットしているのを見ると、女優のリリー・トムリンが述べた

「どんなに皮肉っぽく考えても、ついてはいけないわ」という名言を思い出す。

スターバックスは自社のカフェイン製品の進化を集大成して、リフレッシャーズをヴィアと同じスティックタイプのパッケージで販売している。スターバックスは飲みやすいパックにカフェインを入れて、コーヒー好きでない人にまで売りつけているのだ。

コーヒーにカフェインを添加する?

私がテイラー副局長のオフィスに持参したカフェイン製品の中に、コーヒーとエナジードリンクの境界を曖昧にする製品があった。現在は製造中止になっているが、「高麗人参とガラナ入りレヴ・パルス」と表示されたKカップだ。テイラーに見せると、笑って「マーケティング部門に持っていった方がいいんじゃないかな」と言った。確かにその通りだ。2010年の春に、グリーンマウンテン社がKカップの「レヴ」と「レヴ・パルス」を発売したとき、自社のコーヒーとコーヒーを原料にした飲料の商標として、「元祖自然エナジードリンク」を登録しさえした。「グリーンマウンテン・コーヒー社はエナジードリンクに対する消費者の関心が急激に高まっている現状にかんがみて、コーヒーの量と刺激を増したキューリグのシングルカップ・コーヒーマシン用のKカップを新たに2点発売した」と当時のプレスリリースには記されている。新製品のKカップは黒の地に緑の蛍光色で文字が描かれていて、モンスターの配色をそっくり真似たものだ。

こうした製品は伝統的なコーヒー好きには馴染めないように思えるかもしれない。自分たちが愛飲している元からカフェインが入った飲料と、粉末カフェインを添加して刺激を強化した製品はまったくの別物と考えたいからだ。しかし、こうした新製品はカフェイン規制の奇妙な点を浮き彫りにしている。グリーンマウンテン社はレヴ・パルスを発売する前に、焙煎過程で失われたカフェインを補うためにKカップに粉末カフェインを添加してもよいかどうかFDAに問い合わせた。FDAは何と回答したと思う？　安全性を科学的に立証できない限り、添加してはいけないと答えたのだ。

しかし、グリーンマウンテン社は諦めなかった。急成長を遂げているエナジードリンク市場に参入するために、カフェインの含有量を増やしたかったからだ。そこで、高麗人参とガラナでKカップを補強した。FDAはガラナのような天然成分は低濃度ならばフレーバーとみなすこともあったので、グリーンマウンテン社はコーヒーにカフェイン粉末を直接添加してはいけないというFDAの勧告をうまくかわしたように思える。だが、グリーンマウンテン社は2012年に突然、この製品の製造を中止してしまった。

市場の傾向を考えれば、完璧なカフェイン飲料を想像するのは難しくない。アメリカ人が好む豊かなコーヒーの風味があり、コカ・コーラやKカップのように便利なシングルサーブのパッケージに入っていて、コカ・コーラやモンスターのように甘みがあり、コーヒーやエナジードリンクのようにカフェインがたっぷり入っている飲料だ。だが、コーヒーとは違って、カフェインの含有量は一定である必要があるだろう。こうした条件を満たす飲料は、コーヒー風味のエナジードリンクのようなものになるだろう。

生物学では、たとえばイルカと魚のように、同じニッチ（生態的地位）を利用して似た生き方をしていると、もともとは形態がまったく異なっていた生物種が次第に似てくることを「収斂進化」と呼んでいるが、「ジャバ・モンスター」と「スターバックス・ダブルショット」も収斂進化と言えるだろう。

ジャバ・モンスターはもともとカフェイン入りのエナジードリンクだったが、コーヒーで味つけされるという進化を遂げた。一方、スターバックス・ダブルショットはもともと缶入りコーヒーだったが、カフェインが加えられ、パワーを増強したコーヒー飲料に進化した。そのラベルには「強化されたエナジーコーヒードリンク」と表示されている。両者は冷蔵ショーケースの中で、ピッタリ並んで同じ生息地を占めている。両者の生態的地位、つまり市場の需要はそこにあり、両者は2～3段階の進化を経ただけで、異なる起源から始まって似た者同士になったのだ。

この適者生存の市場で競い合っているのはモンスターとスターバックスだけではない。アリゾナビバレッジというアイスティーを製造していた飲料メーカーも「ジョルティン・ジョー」というエナジードリンクを引っ提げて、この市場に参入している。「プレミアムブレンド・ラテ&クリームコーヒー」を謳っているロックスター・ローステッドは、カフェイン、ガラナ、高麗人参、ビタミンB群、タウリンを配合している。コロンビアコーヒー生産者連合会も「フアン・バルデス・ダブルキック」でこの競争に加わったが、この製品は絶滅してしまったようだ。こうした飲料の需要は右肩上がりに伸びており、ジャバ・モンスターは2012年の第3四半期の売り上げが25%近く伸びている。

飲料業界は暗闇の中を手探りで進んでいるのではなく、消費者を逃がさないように、最適なカフェイン含有量に合わせているのだ。2005年に業界大手のネスレ社が申請したコーヒー飲料の特許を例に挙げると、「可溶性粉末を原料にしたカフェイン含有量の多いコーヒー飲料による制御されたカフェイン投与」という特許の申請書には、コーヒー粉末と天然カフェインを混合する手順が詳細に記されている。ネスレ社は意図された代謝効果の点から、「このようにして、80～115mgのカフェインを含む飲料を作ることができる。この飲料を1人分飲用すると、1ℓ中に1・25mg以上の血中カフェイン濃度が最低2～4時間は持続する」と説明している。これでおわかりになったと思うが、飲料製造会社は消費者の理想的な「血中カフェイン濃度」を目指して、カフェイン粉末とコーヒーを混ぜているのだ。

インタビュー当日の朝、セブンイレブンで購入した「ジャバ・モンスター・ミーンビーン」の缶をテイラー副局長に見せると、すぐにラベルを見て、「エナジーブレンドの成分としてカフェインが明記されているが、含有量の表記はないな」と言った。2011年に私が初めてFDAを訪れたときに比べれば、状況は大きく変わったが、このラベルはカフェインの表示にはまだ問題があることを改めて気づかせてくれた。米国清涼飲料協会がエナジードリンクに関する任意のガイドラインを発表してから1年半、モンスター社がエナジードリンクを食品として表示し、カフェインの含有量を表示すると発表してから何ヵ月も経つにもかかわらず、この製品はいまだに栄養補助食品として販売され、カフェインの含有量は表記されていないのだ。

テイラーはコーヒーもダイエットコーク(時には「カフェインフリー・ダイエットコーク」)も飲むし、カフェイン規制の難しさも監督機関がぶち当たる壁もよくわかっている。「『コーヒーの購入者に年齢制限を設けるつもりかい? そうなったら、スターバックスでコーヒーを注文するときに、身分証明書を見せることが必要になるのだろうか?』と聞かれたことがあったが、それは現実的ではないと思う。現実を見失ってはいけない」とテイラーは述べた。

しかし、テイラーはカフェインの伝統的な利用と新手のエナジードリンクを峻別していた。モンスターを手にして、「これは歴史的にも文化的にも、従来あったカフェイン製品とは違う」と言った。

フィッシャーの予言

ジャバ・モンスターは歴史や文化とはかけ離れているように思えるかもしれないが、生まれるべくして生まれた製品である。驚くべきなのは、カフェイン製品が化学香料とカフェイン粉末の混合物という形に進化したことではなく、進化にこれほど長い時間を要したことだ。こうした進化にいち早く気づいて、的確に予測した人物がいた。

エミール・フィッシャーはドイツの化学者で、初めて実験室でカフェインの合成に成功し、それから7年後の1902年にノーベル賞を受賞した。その年の講演で、フィッシャーはじきに工場で合成カフェインが量産されるようになり、価格が下がるだろうと予測した[6]。もちろん、フィッシャーの予測は正しかった。この講演から数十年も経たないうちに、ドイツの工場で合成カフェインの生産が始まった。この講演の他の部分も今から振り返ってみると、予言者の言葉のように思える。

カフェインがコーヒーと紅茶という最も一般的な刺激物の最強の活性成分であることを考えると、問題はまったく異なった様相を呈してくる。こうした物質はいまだにかなり高価だが、それを廉価なもので代用する試みが長年なされてきたことは周知の事実である。このことは、コーヒーの代用品が市場にたくさん出回っているのを見れば一目瞭然だろう。それにもかかわらず、こうした代用品には肝心なものが欠けている。コーヒーや紅茶に含まれるカフェイン成分に由来する心地よい刺激がないのだ。この短所は、合成カフェインが安価になれば、それを添加することでたやすく克服することができるだろう。そして、合成カフェインが実用化されれば、こうした代用品の味や香りも必ず改善されていくだろう。コーヒーや紅茶の本当の香りも人工的に合成することが可能だからだ。想像力を少し働かせれば、うまいコーヒーを淹れるのに、コーヒー豆を必要としない日が来ることを予測できる。化学工場で合成された粉末を少量、水に混ぜるだけで、気分を爽快にする風味豊かな飲料が驚くほど安く生産できるようになる。一般の人はたいていこうした化学者の予測に懐疑的だが、とりわけこの場合は、原料としてグアノ〔海島などの糞が堆積したもの〕の成分を使用すると聞くと、疑念が強まるかもしれない。

フィッシャーが予測したのは、まもなく実現された商業規模でのカフェイン合成の実用化に留まらなかった。尿酸を原料としたカフェインは一般の消費者に敬遠されることも予測していた。これは1950年代にコカ・コーラ社が懸念した問題だ。フィッシャーの眼鏡は特に透き通っていたのだろう。ジャバ・モンスターやロックスター・ローステッドなどのカフェイン飲料までも予測していたからだ。コーヒー風味のエナジードリンクが生まれる1世紀も前に、フィッシャーはこうした厄介な飲料のことに言及していた。1902年にフィッシャーの予言を疑った人も、今なら信じるだろう。近くのコンビニへ行って、冷蔵ショーケースを覗きさえすれば、「化学工場で合成された粉末を少量」加えたコーヒー風味の飲料が並んでいるからだ。

現代のエナジードリンクは、エイサ・キャンドラーのコカ・コーラがめかしこんだハイテク版のように見える。チャタヌーガ裁判から1世紀経って、カフェインの知見も蓄積され、かつて大仰なワイリー長官が果たした役割を温厚なテイラー副局長が務めているが、FDAは今でも同じ問題と取り組んでいる。すなわち、カフェインは依存性のある薬物なのだろうか？　コーラやエナジードリンクに添加されるカフェインは、コーヒーや紅茶に元から含まれているカフェインとは異なる扱いをするべきなのだろうか？　青少年の健康によいものなのだろうか？　連邦政府はどのように規制するべきだろうか？

カフェインはどのように規制されるか？

米国清涼飲料協会は清涼飲料業界が批判を受けるたびにプレスリリースを出しているようだが、カフェインについて話し合うために、代表団がテイラー副局長のもとを訪れたあとは、いつになく口を閉ざしていた。

カフェイン規制を長年主張してきたマイケル・ジェイコブソンにとって、FDAの調査は晴天の霹靂だったようだ。「驚いたよ。FDAに行動を起こさせるのは至難の業だからね」と言っていた。

FDAの調査は調査倒れに終わるのではないかとジェイコブソンは懸念していて、実際にカフェイン規制が行なわれるのを見るまでは信じられないと語っていた。「FDAのことだから、カフェイン含有量の表記を義務づけるだけでお茶を濁すだろう」とジェイコブソンは述べた。それに加えてカフェイン飲料に警告表示を義務づけ、カフェインの添加量に上限を設けることまではしないだろうと推測している。

テイラーは、カフェイン含有量の表示はFDAが考えている規制手段のひとつだと述べた。もうひとつ、法的強制力のあるカフェイン含有量の上限を定めることも考えているが、調査を行なう前に先走った判断を下すことはしないと述べて、「まずは、科学的データを収集する意向だ」と語った。

その第一歩として、テイラーは米国医学研究所にカフェインの科学的作用に関する調査を依頼した。特にカフェインの影響を受けやすい人の心血管系と中枢神経系の反応について、また、エナジードリンクの他の成分とカフェインとの相乗効果や相加効果によって生じうる問題について調査する予定だ。テイラーは、FDAによる食品添加物の認可体制は尊重されなければならないことも強調した。「新奇な方法で飲用されたり、生理的な影響をもたらすかもしれない方法で提供されたりする新製品が増加している。この認可体制は、そうした現状に対処することを目指しているのだ。われわれの仕事は現状を拱手傍観することではない。わが国の法律上では、安全性に関する認可を得るためには、FDAから是認、あるいは他の専門家から一般的に承認される厳密な科学に基づく判断をしておくことを前提としているが、この製品にはそれがなされていないのだ」と言って、テイラーはテーブルの上に置かれたモンスターを軽く叩いた。

食品添加物に関するFDAの方針では、GRAS（安全認定基準）を満たしていない食品添加物は、その安全性について企業が自主的にFDAに報告するようにとされている、とテイラーは述べた。「この件で私が危惧しているのは、添加カフェインをさらに増やそうとしている企業が1社たりとも、こうした自己申告の方針を尊重してFDAに出向き、データを提出して、審査を受けたことがないことだ。食品添加物の認可体制の厳密さを損なうようなこの例外のせいで、この制度は根本からひっくり返されようとしている」と副局長は話した。

つまり、コカ・コーラ、ペプシコ、ファイブアワー・エナジー、NVE製薬、リグレー、ジョルト、モンスター、レッドブル、ロックスターなど、カフェイン入りエナジードリンクを製造している会社のうち、GRASを満たしていない食品添加物入りの製品を販売する認可をFDAに申請した会社は1社もなかったのだ。テイラーの話を聞いて、グリーンマウンテン社がKカップにカフェイン粉末を配合する許可を求めたときに認可されなかった謎が理解できた。許可を求めたこと自体が間違いだったのである。エナジードリンク産業は年間の総売り上げが100億ドルを超えるが、FDAの明確な認可を得ずに成長して来たのだ。

このように、エナジードリンクやその他の新手のカフェイン製品を製造する会社は一般大衆の期待にも、食品添加物を規制する法律の趣旨にも添っていないとテイラーは述べた。

「エナジードリンクの安全性は保証できないね。危険性を立証できると言うわけではないが、FDAに保証しろと言われても無理な注文だ」とテイラーは語った。

FDAの本部から出て行くときに、FDAの業績を示す陳列ケースの前を通りかかった。DDTとサリドマイドのパッケージ、特許医薬品が数点、昔のFDA検査官のバッジなどが展示してあったが、カフェイン製品はエフェドラとカフェインが配合されたサプリメントの「フォーミュラワン」の瓶1本だけだった。心臓障害を引き起こした製品だ。これから20年間に、このケースには何が置かれるようになるのだろうか。おそらく、現在市場に出回っているカフェインが大量に入った製品だろう。あるいは、まだ製造されていない、斬新で強力で魅力的な製品が仲間入りする可能性の方が高いかもしれない。

その日の午後、メイン州に戻る途中で、ロナルド・レーガン・ワシントンナショナル空港のスターバックスの前を通りかかった。6月の暑い日だったので、リフレッシャーズが飛ぶように売れていた。しかし、サンタマルタのフアン・バルデス・カフェと同じような香ばしいコーヒーの香りがスターバックスの店からまだ漂っていた。

それから数時間後、メイン州チャイナの州道3号線を走っているときに、ペプシとコカ・コーラの看板が目に入った。中国の製薬工場で製造されたカフェイン粉末が使用されている製品の広告だ。町はずれのガソリンスタンドで給油したとき、そこの冷蔵ショーケースにはモンスターやロックスターとともに「オネスト・ティー」などがびっしり並んでいた。ティーといっても、北京で私が試飲した茶のほんの1、2滴が入っているにすぎないのだろう。レジの下の棚には、どこの店でも目にするように、ハーシーのチョコレートが置いてあり、イサパのチョコレートとはずいぶん違うなと思った。

レジの隣の台の上にはエナジーショットやエナジーストリップが雑然と置いてあった。「E6エナジーストリップ」の陳列棚の前に、リグレーのアラート・エナジーガムが1パックだけ突っ込んであった。リグレー社が店頭から回収しようとしていた製品だが、私が目にしたのはこれが初めてだった。それを買ったのは言うまでもない。いつなんどき、それが役に立たないとも限らない。

謝辞

本書の執筆中、妻のマーゴや娘のライラとロミーは惜しまず力を貸してくれた。いつも社会動静に注意を払い、ニュースを知らせてくれただけでなく、本書の焦点がずれている箇所や筋が通らない箇所を指摘し、話の内容が的を射ている場合は励ましてくれた。本書を書き上げることができたのは、いつも着想を与えてくれた妻と娘のおかげである。

兄弟のアンドリューとチャールズは、スキーやサイクリングの傍ら、時にはコーヒーを片手に私の話に我慢強く耳を傾けて、すばらしい提案をしてくれた。2人は環境科学者と心臓病専門医なので、私がそうした分野の統計や専門知識と格闘しているときに、何度も助け船を出してくれた。

キャスリン・マイルズとジェームズ・レッドフォードの両氏は、本書の一部に目を通して、洞察に満ちた助言と揺るぎない支持をしてくれた。「メディア・パーソナリティーズ」の面々は正念場で冷えたビールで助けてくれた。友達や親戚、電車や飛行機に乗り合わせた乗客、喫茶店やバーで知り合った人たちにもお世話になった。本書で取り上げた話題が面白いか、つまらないかを確かめる試金石の役目を果たしてもらったからだ。

ハドソン・ストリート・プレス社に出会えたのは幸運だった。キャロライン・サットンは本書に対して、出版界からは消滅したと言われるような興味を示してくれた。クリスティーナ・ロドリゲスには草稿から最終稿を仕上げる過程で、全体を見通しながら、細部の細部に至るまで念入りに目を通していただき、大変お世話になった。

本書の企画の意義がなかなか認めてもらえない中で、仕事熱心で、鋭い見識を備えたエージェントのリン・ジョンストンはその意義をいち早く認めてくれただけでなく、原稿に手を入れるように優しく促し、最終稿まで面倒をみてくれた。

カフェインの世界の隅々まで詮索させてくれた編集者たち、とりわけナショナル・パブリック・ラジオ（NPR）のジェーン・グリーンハーフとアンドレア・デ・レオン、「ワイアード・マガジン」誌のサラ・ファロン、「ナショナル・ジオグラフィック・マガジン」誌のルナ・シャイアにお礼申し上げる。

アトランタとワシントンDCの国立公文書館とテネシー州図書館・公文書館の司書には埋もれたカフェインの秘密を突き止めるのを辛抱強く手助けしていただいた。また、ベルファースト・フリー図書館には書籍だけでなく、文献調査をする静かな場所も貸していただいた。お礼申し上げる。

本書を執筆するために行なった情報収集の過程で、70名を超える方にお話を伺った。お忙しい中で貴重な時間を割いていただいた方々に心よりお礼申し上げる。

最後に、本書の着想と原稿を仕上げる体力と集中力をくれた苦くて白い粉、カフェインにも感謝する。

訳者あとがき

著者のマリー・カーペンターは米国でも環境や食の安全に対して住民意識が高い先進地域に在住するジャーナリストで、ダムを取り壊した川にサケが還ってきた事例など、環境問題に関する報道も多く手掛けている。

本書ではまず、もともとは呪術者や王侯貴族専用の「魔法の薬物」だったチョコレートやコーヒー、お茶など、カフェインの入った飲食物が一般大衆にも嗜好品として普及するようになった歴史的過程をたどる。古代には神官や呪術者など、一部の限られた人たちが伝承された専門知識や経験に基づいてカフェインを使いこなしていたと思われるが、現代では一般の人たちも手軽に利用できるようになり、カフェインにまつわるさまざまな問題が生じている。著者はそうした悲喜劇を数多くの事例を交えて取り上げている。現代社会でカフェイン問題が生じている根本的な原因は、誰もが魔法の粉を簡単に手に入れることができるようになったにもかかわらず、私たち一般大衆がその適切な使い方をいまだに身につけていないことだと言えるだろう。

コーヒーに代表されるカフェイン飲料は人体に必須なものではないのに、世界中で多くの人たちが買い求める人気のある嗜好品だ。著者はその人気の源をカフェインの刺激だと考えている。春秋時代の中国で「衣食足りて、礼節を知る」（管氏）と言われたが、人間というものは、衣食住が足りて物質的に満たされた後には、さらに精神的満足を求めていくようだ。そして、コーヒーのようなカフェイン飲料はその精神的満足を与えてくれる嗜好品の代表と言えよう。「良いコーヒーとは、悪魔のように黒く、地獄のように熱く、天使のように純粋で、愛のように甘い」と、フランスの政治家タレーランが言ったそうだが、背徳の欲求のように思える。カフェインに限らず、かくも欲というものは限りなく拡大していくものらしい。人間は自分たちの欲を今後どのように制御していくのだろうか？　本書はカフェインを切り口にした文明論とも言えるかもしれない。

カフェインの使用について、カナダやオーストラリアといった消費者保護の先進国は注意を喚起し、その規制に着手したことが本書に挙げられている。日本では、カフェインはどのように扱われているのだろうか？

カフェインは厚生労働省により食品添加物として使用することが認められており、既存添加物名簿に収載されている。「既存添加物」とは、「我が国において既に使用され、長い食経験があるものについて、例外的に指定を受けることなく使用・販売などが認められたもの」（平成7年）のことだ。既存添加物名簿の収載品目リストによると、「カフェイン（抽出物）」とは「コーヒーの種子又はチャの葉から得られた、カフェインを主成分とするもの」とされている（「既存添加物名簿」平成八年四月一六日厚生省告示第一二〇号　http://www.ffcr.or.jp/zaidan/MHWinfo.nsf/a11c0985ea3cb14b492567ec002041df/c3f4c591005986d

94925 6fa900252700?OpenDocument)。ここでいうコーヒーの種子とはアカネ科コーヒーノキの種子のことで、チャの葉とはツバキ科チャノキの葉を指している。またカフェインは苦味料に分類されている。本書の中で、日本で認可されている食品添加物はコーヒー豆か茶葉から得られたカフェインを主成分とするものなので、合成カフェインが嫌な人は日本のカフェイン飲料を買うとよいという旨が述べられているのは、この件を指していると思われる。

厚生労働省は「食品添加物の安全性を確保するために、食品安全委員会の意見を聴き、その食品添加物が人の健康を損なうおそれのない場合に限って使用を認めて」おり、新たな食品添加物が販売される前に、それが「人の健康に悪影響を生じないかどうかを確認するとともに、必要に応じて規格や基準を策定し、安全性を確保して」いるという（厚生労働省「食品の安全確保に向けた取組」平成二五年三月 http://www.mhlw.go.jp/topics/bukyoku/iyaku/syoku-anzen/dl/pamph01.pdf）。

しかし、日本では、カフェインは長い食経験があることで、例外的に指定を受けることなく使用・販売などが認められている既存添加物の扱いなので、新たな確認を受けなくても利用できることになる。そうなると、二〇〇〇年代以後に登場した新規な製品に含まれるカフェインが天然原料から抽出されたものに限られているのか、実際の状態が調べられているのかどうかはわからない。この点は、今後、消費者運動などを通じて明らかにしていく必要がある分野かもしれない。

本書で示されたように、カフェインはさまざまな問題をはらむ物質なので、消費者が賢い使用法を身につけて付き合っていくことを著者は訴えている。さらに、人によって、またそのときの健康状態によってもカフェインの効き方が異なることから、一度に摂れる分量も大きな課題となると思われる。日本でも、カフェインを含む栄養ドリンク剤が長年販売されてきたが、容器も小ぶりで、特に成人男性向けの販売戦略をとっており、重大な健康問題が起きたという話は聞かない。

こうしたことを考え合わせると、カフェインの賢い利用法とはせんじ詰めれば、消費者は自分の体質や健康状態に見合った摂取量を知って利用することと、製造・販売者は米国で売られているような大容量の製品の製造・販売を控えることと言えるかもしれない。

薬物を摂ることが習慣になり、それをやめられない状態を一般的には「~中毒」と言うことが多い。しかし、医学の分野ではこうした状態は、「dependence（依存）」、「addiction（依存症）」、「poisoning（中毒）」のように区別して使用されている。このうち、「依存」は主に身体的に依存している状態、「依存症」とは心身ともにその物質なしでは過ごせない状態、また「中毒」とは過剰摂取などによって生じる急性の心身的症状を指すようだ。専門家が述べた内容の訳語としては、上記の区別をするように心掛けた。しかし、著者は「意図的に addiction という用語を使う」と断っているので、広義の意味で使われている場合には、「~中毒」という一般的な用語を使用したときもある。

原書では、重量や容量は米国で使用される単位（ポンドやオンス）で記述されているが、本書ではイギリス版を参考にして、国際単位系（g、㎖など）に換算して表示した。そこで、換算した値に多少の誤差が生じている。また、註に示されている計算式に基づいて算出した合計の値が繰り上げの仕方の相違から、表示されたポンドの換算値とズレが生じている場合もある。そのため、本書で示されている合計値や換算値は近似値として捉えて、詳細を知りたい方は註にある原著にあたっていただきたい。

本書で取り上げられている話題は現代社会の広い分野に及んでいるため、訳者の専門分野を大幅に超えることになった。そのため、各分野に詳しい知人に問い合わせ、助言や教授をいただいた。小川

正人（商業）、村上昌美（スポーツ）、樋口篤（薬学）、八重樫稔（産婦人科学）、ルース・パーノール
とロバート・アスキンズ（アメリカ文化）、奥田純子（中国茶）の各氏には大変お世話になった。こ
の場をお借りして厚くお礼を申し上げたい。
　また、白揚社の阿部明子氏には訳者の知識不足を補って余りあるていねいな編集をしていただき、
感謝の念に堪えない。

2011.

2. PepsiCo, "Discover an Entirely New Way to Do Mornings with Kickstart, an Entirely New Beverage from Mountain Dew," February 11, 2013, press release, http://www.pepsico.com/PressRelease/Discover-An-Entirely-New-Way-To-Do-Mornings-With-Kickstart-An-Entirely-New-Bever02112013.html.
3. "PepsiCo's Billion-Dollar Brand Roster Grows to an Impressive 22 Brands," January 26, 2012, press release, http://www.pepsico.com/Story/PepsiCos-billion-dollar-brand-roster-grows-to-an-impressive-22-brands-with-Diet-01262012.html.
4. コカ・コーラ社提供でジョージア・パブリック・ブロードキャスティング（GPB）製作による「健康の大事さ」という番組のために、カフェインに対する注意喚起のビデオができた。2013年4月にGPBのネット上で公開され（http://www.gpb.org/your-health-matters/energy-drinks）、コカ・コーラ社のYouTubeチャンネルでも流されている（http://www.youtube.com/watch?v=BBXY7SDeSHM&list=UU5JBB_E5mzPEbDupD-6fA4A&index=10）。
5. Starbucks Coffee Company, "Starbucks to Create More Than 140 U.S. Manufacturing Jobs at State-of-the-Art Plant in Georgia," July 13, 2012, press release, http://news.starbucks.com/article_display.cfm?article_id=679.
6. Emil Fischer, "Syntheses in the Purine and Sugar Group," in *Nobel Lectures, Chemistry*, 1901–1921, Nobel Foundation (Amsterdam: Elsevier Publishing Company, 1966).

第15章　ラベル表示の裏で

1. M. Arria and M. C. O'Brien, "The 'High' Risk of Energy Drinks," *Journal of the American Medical Association* 305, no. 6 (2011): 600–1.
2. ABA書類は次の文書で見ることができる。"Guidance for the Responsible Labeling and Marketing of Energy Drinks," サイトは以下。http://www.ameribev.org/files/339_Energy%20Drink%20Guidelines%20%28final%29.pdf.
3. "Draft Guidance for Industry: Factors That Distinguish Liquid Dietary Supplements from Beverages, Considerations Regarding Novel Ingredients, and Labeling for Beverages and Other Conventional Foods," U. S. Food and Drug Administration, http://www.fda.gov/Food/GuidanceRegulation/GuidanceDocuments Regulatory-Information/DietarySupplements/ucm196903.htm.
4. N. MacDonald, M. Stanbrook, and P. C. Hébert, " 'Caffeinating' Children and Youth," *Canadian Medical Association Journal* 182, no. 15 (2010): 1597.
5. Committee on Nutrition and the Council on Sports Medicine and Fitness, "Sports Drinks and Energy Drinks for Children and Adolescents: Are They Appropriate?" *Pediatrics* 127, no. 6 (2011): 1182–89.
6. この部分はニューハンプシャー州の「プライバシーと情報の自由法」により入手した書簡に基づいて記述した。
7. P. Nawrot, S. Jordan, J. Eastwood, J. Rotstein, A. Hugenholtz, and M. Feeley, "Effects of Caffeine on Human Health," *Food Additives and Contaminants* 20, no. 1 (2003): 1–30.
8. D. J. Pelchovitz and J. J. Goldberger, "Caffeine and Cardiac Arrhythmias: A Review of the Evidence," *American Journal of Medicine* 124, no. 4 (2011): 284–89.
9. M. C. Cornelis, A. El-Sohemy, E. K. Kabagambe, and H. Campos, "Coffee, CYP1A2 Genotype, and Risk of Myocardial Infarction," *Journal of the American Medical Association* 295, no. 10 (2006): 1135–41.
10. S. J. Iyadurai and S. S. Chung, "New-Onset Seizure in Adults: Possible Association with Consumption of Popular Energy Drinks," *Epilepsy & Behavior* 10, no. 3 (2007): 504–8.
11. R. S. Calabrò, D. Italiano, G. Gervasi, and P. Bramanti, "Single Tonic-Clonic Seizure After Energy Drink Abuse," *Epilepsy & Behavior* 23, no. 3 (2012): 384–85; S. Dikici, A. Saritas, F. H. Besir, A. H. Tasci, and H. Kandis, "Do Energy Drinks Cause Epileptic Seizure and Ischemic Stroke?" *American Journal of Emergency Medicine* 31, no. 1 (2013): 274.
12. A. J. Berger and K. Alford, "Cardiac Arrest in a Young Man Following Excess Consumption of Caffeinated 'Energy Drinks,' " *Medical Journal of Australia* 190, no. 1 (2009): 41–43.
13. H. R. Lieberman, T. Stavinoha, S. McGraw, A. White, L. Hadden, and B. P. Marriott, "Caffeine Use Among Active Duty US Army Soldiers," *Journal of the Academy of Nutrition and Dietetics* 112, no. 6 (2012): 902–12.

第16章　決着

1. Grace Johnson, "School Pupils Sick After Chewing 'Dumped' Gum," *Times Live*, May 12,

21. L. Dawkins, F. Z. Shahzad, S. S. Ahmed, and C. J. Edmonds, "Expectation of Having Consumed Caffeine Can Improve Performance and Mood," *Appetite* 57, no. 3 (2011): 597–600.
22. V. E. Lesk and S. P. Womble, "Caffeine, Priming, and Tip of the Tongue: Evidence for Plasticity in the Phonological System," *Behavioral Neuroscience* 118, no. 3 (2004): 453–61.

第14章　野獣を解き放つ

1. 次を参照。"Soda Water; Final Order Promulgating Definition and Standard of Identity," *Federal Register* 31, no. 18 (1966): 1066.
2. GRAS条件を取り消す提案についての情報はFDA Docket No. 80N-0418を参照。
3. 次を参照。"Beverages; Proposal to Repeal Standard of Identity for Soda Water," *Federal Register* 52, no. 97(1987). 採集規約は以下にある。*Federal Register* 54, no. 4 (1989).
4. K. Szczawinska, E. Ginelli, I. Bartosek, C. Gambazza, and C. Pantarotto, "Caffeine Does Not Bind Covalently to Liver Microsomes from Different Animal Species and to Proteins and DNA from Perfused Rat Liver," *Chemico-Biological Interactions* 34, no. 3 (1981): 345–54.
5. M. C. O'Brien, T. P. McCoy, S. D. Rhodes, A. Wagoner, and M. Wolfson, "Caffeinated Cocktails: Energy Drink Consumption, High-Risk Drinking, and Alcohol-Related Consequences Among College Students," *Academic Emergency Medicine* 15, no. 5 (2008): 453–60.
6. D. L. Thombs, R. J. O'Mara, M. Tsukamoto, M. E. Rossheim, R. M. Weiler, M. L. Merves, and B. A. Goldberger, "Event-Level Analyses of Energy Drink Consumption and Alcohol Intoxication in Bar Patrons," *Addictive Behaviors* 35, no. 4 (2010): 325–30.
7. Sarah Lyall, "For Scots, a Scourge Unleashed by a Bottle," *New York Times*, February 3, 2010.
8. マクリーン・デザインの事例研究については以下を参照。"Creating a Monster," http://www.mclean-design.com/case-studies-type/monster-energy/.
9. J. L. Temple, A. M. Bulkley, L. Briatico, and A. M. Dewey, "Sex Differences in Reinforcing Value of Caffeinated Beverages in Adolescents," *Behavioural Pharmacology* 20, no. 8 (2009): 731–41.
10. Jeremy Mullman, "Wieden Parts Ways with Starbucks," *Advertising Age*, September 23, 2008.
11. Emily Bryson York, "Take Cover! Marketing Blitz for McCafe Is on the Way," *Advertising Age*, May 4, 2009.
12. Georg Szalai, "Oliver Stone: What Helped Pay for 'Wall Street 2,' " *Hollywood Reporter*, September 29, 2010.
13. T. M. McLellan and H. R. Lieberman, "Do Energy Drinks Contain Active Components Other than Caffeine?" *Nutrition Reviews* 70, no. 12 (2012): 730–44.
14. "5-Hour Energy CEO Discusses Controversial Drink," *CBS Evening News* video, 14:06, November 15, 2012, http://www.cbsnews.com/video/watch/?id=50135243n.

"Coffee, Caffeine, and Risk of Completed Suicide: Results from Three Prospective Cohorts of American Adults," *The World Journal of Biological Psychiatry* (2013): 1–10.

9. N. D. Freedman, Y. Park, C. C. Abnet, A. R. Hollenbeck, and R. Sinha, "Association of Coffee Drinking with Total and Cause-Specific Mortality," *New England Journal of Medicine* 366, no. 20 (2012): 1891–904.
10. R. M. van Dam and F. B. Hu, "Coffee Consumption and Risk of Type 2 Diabetes: A Systematic Review," *Journal of the American Medical Association* 294, no. 1 (2005): 97–104.
11. T. E. Graham, P. Sathasivam, M. Rowland, N. Marko, F. Greer, and D. Battram, "Caffeine Ingestion Elevates Plasma Insulin Response in Humans During an Oral Glucose Tolerance Test," *Canadian Journal of Physiology and Pharmacology* 79, no. 7 (2001): 559–65; M. S. Beaudoin, B. Allen, G. Mazzetti, P. J. Sullivan, and T. E. Graham, "Caffeine Ingestion Impairs Insulin Sensitivity in a Dose-Dependent Manner in Both Men and Women," *Applied Physiology, Nutrition, and Metabolism* 38, no. 2 (2013): 140–47.
12. F. Song, A. A. Qureshi, and J. Han, "Increased Caffeine Intake Is Associated with Reduced Risk of Basal Cell Carcinoma of the Skin," *Cancer Research* 72, no. 13 (2012): 3282–89.
13. American College of Obstetricians and Gynecologists Committee on Obstetric Practice, "Committee Opinion Number 462: Moderate Caffeine Consumption During Pregnancy" (2010).
14. V. Sengpiel, E. Elind, J. Bacelis, S. Nilsson, J. Grove, R. Myhre, M. Haugen et al., "Maternal Caffeine Intake During Pregnancy Is Associated with Birth Weight but Not with Gestational Length: Results from a Large Prospective Observational Cohort Study," *BMC Medicine* 11, no. 1 (2013): 42.
15. K. C. Schliep, E. F. Schisterman, S. L. Mumford, A. Z. Pollack, C. Zhang, A. Ye, J. B. Stanford, A. O. Hammoud, C. A. Porucznik, and J. Wactawski-Wende, "Caffeinated Beverage Intake and Reproductive Hormones Among Premenopausal Women in the BioCycle Study," *American Journal of Clinical Nutrition* 95, no. 2 (2012): 488–97.
16. R. P. Heaney, "Effects of Caffeine on Bone and the Calcium Economy," *Food and Chemical Toxicology* 40, no. 9 (2002): 1263–70.
17. G. W. Ross, R. D. Abbott, H. Petrovitch, D. M. Morens, A. Grandinetti, K. H. Tung, C. M. Tanner et al., "Association of Coffee and Caffeine Intake with the Risk of Parkinson Disease," *Journal of the American Medical Association* 283, no. 20 (2000): 2674–79.
18. C. Santos, J. Costa, J. Santos, A. Vaz-Carneiro, and N. Lunet, "Caffeine Intake and Dementia: Systematic Review and Meta-Analysis," *Journal of Alzheimer's Disease* 20, suppl. 1 (2010): S187–204.
19. D. Elmenhorst, P. T. Meyer, A. Matusch, O. H. Winz, and A. Bauer, "Caffeine Occupancy of Human Cerebral A1 Adenosine Receptors: In Vivo Quantification with 18F-CPFPX and PET," *Journal of Nuclear Medicine* 53, no. 11 (2012): 1723–29.
20. A. P. Smith, "Caffeine, Extraversion and Working Memory," *Journal of Psychopharmacology* 27, no. 1 (2013): 71–76.

22. H. W. Koenigsberg, C. P. Pollak, and J. Fine, "Olfactory Hallucinations After the Infusion of Caffeine During Sleep," *American Journal of Psychiatry* 150, no. 12 (1993): 1897–98.
23. V. G. Masdrakis, G. Vasilios, N. Vaidakis, E. M. Legaki, D. Ploumpidis, Y. G. Papakostas, and C. R. Soldatos, "Letter to the Editor (Case Report)," *Progress in Neuro-Psychopharmacology & Biological Psychiatry* 31, no. 7 (2007): 1539–40.
24. S. F. Crowe, J. Barot, S. Caldow, J. D'Aspromonte, J. Dell'Orso, A. Di Clemente, K. Hanson et al., "The Effect of Caffeine and Stress on Auditory Hallucinations in a Non-Clinical Sample," *Personality and Individual Differences* 50, no. 5 (2011): 626–30.
25. D. W. Hedges, F. L. Woon, and S. P. Hoopes, "Caffeine-Induced Psychosis," *CNS Spectrums* 14, no. 3 (2009): 127–29.
26. Douglas Stanglin, "Man Accused of Killing His Wife Set to Use a Caffeine Insanity Defense," *USA Today*, September 20, 2010.
27. Wendy N. Davis, "Killer Buzz: Caffeine Intoxication Is Now Evidence for an Insanity Plea," *ABA Journal*, June 1, 2011.

第13章　治療用のカフェイン

1. H. F. Campbell, "Caffeine as an Antidote to the Poisonous Narcotism of Opium," *Boston Medical and Surgical Journal* 63, no. 5 (1860): 101–4. この論文中で、キャンベルはカフェインを分離する技法まで叙述している。コーヒー溶液を酢酸鉛、硫化水素とアンモニアで処理すると純粋なカフェインができる。「滑らかな長い針状の結晶ができて、可溶性、揮発性があり、水、アルコールやエーテルのいずれにも溶ける」
2. B. Schmidt, R. S. Roberts, P. Davis, L. W. Doyle, K. J. Barrington, A. Ohlsson, A. Solimano, and W. Tin, "Caffeine Therapy for Apnea of Prematurity," *New England Journal of Medicine* 354, no. 20 (2006): 2112–21.
3. D. J. Henderson-Smart and P. A. Steer, "Caffeine Versus Theophylline for Apnea in Preterm Infants," *Cochrane Database of Systematic Reviews* 1 (2010).
4. N. Ward, C. Whitney, D. Avery, and D. Dunner, "The Analgesic Effect of Caffeine in Headache," *Pain* 44, no. 2 (1991): 151–55; R. E. Shapiro, "Caffeine and Headaches," *Neurological Sciences* 28, suppl. 2 (2007): S179–83.
5. M. Fennelly, D. C. Galletly, and G. I. Purdie, "Is Caffeine Withdrawal the Mechanism of Postoperative Headache?" *Anesthesia and Analgesia* 72, no. 4 (1991): 449–53.
6. R. B. Lipton, W. F. Stewart, R. E. Ryan Jr., J. Saper, S. Silberstein, and F. Sheftell, "Efficacy and Safety of Acetaminophen, Aspirin, and Caffeine in Alleviating Migraine Headache Pain: Three Double-Blind, Randomized, Placebo-Controlled Trials," *Archives of Neurology* 55, no. 2 (1998): 210–17.
7. M. Lucas, F. Mirzaei, A. Pan, O. I. Okereke, W. C. Willett, É. J. O'Reilly, K. Koenen, and A. Ascherio, "Coffee, Caffeine, and Risk of Depression Among Women," *Archives of Internal Medicine* 171, no. 17 (2011).
8. M. Lucas, É. J. O'Reilly, A. Pan, F. Mirzaei, W C. Willett, O. I. Okereke, and A. Ascherio,

with the Stanford Caffeine Questionnaire: Preliminary Evidence for an Interaction of Chronotype with the Effects of Caffeine on Sleep," *Sleep Medicine* 13, no. 4 (2012): 362–67.

8. T. Roehrs and T. Roth, "Caffeine: Sleep and Daytime Sleepiness," *Sleep Medicine Reviews* 12, no. 2 (2008): 153–62.
9. R. C. Kessler, W. T. Chiu, O. Demler, K. R. Merikangas, and E. E. Walters, "Prevalence, Severity, and Comorbidity of 12-Month DSM-IV Disorders in the National Comorbidity Survey Replication," *Archives of General Psychiatry* 62, no. 6 (2005): 617–27.
10. J. Greden, "Anxiety or Caffeinism: A Diagnostic Dilemma," *American Journal of Psychiatry* 131, no. 10 (1974): 1089–92.
11. M. A. Lee, O. G. Cameron, and J. F. Greden, "Anxiety and Caffeine Consumption in People with Anxiety Disorders," *Psychiatry Research* 15, no. 3 (1985): 211–17.
12. P. J. Rogers, C. Hohoff, S. V. Heatherley, E. L. Mullings, P. J. Maxfield, R. P. Evershed, J. Deckert, and D. J. Nutt, "Association of the Anxiogenic and Alerting Effects of Caffeine with ADORA2A and ADORA1 Polymorphisms and Habitual Level of Caffeine Consumption," *Neuropsychopharmacology* 35, no. 9 (2010): 1973–83.
13. さまざまな代謝率のまとめと元の研究の参考文献については以下を参照。Fredholm et al., "Actions of Caffeine in the Brain."
14. L. Gu, F. J. Gonzalez, W. Kalow, and B. K. Tang, "Biotransformation of Caffeine, Paraxanthine, Theobromine and Theophylline by cDNA-Expressed Human CYP1A2 and CYP2E1," *Pharmacogenetics* 2, no. 2 (1992): 73–77.
15. N. L. Benowitz, P. Jacob III, H. Mayan, and C. Denaro, "Sympathomimetic Effects of Paraxanthine and Caffeine in Humans," *Clinical Pharmacology and Therapeutics* 58, no. 6 (1995): 684–91.
16. S. Peterson, Y. Schwarz, S. S. Li, L. Li, I. B. King, C. Chen, D. L. Eaton, J. D. Potter, and J. W. Lampe, "CYP1A2, GSTM1, and GSTT1 Polymorphisms and Diet Effects on CYP1A2 Activity in a Crossover Feeding Trial," *Cancer Epidemiology, Biomarkers & Prevention* 18, no. 11 (2009): 3118–25.
17. A. Yang, A. A. Palmer, and H. de Wit, "Genetics of Caffeine Consumption and Responses to Caffeine," *Psychopharmacology* 211, no. 3 (2010): 245–57.
18. H. P. Landolt, "'No Thanks, Coffee Keeps Me Awake': Individual Caffeine Sensitivity Depends on ADORA2A Genotype," *Sleep* 35, no. 7 (2012): 899–900.
19. S. N. Schiffmann, G. Fisone, R. Moresco, R. A. Cunha, and S. Ferré, "Adenosine A2A Receptors and Basal Ganglia Physiology," *Progress in Neurobiology* 83, no. 5 (2007): 277–92.
20. A. E. Nardi, F. L. Lopes, A. M. Valença, R. C. Freire, A. B. Veras, V. L. de-Melo-Neto, I. Nascimento et al., "Caffeine Challenge Test in Panic Disorder and Depression with Panic Attacks," *Comprehensive Psychiatry* 48, no. 3 (2007): 257–63.
21. A. E. Nardi, F. L. Lopes, R. C. Freire, A. B. Veras, I. Nascimento, A. M. Valença, V. L. de-Melo-Neto et al., "Panic Disorder and Social Anxiety Disorder Subtypes in a Caffeine Challenge Test," *Psychiatry Research* 169, no. 2 (2009): 149–53.

in Chewing Gum Versus Capsules to Normal Healthy Volunteers," *International Journal of Pharmaceutics* 234, nos. 1–2 (2002): 159–67.
3. Mike Dorning and Michael Kilian, "Hastert Sticks Gum Money into the Budget's Fine Print," *Chicago Tribune*, October 14, 1998.
4. B. K. Doan, P. A. Hickey, H. R. Lieberman, and J. R. Fischer, "Caffeinated Tube Food Effect on Pilot Performance During a 9-Hour, Simulated Nighttime U-2 Mission," *Aviation, Space, and Environmental Medicine* 77, no. 10 (2006): 1034–40.
5. H. R. Lieberman, W. J. Tharion, B. Shukitt-Hale, K. L. Speckman, and R. Tulley, "Effects of Caffeine, Sleep Loss, and Stress on Cognitive Performance and Mood During U.S. Navy SEAL Training," *Psychopharmacology* 164, no. 3 (2002): 250–61.
6. D. F. Neri, D. F. Dinges, and M. R. Rosekind, *Sustained Carrier Operations: Sleep Loss, Performance, and Fatigue Countermeasures* (Moffet Field, CA: NASA Ames Research Center, 1997).
7. R. Toblin, K. Clarke-Walper, B. C. Kok, M. L. Sipos, and J. L. Thomas, "Energy Drink Consumption and Its Association with Sleep Problems Among U.S. Service Members on a Combat Deployment—Afghanistan, 2010," Centers for Disease Control and Prevention, *Mortality and Morbidity Weekly Report* 61, no. 44 (2012): 895–98.
8. W. D. Killgore, G. H. Kamimori, and T. J. Balkin, "Caffeine Protects Against Increased Risk-Taking Propensity During Severe Sleep Deprivation," *Journal of Sleep Research* 20, no. 3 (2011): 395–403.

第12章　不眠症、不安、パニック

1. R. L. Orbeta, M. D. Overpeck, D. Ramcharran, M. D. Kogan, and R. Ledsky, "High Caffeine Intake in Adolescents: Associations with Difficulty Sleeping and Feeling Tired in the Morning," *Journal of Adolescent Health* 38, no. 4 (2006): 451–53.
2. A. Bryant Ludden and A. R. Wolfson, "Understanding Adolescent Caffeine Use: Connecting Use Patterns with Expectancies, Reasons, and Sleep," *Health Education & Behavior* 37, no. 3 (2010): 330–42.
3. W. J. Warzak, S. Evans, M. T. Floress, A. C. Gross, and S. Stoolman, "Caffeine Consumption in Young Children," *Journal of Pediatrics* 158, no. 3 (2011): 508–9.
4. C. Alford, J. Bhatti, T. Leigh, A. Jamieson, and I. Hindmarch, "Caffeine-Induced Sleep Disruption: Effects on Waking the Following Day and Its Reversal with an Hypnotic," *Human Psychopharmacology: Clinical and Experimental* 11, no. 3 (1996): 185–98.
5. H. P. Landolt, E. Werth, A. A. Borbély, and D. J. Dijk, "Caffeine Intake (200 mg) in the Morning Affects Human Sleep and EEG Power Spectra at Night," *Brain Research* 675, nos. 1–2 (1995): 67–74.
6. C. L. Drake, C. Jefferson, T. Roehrs, and T. Roth, "Stress-Related Sleep Disturbance and Polysomnographic Response to Caffeine," *Sleep Medicine* 7, no. 7 (2006): 567–72.
7. P. Nova, B. Hernandez, A. S. Ptolemy, and J. M. Zeitzer, "Modeling Caffeine Concentrations

Breakfast, and of Caffeine on Work in an Athlete and a Non-athlete," *American Journal of Physiology* 43, no. 3 (1917): 371–94.

2. M. S. Ganio, J. F. Klau, D. J. Casa, L. E. Armstrong, and C. M. Maresh, "Effect of Caffeine on Sport-Specific Endurance Performance: A Systematic Review," *Journal of Strength and Conditioning Research* 23, no. 1 (2009): 315–24.
3. G. R. Cox, B. Desbrow, P. G. Montgomery, M. E. Anderson, C. R. Bruce, T. A. Macrides, D. T. Martin et al., "Effect of Different Protocols of Caffeine Intake on Metabolism and Endurance Performance," *Journal of Applied Physiology* 93, no. 3 (2002): 990–99.
4. L. E. Armstrong, A. C. Pumerantz, M. W. Roti, D. A. Judelson, G. Watson, J. C. Dias, B. Spokemen et al., "Fluid, Electrolyte, and Renal Indices of Hydration During 11 Days of Controlled Caffeine Consumption," *International Journal of Sport Nutrition and Exercise Metabolism* 15, no. 3 (2005): 252–65.
5. C. Irwin, B. Desbrow, A. Ellis, B. O'Keeffe, G. Grant, and M. Leveritt, "Caffeine Withdrawal and High-Intensity Endurance Cycling Performance," *Journal of Sports Sciences* 29, no. 5 (2011): 509–15.
6. Alexi Grewal, "An Essay by 1984 Olympic Gold Medalist Alexi Grewal," *VeloNews*, April 15, 2008.
7. Steve Herman, "Miller Tests Positive for Caffeine," Associated Press, October 15, 2001.
8. Shane Stokes, "Getting the Pill Culture Out of the Sport," *VeloNation,* October 16, 2012.
9. Lawrence L. Spriet and Terry E. Graham, "Caffeine and Exercise Performance," *ACSM Current Comment*, http://www.acsm.org/docs/current-comments/caffeineandexercise.pdf.
10. Dominic Fifield, "Slumbering England Given a Wake-up Call in Poland," *Guardian*, October 17, 2012.
11. Nick Mulvenney, "Australian Athletes Handed Sedatives Ban," Reuters, July 3, 2012.
12. T. E. Graham, J. W. Helge, D. A. MacLean, B. Kiens, and E. A. Richter, "Caffeine Ingestion Does Not Alter Carbohydrate or Fat Metabolism in Human Skeletal Muscle During Exercise," *Journal of Physiology* 529, no. 3 (2000): 837–47.
13. M. Tarnopolsky and C. Cupido, "Caffeine Potentiates Low Frequency Skeletal Muscle Force in Habitual and Nonhabitual Caffeine Consumers," *Journal of Applied Physiology* 89, no. 5 (2000): 1719–24.
14. V. Stillner, M. K. Popkin, and C. M. Pierce, "Caffeine-Induced Delirium During Prolonged Competitive Stress," *American Journal of Psychiatry* 135, no. 7 (1978): 855–56.
15. G. Laurence, K. Wallman, and K. Guelfi, "Effects of Caffeine on Time Trial Performance in Sedentary Men," *Journal of Sports Sciences* 30, no. 12 (2012): 1235–40.

第11章　兵士のためのカフェイン

1. *Annual Report of the Secretary of War*, 1896.
2. G. H. Kamimori, C. S. Karyekar, R. Otterstetter, D. S. Cox, T. J. Balkin, G. L. Belenky, and N. D. Eddington, "The Rate of Absorption and Relative Bioavailability of Caffeine Administered

年5月にカフェイン入り添加物のリストを提供してくれた。
5. 世界貿易調査会社パンジバ（Panjiva）のデータからとった。
6. Jeff Ostrowski, "Brazilian Firm to Open $25M Riviera Beach Site to Make Organic Caffeine, Will Hire 75," *Palm Beach Post*, October 24, 2011.
7. L. Zhang, D. M. Kujawinski, E. Federherr, T. C. Schmidt, and M. A. Jochmann, "Caffeine in Your Drink: Natural or Synthetic?" *Analytical Chemistry* 84, no. 6 (2012): 2805–10.
8. 米国会計検査院の報告を参照。GAO-11-936T, September 14, 2011; GAO-10-961, September 30, 2010; GAO-08-701T, April 22, 2008; and GAO-08-224T, November 1, 2007.
9. FDAのリチャード・フリードマンから吉林省舒蘭合成製薬株式会社のリ・ダキァン社長に宛てた2010年5月13日付の警告書を参照（WL 320-10-00）。FDAは2011年1月10日付で吉林省舒蘭社をレッドリストに載せた。FDAは2012年5月31日付で「一件落着」の書簡を送り、解決済みとした。その書簡には、吉林省舒蘭社は違反に対処したと記されていた。しかし、当会社はそれまでにカフェイン生産を中止したようである。
10. こうした貿易の船荷証券はグレートエクスポーターズ（Greatexporters.com）という貿易調査会社から検索した。
11. 年次報告を参照。*Working Better Together: Our Corporate and Social Responsibility Report 2004*, Cadbury Schweppes Plc External Affairs Department, 25 Berkeley Square, London, W1J 6HB.

第9章 スタッカーからサンキストまで

1. 2003年7月24日、FDAのマクレラン長官は商業・貿易・消費者保護小委員会と、エネルギー・商業対策の監督・調査小委員会にこの証言を提出した。http://www.fda.gov/NewsEvents/Testimony/ucm115044.htm.
2. Clare O'Connor, "The Mystery Monk Making Billions with 5-Hour Energy," *Forbes*, February 27, 2012.
3. FDAからリダックス・ビバレッジ社に宛てた2007年4月4日付の警告書を参照（WL 10-07）。
4. たとえば、以下を参照。Susan Schiffman, L. A. Gatlin, E. A. Sattely-Miller, B. G. Graham, S. A. Heiman, W. C. Stagner, and R. P. Erickson, "The Effect of Sweeteners on Bitter Taste in Young and Elderly Subjects," *Brain Research Bulletin* 35, no. 3 (1994): 189–204.
5. R. Stier, "Masking Bitter Taste of Pharmaceutical Actives," *Drug Delivery Technology* 4, no. 2 (2004): 54.
6. この事件に関する報告は、情報公開法に則ってドクターペッパー・スナップル社とFDAの間に交わされた数十ページに及ぶ書簡からとった。
7. FDAのリコール記録「ドクターペッパー・スナップルグループ　F-1248-2011」を参照。

第10章 アスリート好みの薬物

1. H. Hyde, C. B. Root, and H. Curl, "A Comparison of the Effects of Breakfast, of No

第7章　高温カフェイン注意！

1. Dan Forrestal, *Faith, Hope & $5,000: The Story of Monsanto* (New York: Simon and Schuster, 1977).
2. Committee on Ways and Means, House of Representatives, *Tariff Information, 1921: Schedule A* (Washington, DC: U.S. Government Printing Office, 1921).
3. R. R. McCusker, B. Fuehrlein, B. A. Goldberger, M. S. Gold, and E. J. Cone, "Caffeine Content of Decaffeinated Coffee," *Journal of Analytical Toxicology* 30, no. 8 (2006): 611–13.
4. この統計値はBeverage Digestの2010年の販売データを使って計算した(http://beverage-digest.com/pdf/top-10_2011.pdf)。たとえば、コカ・コーラ社の計算によれば、240mℓ缶24個入りケースで、2010年にはコークを15億9000万ケースとダイエットコークを9億2700万ケース販売した。1缶あたりに入っているカフェインの量は、コークでは23.3mg、ダイエットコークでは30mgである。これらを総計すると粉末カフェインにして1560トンほどになる。
5. Busby and Haley, "Coffee Consumption Over the Last Century."
6. アメリカ国際貿易委員会はカフェインの輸入量の数値を公開している(commodity number: 2939.30.0000)。なお、合成カフェインと自然カフェインの区別はしていない。
7. John Smiley, War Production Board memorandum, November 5, 1942, exhibit V-5 in Docket No. 80N-0418.
8. ペンダグラスト『コカ・コーラ帝国の興亡』
9. カフェインの減量については、FDA長官W・G・キャンベルから軍需生産委員会宛ての1943年5月10日付の書簡で言及されている。
10. Laylin K. James, *Nobel Laureates in Chemistry, 1901–1992* (New York: John Wiley and Sons, 1993).
11. 会社の沿革については以下。http://www.boehringer-ingelheim.com/corporate_profile/history/history1.html.
12. "Pfizer Adds Production Units," *Hartford Courant,* December 11, 1949.
13. "Workers Evacuated at Pfizer Caffeine Unit," *Day* (New London), June 21, 1995.

第8章　中国製の白い粉

1. Jay S. Buckley, 1950, "Decreasing Fluorescence of Synthetic Caffeine," U.S. Patent 2,584,839, filed December 4, 1950, issued February 5, 1952.
2. A. B. Allen, "Caffeine Identification: Differentiation of Synthetic and Natural Caffeine," *Journal of Agricultural and Food Chemistry* 9, no. 4 (1961); O. J. Weinkauff, R. W. Radue, R. E. Keller, and H. R. Crane, "Caffeine Evaluation: Identification of Caffeine as Natural or Synthetic," *Journal of Agricultural and Food Chemistry* 9, no. 5 (1961).
3. William S. Knowles, interview by Michael A. Grayson, January 30, 2008 (Philadelphia: Chemical Heritage Foundation, Oral History Transcript 0406).
4. 提供者はケンタッキー州アーランガーにあるワイルド・フレーバーズである。2011

“Sugar-Sweetened Beverages and Genetic Risk of Obesity,” *New England Journal of Medicine* 367, no. 15 (2012): 1387–96.
23. E. A. Finkelstein, J. G. Trogdon, J. W. Cohen, and W. Dietz, “Annual Medical Spending Attributable to Obesity: Payer- and Service-Specific Estimates,” *Health Affairs* 28, no. 5 (2009): w822–31.
24. Kelly Brownell, interview by Fen Montaigne, “Food Industry Pursues the Strategy of Big Tobacco,” *Yale Environment 360*, April 8, 2009.
25. J. E. Henningfield, C. A. Rose, and M. Zeller, “Tobacco Industry Litigation Position on Addiction: Continued Dependence on Past Views,” *Tobacco Control* 15, suppl. 4 (2006): iv27–36.
26. D. A. Kessler, “Statement on Nicotine-Containing Cigarettes,” *Tobacco Control* 3, no. 2 (1994): 148–58.
27. American Beverage Association Press Office, “Beverage Industry Responds to DAWN Report on Energy Drinks,” November 22, 2011, press release, http://www.ameribev.org/news-media/news-releases-statements/more/257/.

第6章　コカ・コーラはレッドブルの先駆けだった

1. Mark Pendergrast, *For God, Country & Coca-Cola* (New York: Basic Books, 2013, 3rd ed.).（ペンダグラスト『コカ・コーラ帝国の興亡』古賀林幸訳、徳間書店）
2. Coca-Cola Company, *125 Years of Sharing Happiness.*
3. Wallace F. Janssen, “The Story of the Laws Behind the Labels,” *FDA Consumer*, June 1981.
4. Harvey W. Wiley, *Harvey W. Wiley: An Autobiography* (Emmaus, PA: Rodale Books, 1957).
5. “Experts Continue to Give Testimony,” *Atlanta Constitution*, March 24, 1911.
6. “Experiments Made on 100 Subjects; of This Number of Men 76 Were Not Affected by the Use of Coca-Cola,” *Atlanta Constitution*, April 1, 1911.
7. “Repudiations from Experts; of Statements Made in Their Own Works,” *Atlanta Constitution,* March 28, 1911.
8. L. T. Benjamin Jr., A. M. Rogers, and A. Rosenbaum, “Coca-Cola, Caffeine, and Mental Deficiency: Harry Hollingworth and the Chattanooga Trial of 1911,” *Journal of the History of the Behavioral Sciences* 27, no. 1 (1991): 42–55. 本章の多くはハリーとリータ・ホリングワース夫妻の研究に詳しいルディ・ベンジャミンの研究に負うところが多い。そのおかげで、2人の功績はアメリカ心理学会の歴史に確実に刻まれることになった。
9. 1940年に採られたコカ・コーラのサンプルに含まれていたカフェインは1909年よりわずかに薄い程度にすぎなかった。しかし、1943年までには、カフェイン濃度はかなり下がっており、おそらく戦時中の資源不足の影響だと思われる。1981年2月20日付のコカ・コーラ社のポープ・ブロックの宣誓供述書と、訴訟番号1980N-0148のローリー・ビーチャムの宣誓供述書を参照。
10. Harry Levi Hollingworth, *The Influence of Caffein on Mental and Motor Efficiency* (New York: Archives of Psychology, 1912).

6. Sally Satel, "Is Caffeine Addictive? A Review of the Literature," *American Journal of Drug and Alcohol Abuse* 32, no. 4 (2006): 493–502.
7. L. M. Juliano, D. P. Evatt, B. D. Richards, and R. R. Griffiths, "Characterization of Individuals Seeking Treatment for Caffeine Dependence," *Psychology of Addictive Behaviors* 26, no. 4 (2012): 948–54.
8. United Nations Office on Drugs and Crime, *World Drug Report 2009* (Blue Ridge Summit, PA: United Nations Publications, 2009).
9. Press Association, "Pair Convicted of Possessing Paracetamol in Legal First," *Guardian*, September 21, 2012.
10. この恐ろしげなカフェイン利用の方法はこのサイトに詳述されている。http://boingboing.net/2009/01/19/how-to-make-smokable.html
11. L. V. Panlilio, S. Ferré, S. Yasar, E. B. Thorndike, C. W. Schindler, and S. R. Goldberg, "Combined Effects of THC and Caffeine on Working Memory in Rats," *British Journal of Pharmacology* 165, no. 8 (2012): 2529–38.
12. N. D. Volkow, J. S. Fowler, G. J. Wang, J. M. Swanson, and F. Telang, "Dopamine in Drug Abuse and Addiction: Results of Imaging Studies and Treatment Implications," *Archives of Neurology* 64, no. 11 (2007): 1575–79.
13. B. E. Garrett and R. R. Griffiths, "The Role of Dopamine in the Behavioral Effects of Caffeine in Animals and Humans," *Pharmacology, Biochemistry, and Behavior* 57, no. 3 (1997): 533–41.
14. W. E. Dixon, "A Clinical Address on Drug Addiction," *Canadian Medical Association Journal* 23, no. 6 (1930).
15. J. E. James and P. J. Rogers, "Effects of Caffeine on Performance and Mood: Withdrawal Reversal Is the Most Plausible Explanation," *Psychopharmacology* 182, no. 1 (2005): 1–8.
16. M. A. Addicott and P. J. Laurienti, "A Comparison of the Effects of Caffeine Following Abstinence and Normal Caffeine Use," *Psychopharmacology* 207, no. 3 (2009): 423–31.
17. N. J. Richardson, P. J. Rogers, and N. A. Elliman, "Conditioned Flavour Preferences Reinforced by Caffeine Consumed After Lunch," *Physiology & Behavior* 60, no. 1 (1996): 257–63.
18. 訴訟番号 80N-0418 の件について、コカ・コーラ社の食品医薬品顧問マイケル・ギルロイから FDA に宛てた手紙。
19. International Food Information Council Foundation, *Caffeine and Health: Clarifying the Controversies* (2008), http://www.foodinsight.org/Content/3147/Caffeine_v8-2.pdf.
20. R. R. Griffiths and E. M. Vernotica, "Is Caffeine a Flavoring Agent in Cola Soft Drinks?" *Archives of Family Medicine* 9, no. 8 (2000): 727–34.
21. V. S. Malik, B. M. Popkin, G. A. Bray, J. P. Després, W. C. Willett, and F. B. Hu, "Sugar-Sweetened Beverages and Risk of Metabolic Syndrome and Type 2 Diabetes: A Meta-Analysis," *Diabetes Care* 33, no. 11 (2010): 2477–83.
22. Q. Qi, A. Y. Chu, J. H. Kang, M. K. Jensen, G. C. Curhan, L. R. Pasquale, P. M. Ridker et al.,

Java Man," *Forbes*, October 2001. マイケル・グロスとのインタビュー（1998年）もある。"Bob Stiller: EZ Wider Maker, Green Mountain Coffee Roaster, Spiritual Seeker," http://mgross.com/writing/books/the-more-things-change/bonus-chapters/bob-stiller-ez-wider-maker-green-mountain-coffee-roaster-spiritual-seeker/. グリーンマウンテンの会社沿革については、年次報告書、ウェブサイトのタイムライン、2008年4月24日付バーモント州上院決議SCR52を参考にした。
2. *Annual Report of the Secretary of War* (Washington, DC: U.S. Government Printing Office, 1896).
3. Jeff Reeves, "Wall Street's Most Valuable CEOs," MSN Money, September 9, 2011, http://money.msn.com/stock-broker-guided/articleaspx?post=7d710010-3097-4d13-8523-159dd9598987. これは2011年にグリーンマウンテン株が急上昇した際にたくさん出された分析のひとつである。
4. Peter Lattman, "An Investor Creates a Tempest in a Coffee Cup," *Dealbook* (blog), *New York Times*, October 17, 2011, http://dealbook.nytimes.com/2011/10/17/an-investor-creates-a-tempest-in-a-coffee-cup/?_r=0.
5. Wilson Ring, "Louisiana Fund Sues Green Mountain Coffee," Associated Press, December 6, 2011.
6. Candice Choi, "Green Mountain Coffee Founder Explains Sale of His Stock," Associated Press, May 10, 2012.
7. Joyce Marcel, "Planting a Seed, One Cup at a Time," *Vermont Business Magazine*, July 1, 2007.

第5章　カフェインは依存性薬物か？

1. R. R. Griffiths, G. E. Bigelow, A. Liebson, M. O'Keeffe, D. O'Leary, and N. Russ, "Human Coffee Drinking: Manipulation of Concentration and Caffeine Dose," *Journal of the Experimental Analysis of Behavior* 45, no. 2 (1986): 133–48.
2. R. R. Griffiths, S. M. Evans, S. J. Heishman, K. L. Preston, C. A. Sannerud, B. Wolf, and P. P. Woodson, "Low-Dose Caffeine Discrimination in Humans," *Journal of Pharmacology and Experimental Therapeutics* 252, no. 3 (1990): 970–78; R. R. Griffiths, S. M. Evans, S. J. Heishman, K. L. Preston, C. A. Sannerud, B. Wolf, and P. P. Woodson, "Low-Dose Caffeine Physical Dependence in Humans," *Journal of Pharmacology and Experimental Therapeutics* 255, no. 3 (1990): 1123–32.
3. W. H. R. Rivers and H. N. Webber, "The Action of Caffeine on the Capacity for Muscular Work," *Journal of Physiology* 36, no. 1 (1907): 33–47.
4. L. M. Juliano and R. R. Griffiths, "A Critical Review of Caffeine Withdrawal: Empirical Validation of Symptoms and Signs, Incidence, Severity, and Associated Features," *Psychopharmacology* 176, no. 1 (2004): 1–29.
5. Carlton Erickson, "Addicted to Speculation About Caffeine," *Addiction Professional Magazine*, March 1, 2006.

5. A. Higashiyama, H. H. Htay, M. Ozeki, L. R. Juneja, and M. P. Kapoor, "Effects of L-Theanine on Attention and Reaction Time Response," *Journal of Functional Foods* 3, no. 3 (2011): 171–78.
6. T. Kakuda, T. Matsuura, Y. Sagesaka, and T. Kawasaki, 1996, "Product and Method for Inhibiting Caffeine Stimulation with Theanine," U.S. Patent 5,501,866, filed March 21, 1995, issued March 26, 1996.
7. Somogyi, *Caffeine Intake by the U.S. Population*.
8. Mark Pendergrast, *Uncommon Grounds: The History of Coffee and How It Transformed Our World* (New York: Basic Books, 2010, 2nd ed.).（ペンダーグラスト『コーヒーの歴史』樋口幸子訳、河出書房新社）
9. E. Fitt, D. Pell, and D. Cole, "Assessing Caffeine Intake in the United Kingdom Diet," *Food Chemistry* 140, no. 3 (2013).

第3章　山地のコーヒー農園

1. ペンダーグラスト『コーヒーの歴史』
2. David DeSmith, *The 100% Colombian Coffee Book: How Juan Valdez Became a Household Name* (Topsfield, MA: Fort Rowley Books, 1999). このキャンペーンの背景については、2010年2月27日にグアテマラシティーで開催された世界コーヒー会議での次の講演からも資料を得た。"Strategy for Adding Value to Colombian Coffee," by Luis Fernando Samper, of the National Federation of Coffee Growers of Colombia.
3. Hunter S. Thompson, *The Great Shark Hunt* (New York: Summit Books, 1979).
4. コーヒーについての統計は研究者や組織によってさまざまなので、私は国際コーヒー機関の統計を使っている。この組織は常に最新の情報を無料で一般公開している。
5. Martinne Geller and Mihir Dalal, "Analysis: Single-Cup Coffee Sales Seen Growing," Reuters, February 2, 2012.
6. 重量あたりのカフェイン量を1.6%として計算した。
7. ノートン事件についてはほとんど次の裁判記録からとった。*U.S. v. Michael Norton*, United States District Court, Northern District of California, Case Number CR 96-40173-01-DLJ. また、新聞記事も参照のこと。Tim Golden, "Supplier Is Accused of Selling Cheap Coffee as Top Grade," *New York Times*, November 13, 1996; Peter Fimrite, "Scalding Affidavit on Coffee Fraud/Kona-gate Grinds On, May Spur Regulation," *San Francisco Chronicle*, November 13, 1996.
8. McCusker, Goldberger, and Cone, "Caffeine Content of Specialty Coffees."
9. T. W. Crozier, A. Stalmach, M. E. Lean, and A. Crozier, "Espresso Coffees, Caffeine and Chlorogenic Acid Intake: Potential Health Implications," *Food and Function* 3, no. 1 (2013): 30–33.

第4章　うまいコーヒーを創り出す

1. ボブ・スティラーの背景については以下を参照。Luisa Kroll, "Entrepreneur of the Year:

3. タパチュラのソコヌスコ考古学博物館では今でもこうした容器を見ることができる。
4. 数値はThe Hershey Center for Health & Nutritionによる*Caffeine and Theobromine*という報告書からとった。また、国際ココア機関の化学分析に基づいてカフェイン量を推定することができる。カカオニブはおよそ0.7%のカフェインを含んでいる。茶やコーヒーと同様にカカオのカフェイン量もバラつきが大きい。
5. 詳細は連邦規則を参照（21CFR 163.130）。
6. Laszlo P. Somogyi, *Caffeine Intake by the U.S. Population* (Silver Spring, MD: Food and Drug Administration, 2010).
7. ガスコ博士の論文の中には、「ソコヌスコのカカオ収穫物から利潤を得ていたのは誰か」もある。J. Gasco, "Cacao and Economic Inequality in Colonial Soconusco, Chiapas, Mexico," *Journal of Anthropological Research* 52, no. 4 (1996).
8. J. C. Motamayor, P. Lachenaud, J. W. da Silva e Mota, R. Loor, D. N. Kuhn, J. S. Brown, and R. J. Schnell, "Geographic and Genetic Population Differentiation of the Amazonian Chocolate Tree (*Theobroma cacao L*)," *PLoS One* 3, no. 10 (2008).
9. Organisation for Economic Co-operation and Development, *Atlas on Regional Integration in West Africa* (2007), http://www.oecd.org/swac/publications/39596493.pdf.
10. International Cocoa Organization, *ICCO Quarterly Bulletin of Cocoa Statistics* 39, no. 1 (2013).
11. Tiffany Hsu, "Nestle Promises Action on Ivory Coast Child-Labor Violations," *Los Angeles Times*, June 29, 2012.
12. Joël Glenn Brenner, *The Emperors of Chocolate: Inside the Secret World of Hershey and Mars* (New York: Random House, 1999).（ブレナー『チョコレートの帝国』笙玲子訳、みすず書房）
13. Thomas Gage, *Travels in the New World*, ed. J. E. S. Thompson (Norman, OK: University of Oklahoma Press, 1958).

第2章　中国茶

1. Bennett A. Weinberg and Bonnie K. Bealer, *The World of Caffeine: The Science and Culture of the World's Most Popular Drug* (New York: Routledge, 2002).（ワインバーグ&ビーラー『カフェイン大全』別宮貞徳監訳、真崎美恵子ほか訳、八坂書房）
2. Alison Mack and Janet Joy, *Marijuana as Medicine? The Science Beyond the Controversy* (Washington, DC: National Academies Press, 2000).
3. J. M. Chin, M. L. Merves, B. A. Goldberger, A. Sampson-Cone, and E. J. Cone, "Caffeine Content of Brewed Teas," *Journal of Analytical Toxicology* 32, no. 8 (2008): 702–4.
4. C. F. Haskell, D. O. Kennedy, A. L. Milne, K. A. Wesnes, and A. B. Scholey, "The Effects of L-Theanine, Caffeine and Their Combination on Cognition and Mood," *Biological Psychology* 77, no. 2 (2008): 113–22; G. N. Owen, H. Parnell, E. A. de Bruin, and J. A. Rycroft, "The Combined Effects of L-Theanine and Caffeine on Cognitive Performance and Mood," *Nutritional Neuroscience* 11, no. 4 (2008): 193–98.

註

序文　苦くて白い粉

1. B. B. Fredholm, K. Bättig, J. Holmén, A. Nehlig, and E. E. Zvartau, "Actions of Caffeine in the Brain with Special Reference to Factors That Contribute to Its Widespread Use," *Pharmacological Reviews* 51, no. 1 (1999): 83–133.
2. 詳細は次の資料による。King' s Mill Hospital (Post Mortem no. 10H005319) の検死報告、および "Caffeine Death Sparks Alert by Nottinghamshire Coroner," BBC News Nottingham, October 28, 2010, http://www.bbc.co.uk/news/uk-england-nottinghamshire-11645363.
3. H. J. Smit and P. J. Rogers, "Effects of Low Doses of Caffeine on Cognitive Performance, Mood and Thirst in Low and Higher Caffeine Consumers," *Psychopharmacology* 152, no. 2 (2000): 167–73; H. R. Lieberman, R. J. Wurtman, G. G. Emde, C. Roberts, and I. L. Coviella, "The Effects of Low Doses of Caffeine on Human Performance and Mood," *Psychopharmacology* 92, no. 3 (1987): 308–12.
4. J. J. Barone and H. R. Roberts, "Caffeine Consumption," *Food and Chemical Toxicology* 34, no. 1 (1996): 119–29; R. R. McCusker, B. A. Goldberger, and E. J. Cone, "Caffeine Content of Specialty Coffees," *Journal of Analytical Toxicology* 27, no. 7 (2003): 520–22.
5. Katharine Anthony, *Catherine the Great* (New York: Alfred A. Knopf, 1925).
6. J. C. Busby and S. L. Haley, "Coffee Consumption Over the Last Century," *Amber Waves*, June 2007, http://webarchives.cdlib.org/sw1vh5dg3r/http://ers.usda.gov/AmberWaves/June07/Findings/Coffee2.htm.
7. Coca-Cola Company, *125 Years of Sharing Happiness: A Short History of the Coca-Cola Company* (Atlanta: Coca-Cola Company, 2011), http://assets.coca-colacompany.com/7b/46/e5be4e7d43488c2ef43ca1120a15/TCCC_125Years_Booklet_Spreads_Hi.pdf.

第１章　カフェイン文化発祥の地

1. T. G. Powis, W. J. Hurst, M. del Carmen Rodríguez, P. Ortíz Ceballos, M. Blake, D. Cheetham, M. D. Coe, and J. G. Hodgson, "Oldest Chocolate in the New World," *Antiquity* 81, no. 314 (2007).
2. チョコレートの歴史の背景と名前の起源については次の著書が権威があり、しかも読みやすい。 Sophie D. Coe and Michael D. Coe, *The True History of Chocolate* (New York: Thames and Hudson, 1996).

［著者紹介］

マリー・カーペンター（Murray Carpenter）

科学ジャーナリスト。コロラド大学で心理学の学士号、モンタナ大学で環境学の修士号を取得。ニューヨークタイムズ、ワイアード、ナショナルジオグラフィックなどの紙誌に執筆するほか、ラジオ番組のレポーターとしても活躍。2015年、「カフェインの刺激」を含むデジタルビデオシリーズでプロフェッショナル・ジャーナリスト協会（SPJ）のシグマ・デルタ・カイ賞を受賞。

［訳者紹介］

黒沢令子（くろさわ　れいこ）

鳥類生態学研究者、翻訳者。米国コネチカットカレッジで動物学修士、北海道大学で地球環境学博士を取得。NPO法人バードリサーチの研究員の傍ら、翻訳に携わる。主な訳書に『羽』『岩は嘘をつかない』『動物行動の観察入門』（以上、白揚社）、『フィンチの嘴』（共訳、早川書房）、『極楽鳥全種』（日経ナショナル ジオグラフィック社）などがある。

カフェインの真実（しんじつ）

二〇一六年十二月三十日　第一版第一刷発行
二〇一七年十月二十日　第一版第二刷発行

著者　マリー・カーペンター
訳者　黒沢令子（くろさわれいこ）

発行者　中村幸慈
発行所　株式会社　白揚社

〒101-0062　東京都千代田区神田駿河台1-7
電話03-5281-9772　振替00130-1-25400

装幀　椿屋事務所

印刷・製本　中央精版印刷株式会社

ISBN 978-4-8269-0193-2